高等院校药学实验教材

药物合成实验

主　编　王世范

主　审　罗素兰

副主编　吴海峰　戴好富

编　委　张英霞　刘海青

中国医药科技出版社

图书在版编目（CIP）数据

药物合成实验/王世范主编．—北京：中国医药科技出版社，2007.9
高等院校药学实验教材
ISBN 978－7－5067－3753－1

Ⅰ.药…　Ⅱ.王…　Ⅲ.药物化学—有机合成—化学实验—高等学校—教材
Ⅳ.TQ460.3－33

中国版本图书馆 CIP 数据核字（2007）第 146674 号

美术编辑	陈君杞
责任校对	张学军
版式设计	程　明

出版　中国医药科技出版社
地址　北京市海淀区文慧园北路甲 22 号
邮编　100082
电话　发行：010－62227427　邮购：010－62236938
网址　www.cmstp.com
规格　787×1092mm $\frac{1}{16}$
印张　11 ¾
字数　265 千字
版次　2007 年 9 月第 1 版
印次　2010 年 1 月第 2 次印刷
印刷　北京市地泰德印刷有限责任公司
经销　全国各地新华书店
书号　ISBN 978－7－5067－3753－1
定价　**28.00 元**

本社图书如存在印装质量问题请与本社联系调换

内 容 提 要

　　本书以培养学生良好的实验动手习惯和独立解决实际问题的能力为主旨，以真实的药物为对象，系统介绍了药物合成实验中涉及到的最新仪器、方法、技术和原理。全书共分三个部分：第一部分为药物合成实验的基本知识与技能；第二部分为综合性实验；第三部分为设计性实验。附录详细列出药物合成实验中经常用到的各类数据资料和合成反应，以便查阅。

　　本书可作为高等院校药学专业的药物合成实验教材或教学参考书，也可供医药、农药、应用化学、精细化工等领域的研究人员和学习者参考。

前　　言

在实验教学中，验证性实验、综合性实验和研究性（设计性）实验是三种主要的实验形式，相对于人们认知中的三个不同阶段，缺一不可。

本书以培养学生良好的实验动手习惯和独立解决实际问题的能力为主旨，融合了药物合成实验中最新的仪器和方法，按照验证性实验、综合性实验和研究性实验由低级到高级排列。

全书共分三个部分：第一部分详细介绍药物合成实验中必须掌握的基本知识与技能，同时编写了 11 个验证性实验作为基础练习用；第二部分以具有代表性的药物合成为实例，编写了 10 个综合性实验，每个综合性实验又被拆分成数个独立的实验，便于实验指导教师在使用中根据实际情况作出选择；第三部分根据药物合成实验的特点，分三类编写 15 个研究性实验，着重培养学生创新能力以及独立解决实际问题的能力。附录详细列出药物合成实验中经常用到的各类数据资料和合成反应，以方便查阅。

本书可作为高等院校药物合成实验教材或教学参考书，也可供从事医药、农药、应用化学、精细化工、生物化工等领域的研究人员参考。

本书的出版得到了国家科技支撑计划"珍稀濒危南药可持续利用及特色南药产品开发"项目中"特色南药新药开发研究"课题（2007BAR27B04）和新世纪优秀人才支持计划（NCET－04－0837）的资助。在编写过程中，参考了兄弟院校的某些相关教材内容，在此一并表示感谢！

由于编者水平所限，错误和不妥之处在所难免，祈望读者不吝指正。

编者

2007 年 1 月

目　　录

第一部分　基础实验

第二部分　综合 实 验

第三部分 研 究 性 实 验

第一部分 基础实验

第一章 药物合成基本知识

第一节 安全知识

一、注意事项

应牢固树立"安全第一"的观点，重视安全技术工作，明确职责，责任到人。进入实验室工作的各位老师、实验室管理人员、研究生及本专科生都应自觉遵守。

(1) 实验室内严禁饮食、吸烟，一切化学药品禁止入口。实验完毕后，须洗手。水、电、煤气（酒精）灯使用完毕后，应立即关闭。离开实验室时，应仔细检查水、电、气、门、窗是否均已关好，以防水患和火灾。

(2) 浓酸、浓碱具有强烈的腐蚀性，切勿溅在皮肤和衣服上。使用浓 HNO_3、HCl、H_2SO_4、$HClO_4$、氨水等有机溶剂、易挥发的有毒试剂以及进行化学反应时，均应在通风橱中进行操作，远离火焰和热源。

(3) 汞盐、砷化物、氰化物等剧毒物品，使用时应特别小心。氰化物不能接触酸，氰化物废液应倒入碱性亚铁盐溶液中，使其转化为亚铁氰化铁盐类，然后作废液处理。严禁直接倒入下水道或废液缸中。剩余剧毒易燃物品，应上交学校库房保存。

(4) 高压容器、气瓶、高电压设备、强光设备、强辐射设备等可能引起人身、设备事故，必须另外制定安全防范措施和操作规则，未经允许不得擅自使用。

(5) 废气、废物、废液按规定妥善处理，不得随意排放或丢弃，不得污染环境。

(6) 实验桌上要整齐、清洁，不允许把食品放在实验室里。

二、紧急事故处理

1. 紧急事故处理原则

在不危及自身和他人重大人身安全的情况下，采取措施保护国家财产少受损失。措施包括自己采取行动、报警、呼叫他人及专业人员协助采取行动。在可能危及自身和他人重大人身安全的情况下，以采取保护自身和他人安全为重点，措施包括撤离危险现场，自救、互救、报警等。在任何情况下，不顾他人人身安全，不采取措施都是不道德的行为。

2. 眼睛的急救

在实验室中眼睛最容易受到伤害。实验过程中无法预见的爆炸事故以及飞溅出来的药品、试剂、碎片玻璃和固体颗粒都可能使眼睛受伤。因此，在实验室中应该养成佩戴合适防护目镜的习惯。防护目镜是由有机玻璃制作的，并且有护眶，可以挡护住整个眼睛。当化学药品进入眼睛时，用缓慢的流水洗涤 5min，洗涤时，必须把落入眼睛晶状体上的化学药品洗去。当有固体颗粒或碎玻璃进入眼睛内，请切记不要揉眼睛，要立即去医院，然后把病人送入眼科，请眼科医生治疗。

3. 烧伤、割伤、烫伤及试剂灼伤处理

(1) 烧伤时，立即用冷水冷却 5~10min。大面积烧伤时，可以先用湿的冷毛巾冷却，然后立即送往医院救治。

(2) 割伤时，如无特定的要求时，应用水充分清洗伤口，并取出伤口中碎玻璃或残留固体，用无菌的绷带或创可贴进行包扎、保护。大伤口时，应注意压紧伤口或主血管，进行止血，并立即送医院进行处理。

(3) 轻度烫伤，可通过立即将受伤部位浸入冷水或冰水中约 5min 减轻疼痛。重度大范围的烫伤应立即去医院救治。

(4) 化学试剂灼伤时，应根据不同的化学试剂进行处理。

酸　立即用大量水冲洗，再用 3%~5% 碳酸氢钠溶液淋洗，最后用水冲洗 10~15min。严重者将灼伤部位拭干包扎好，到医院治疗。

碱　立即用大量水冲洗，再用 1% 醋酸溶液或 1% 硼酸溶液淋洗中和碱，最后再用水冲洗 10~15min。

溴　立即用大量水冲洗，再用 10% 的硫代硫酸钠溶液淋洗或用湿的硫代硫酸钠纱布覆盖灼伤处，然后请医生处理。

有机物　用酒精擦洗可以除去大部分有机物，然后再用温水洗涤即可。如果皮肤被酸等有机物灼伤，将灼伤处浸在水中至少半小时，然后请医生处理。

4. 出血

小范围的刮伤，先把残留的玻璃碎片除掉，停止出血后，消毒包扎。出血多时，要立即用手指压住或把相应的动脉扎住，使不出血，包上纱布，立即叫救护车，请医生急救。

5. 腐蚀

身体的一部分被腐蚀时，立即用大量的水冲洗。被碱腐蚀时，再用 1% 的醋酸水溶液洗涤。被酸腐蚀时，再用 3% 的碳酸氢钠水溶液洗涤。

6. 中毒

当发生中毒时，紧急处理是十分重要的！由鼻吸入体内引起的中毒时，要把病人立即抬到空气新鲜的地方，让其安静地躺着休息，必要时实施人工呼吸，同时不要忘记保暖！

发生中毒时，对病人进行急救后应该立即送往医院抢救。当怀疑在运送过程中可能出现意外发生时，可以叫一辆备有急救医生的救护车。此外，要尽可能早地向医生报告中毒性质，以便医生准备解毒药进行抢救。

三、安全检查

除了实验指导教师在每次实验课前要强调安全知识外，单位还要定期组织安全检查。检查内容不仅包括对各种可能的安全隐患、预防安全事故的各种器材是否完善、消防通道、人员撤离通道是否畅通等，而且包括实验室工作人员的安全知识。对检查中安全知识不达标者，应安排其重新学习安全知识，直至达标。

四、预防火灾

药物合成实验室中，由于经常使用挥发性、易燃性有机试剂或溶剂，最容易发生的危险就是火灾。因此，在实验室中应严格遵守实验室的各项规章制度，从而预防火灾的发生。

在实验室或实验大楼内禁止吸烟。实验室中使用明火时应考虑到周围的环境，如周围有人使用易燃易爆溶剂时，应禁用明火。一旦发生火灾，不要惊慌，须迅速切断电源、熄灭火源，并移开易燃物品，就近寻找灭火的器材，扑灭着火；如容器中少量溶剂起火，可用石棉网、湿抹布或玻璃盖住容器口，扑灭着火；其他着火，采用灭火器进行扑灭，并立即报告有关部门或打 119 电话报警。

在试验中，万一衣服着火了，切勿奔跑，否则火势会越烧越烈，可就近找到灭火喷淋器或自来水龙头，用水冲淋使火熄灭。

五、灭火器简介

如果实验室内发生火灾，应根据具体情况，立即采取措施尽快扑灭。一般燃烧需要足够的氧气来维持，因此可以采用下列方法扑灭火焰。

（1）移去或隔绝燃料的来源。

（2）隔绝空气来源。

（3）冷却燃烧物质，使其温度降低到它的着火点以下。

某些类型的灭火器就是利用（2）、（3）两种作用制造的。灭火器的种类很多，下面对常用的二氧化碳灭火器和干粉灭火器的构造原理以及使用方法做简单介绍。

1．二氧化碳灭火器

常见的二氧化碳灭火器有两种。

（1）泡沫灭火器　泡沫灭火器的结构如图 1.1 所示。

钢筒内几乎装满浓的碳酸氢钠（或碳酸钠）溶液，并掺入少量能促进起泡沫的物质。钢筒的上部装有一个玻璃瓶，内装稀硫酸（或硫酸铝溶液）。使用时，把钢筒倒翻过来使筒底朝上，并将喷口朝向燃烧物，此时稀硫酸（或硫酸铝）与碳酸氢钠接触，随即作用产生二氧化碳气体，并使钢筒内产生高压。于是被二氧化碳所饱和的液

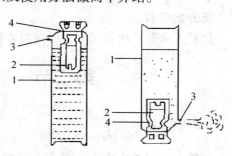

图 1.1　泡沫灭火器构造示意
1．钢制圆筒　2．玻璃瓶
3．喷口　4．金属支架

体，掺着泡沫形成一股强烈的气流喷出，覆盖住火焰，使火焰隔绝空气，并使燃烧物的温度降低，因此火焰就被扑灭。泡沫灭火器用来扑灭液体的燃烧最有效，因为稳定的泡沫能将液体覆盖住使之与空气隔绝。但因为灭火时喷出的液体和泡沫是一种电的良导体，故不能用于电器失火或漏电所引起的火灾。遇到这种情况应先把电源切断，然后再使用其他灭火器灭火。

（2）二氧化碳灭火器　将二氧化碳压缩在钢瓶内，使用时将喷口朝向燃烧物，旋开阀门，二氧化碳即喷出覆盖于燃烧物上，由于钢瓶喷出的二氧化碳温度很低，燃烧物温度剧烈下降，同时借二氧化碳气层把空气与燃烧物隔开，从而达到灭火目的。这一类的灭火器比泡沫灭火器优越，因为二氧化碳蒸发后没有余留物，不会使精密仪器受到污损，而且对有电流通过的仪器也可使用。

2．干粉灭火器

手提贮压式干粉灭火器是一种新型高效的灭火器，它用磷酸铵盐（干粉）作为灭火剂，以氮气作为干粉驱动气。灭火时，手提灭火器，拔出保险栓，手捏胶管，在离火面有效距离内，将喷嘴对准火焰根部，按下压把，推动喷射。此时应不断摆动喷嘴，使氮气流及冲出的干粉横扫整个火焰区，迅速把火扑灭。灭火过程中，机头应朝上，倾斜度不能过大，切勿放平或倒置使用。这种灭火器具有灭火速度快、效率高、质量轻、使用灵活方便等特点，适用于扑救固体有机物质、油漆、易燃液体、气体和电器设备的初起火灾，现已在各种部门中得到广泛使用。

此外，以前还常用有机物质（如四氯化碳、溴代甲烷等）灭火器，由于灭火剂有毒，遇火分解成烟和卤化氢，有时还会产生极毒的光气，所以现在已不再使用。

3．灭火器的维护和使用注意事项

（1）应经常检查灭火器的内装药品是否变质和零件是否损坏，药品不够，应及时添加，压力不足，应及时加压，尤其要经常检查喷口是否被堵塞，如果喷口被堵塞，使用时灭火器将发生严重爆炸事故。

（2）灭火器应挂在固定的位置，不得随意移动。

（3）使用时不要慌张，应以正确的方法开启阀门，才能使内容物喷出。

（4）灭火器一般只适用于熄灭刚刚产生的火苗或火势较小的火灾，对于已蔓延的大火，灭火器的效力就不够。不要正对火焰中心喷射，以防着火物溅出使火焰蔓延，应从火焰边缘开始喷射。

（5）灭火器一次使用后，可再次装药加压，以备后用。

第二节　药品的存储与使用

一、药品的储存

药物合成实验室中不应储存大量的化学药品和试剂，特别是对于挥发性大的有机溶剂，应存放在指定的危险品仓库里，需要时临时领用。

一般情况下，实验室所用的化学药品都放在特制的试剂瓶。高黏度的药品放在广口瓶中，一般性液体放在细口瓶中，氢氧化钠和氢氧化钾固体和溶液要存放在塑料塞的瓶内。而对于能够与玻璃发生反应的化合物（如氢氟酸），则使用塑料或金属容器，碱金属都存放在煤油中，黄磷则需要以水覆盖。

光敏感的物质，如硝酸盐类、$AgBr$ 等见光易分解，醚类在光线的作用下有形成过氧化物的倾向，因此，光敏感的物质一般都储存在棕色玻璃瓶中。

有毒或腐蚀性的物质（如液溴、碘、二氯亚砜、发烟硝酸、浓盐酸、氢氟酸等）应密封好并放在通风橱内专门的地方。

对湿气和空气敏感的物质常密封储存于安瓿瓶中，有时需要通入惰性气体保护。而剧毒物品（如氰化物、砷等）应按规定进行储存，并要有专人保管，实行领用登记制度。

各类物质要分类存放。酸和碱、强氧化剂和强还原剂要分开存放，不可存放在一起，以防接触而发生化学反应。

二、药品使用注意事项

要时刻牢记，化学药品均可能以某种不可预见的方式对人体造成伤害。

低沸点易燃的有机溶剂，在室温时有较大的蒸气压，当空气中混杂易燃有机溶剂的蒸气达到某一极限时，遇到明火会立即发生燃烧爆炸。有机溶剂蒸气大都较空气的密度大，会沿着桌面或地面漂移至较远处，或沉积在低洼处。因此，在实验室中用剩的火柴梗切勿乱丢，以免引起火灾，也不要将易燃溶剂倒入废物缸中，更不能用开口容器盛放易燃溶剂。

有机溶剂均为脂溶性液体，且挥发性强，对皮肤有刺激作用。一些溶剂还会对肝脏及中枢神经有损坏（如卤仿、苯、甲苯等），甲醇对视神经特别有害，一般使用大量溶剂时应在通风橱中进行。

原则上操作任何化学药品，特别是有毒物质和试剂时，必须戴橡皮手套或一次性塑料手套，操作后要立即用水洗手。注意切勿让有毒物质触及五官或伤口。在任何情况下都不要使用溶剂洗手。

三、废品的回收与销毁

实验室用过的废品最好分类放置。碎玻璃和其他锐角的废物应用指定的纸盒存放。

养成用移液管移取所需液体体积的习惯，尽量避免产生剩余溶剂。如果有剩余的试剂，不要倒回到试剂瓶中，因为会对试剂造成污染，影响其他人的实验（干净移液管移取过程中，移液管中多余的液体可以慢慢放回到试剂瓶中，直到移液管里的液体到达指定刻度为止）。同时，这一不良习惯很可能会错误地混入易发生化学反应的物质，而导致爆炸的发生。

危险的废品，如会放出毒气或能够自燃的废品（活性镍、磷、碱金属等），绝不能丢弃在废物箱中或水槽中。不稳定的化学品和不溶于水或与水不混合的溶液也禁止倒入下水道，应将它们分类集中后处理。对能与水混溶、或能被水分解的液体或腐蚀性液体，在倒掉过程中应同时用大量的水冲稀。

用剩的金属钾或钠的残渣应分批小量的加到大量的醇中予以分解（操作时须戴防护目镜）。

第三节　实验记录和报告

在实验前应该做好充分的准备工作，准备工作包括反应原理、实验步聚、操作方法以及注意事项等。养成良好的实验记录习惯是每一个科研人员必备的基本素质。要用一本（逐一编号的）有耐用封皮的记录本进行记录（实验室日记），不允许用零星的纸片作为实验记录。一般需要把下列反应的有关内容记入记录本或实验报告本中，以便查询。

(1) 实验题目、实验者、实验日期、天气和室温。

(2) 反应原理、反应式以及实验引用的文献。

(3) 必要的试剂、溶剂和反应原料的用量（g、mg、L、mL、mol、mmol）。

(4) 可能的反应历程、负反应的解释及其对产物形成和组合的影响。

（5）药品的理化性质和规格（毒性、爆炸性、熔点、沸点、黏度、折光率）。

（6）实验操作（反应时间、温度、催化剂以及药品加入、溶剂纯化、产物分离等）。

（7）工作小结。记下实验过程中的操作和所观察到的现象。要客观地记下对原有规程的改动和事先没有估计到的不顺利的事情。记下颜色的变化、气体的放出和沉淀的生成等，这样对找出反应失败的原因很有帮助。跟踪反应过程所使用的方法（薄层色谱和光谱法等）也要记进报告中。在色谱分离中，记下分离柱的容量、固定相、流动相和它的流速、温度等。物理化学数据的记录包括颜色、状态、沸点、熔点、折光率、比旋光度、R_f值等。

应该强调指出的是：实验过程的记录要清楚，要有重现性，必须在实验进行的过程中记录，而不要根据记忆在实验后做记录！

第四节　实验前的准备

一个实验的成功与否，在很大程度上取决于事先准备的好坏。首先要熟读有关的实验规则，通过对反应机理的考察，详细地理解反应过程，由此理解产物的生成，以及对反应中出现的现象（颜色变化、气体产生和沉淀生成）进行说明，从而实施一个有意义的、谨慎周密的实验计划。

一般来说，如果你觉得实验准备得还不够充分，那就不要急着开始实验。实验开始前要把实验药品、仪器准备齐全，把反应机理、反应路线理解清楚。对于产物可能的性状以及后处理操作等也应有周密的安排。在实际工作中，往往这一过程需要充分地查阅文献和调研。实验过程中反应最佳条件的确立可以通过参变量的变化（如反应时间、反应温度、反应物的摩尔比和溶剂种类数量）进行优化。实施化学反应可以在各种不同的操作过程中进行。在通常的情况下，一个操作过程的质量往往对后面操作过程的质量有着决定性的影响。下面是实验开始前通常遵循的三个阶段。

一、反应试剂和溶剂的准备

保证所使用的化学药品是纯净的。可以再做一次熔点、沸点和折光率的测定，以保证它们的纯度（不能以标签上的数据作为是否纯净的标准，常常会出现惊人的错误！）。纯度检查常用薄层色谱、气相色谱或光谱数据来确认。起始原料中的杂质可以用蒸馏、重结晶或色谱等方法纯化。原则上，溶剂在使用之前要经过蒸馏。最后根据实验规程所示的量，算出在实验中需要的量。

二、实验仪器的准备、安装与拆卸

实验装置的安装一般遵守"从下到上，从左向右"的规则，拆卸时正好相反"从上到下，从右向左"。

选择反应烧瓶：常压操作时，反应物料的容量为烧瓶体积的 1/2 到 3/4 之间。减压操作时，反应物料的容量为烧瓶体积的 1/3 到 1/2 之间。对于很容易起泡的反应（放出气体的反应），最大容量还可以减少。试剂在反应瓶中混合以前，事先要仔细地检查一下反应装置，例如搅拌器，应检查搅拌马达的性能、夹子和接头的固定是否安全和是否有张力，干燥管是否被堵塞等。除了在压力瓶中的试验、剧毒反应或十分贵重化合物的反应（特殊的合成实验）外，不要在封闭体系中进行反应。使用封闭装置进行操作，会发生很多事故（多半是出于疏忽大意）。

三、反应的实施

实施实验的每一个阶段（包括反应阶段、后处理阶段和产物纯化阶段），都应该安排一个合理而又精确的时间计划，特别重要的是要考虑好在哪一个阶段可以中断实验。这时应注意的是，经常会低估后处理花费的时间。每一个反应必须在确定的、可以重复的条件下实施。反应的实施，必须始终遵循简单、明确的准则。反应进程可以借助薄层色谱（TLC）、IR、$^1H - NMR$ 光谱，以及 pH 等其他性质变化进行跟踪。在反应结束之前，通过确实的检验，肯定反应已经完成才停止反应，不要完全相信文献中所列出的反应时间。

第二章 药物合成操作技能

第一节 加热与冷却

一、加热

为了加速化学反应，以及将产物蒸馏、分馏等，往往需要加热。但是考虑到大多数有机化合物包括有机溶剂都是易燃易爆物，所以在实验室安全规则中就规定禁止用明火直接加热（特殊需要除外）。为了保证加热均匀，一般使用热浴进行间接加热。作为传热的介质有空气、水、有机液体、熔融的盐和金属等，根据加热温度、升温的速度等需要，常用下列方法。

1. 水浴和蒸汽浴

当加热的温度不超过100℃时，最好使用水浴加热较为方便。但是必须指出（强调）：当用到金属钾、钠的操作以及无水操作时，绝不能在水浴上进行，否则会引起火灾或使实验失败，使用水浴时勿使容器触及水浴器壁及其底部。由于水浴的不断蒸发，适当时要添加热水，使水浴中的水面经常保持稍高于容器内的液面。电热多孔恒温水浴，使用起来较为方便。

2. 油浴

当加热温度在100~200℃时，宜使用油浴。油浴优点是使反应物受热均匀，反应物的温度一般低于油浴温度20℃左右。常用的油浴介质有：

（1）甘油或聚乙二醇600 可以加热到140~150℃，温度过高时则会碳化。

（2）植物油 如菜油、花生油等，可以加热到220℃，常加入1%的对苯二酚等抗氧化剂，便于久用。若温度过高时分解，达到闪点时可能燃烧起来，所以使用时要小心。

（3）石蜡油 可以加热到200℃左右，温度稍高并不分解，但较易燃烧。

（4）硅油 硅油在250℃时仍较稳定，透明度好，安全，是目前实验室里较为常用的油浴介质之一，但其价格较贵。

使用油浴加热时要特别小心，防止着火，当油浴受热冒烟时，应立即停止加热，油浴中应挂一温度计，可以观察油浴的温度和有无过热现象，同时便于调节控制温度，温度不能过高，否则受热后有溢出的危险。加热完毕取出反应容器时，仍用铁夹夹住反应器离开油浴液面悬置片刻，待容器壁上附着的油滴完后，再用纸片或干布擦干器壁。实验室更常使用的是聚乙二醇（分子量400~600）作为油浴，其优点是加热浴温较高，且水溶性好，便于仪器的洗涤。

3. 空气浴

把容器放在石棉网上，下面用煤油灯（或酒精灯）加热，这是最简单的空气浴，但要注意容器底部一般不与石棉网接触，以免由于局部过热而导致有机物分解。这种加热易受空气流动影响而不均匀，且较不安全，故不能用于加热低沸点易燃的液体或者减压蒸馏。半球形的电热套是属于比较好的空气浴，因为电热套中的电热丝是用玻璃纤维包裹着的，较安全，而且电热套都连有调压变压器，便于控制温度，一般可加热至400℃。电热套主要用于回流加热，蒸馏或减压蒸馏时不用为宜，因为在蒸馏过程中，随着容器内物质逐渐减少，会使容器壁过热而产生碳化现象。电热套有各种规格，取用时要与容器的大小相适应。

4．沙浴

加热温度有时需达到数百度以上，此时往往使用沙浴。但沙浴传热慢，散热快，不易控制，因而使用不广。

5．回流

（1）冷凝管的选用　回流时多选用球形冷凝管，若反应混合物沸点很低或其中有毒性大的原料或溶剂时，可选用蛇形冷凝管。

（2）热浴的选用　回流加热前应先放入沸石，根据瓶内液体的沸腾温度，可选用水浴、油浴、空气浴或电热套等加热方式。

（3）回流速率　回流速率应控制在液体蒸气浸润不超过两个球为宜。

（4）隔绝潮气的回流装置　某些有机化学反应中水汽的存在会影响反应的正常进行（如使用格氏试剂、无水三氯化铝来制备化合物的实验），则需在球形冷凝管顶端加干燥管（干燥管内填装颗粒状的干燥剂）。

（5）有气体吸收装置的回流　此操作适用于反应时有水溶性气体（如氯化氢、溴化氢、二氧化硫等气体）产生的实验。

（6）其他回流装置　有分水器的回流、有搅拌器和滴加液体反应物装置的回流。（参见第三章第一节玻璃仪器部分）。

二、冷却

药物合成实验中某些反应的中间体在室温下不稳定，要在特定的低温条件下进行；有的反应放出大量的热，使反应难以控制，导致有机物的分解或增加副反应；有时，操作时为了减少低沸点有机物的挥发损失以及重结晶时为了减少固体物质在溶剂中的溶解度，加速结晶的析出，均需进行冷却。药物合成实验常用的冷却方法有：自然冷却、吹风冷却、冰水浴、冰盐浴冷却等。常用的冷却剂有：

（1）水　具有高的热容量并且价廉，故为最常用的冷却剂，但其冷却效率随季节变化比较大。

（2）冰或冰－水混合物　可冷却到室温以下，后者由于能和器壁接触得更好，故其冷却效果比单用冰要好，可冷却到5～0℃，冰越碎效果越好。若水的存在不妨碍反应的进行，有时直接把冰投入反应中，可更有效地保持低温（如重氮化反应等）。

（3）冰－盐混合物　若需把反应温度冷却到0℃以下，常用碎冰和无机盐的混合物作冷却剂。制冰盐冷却剂时，应把盐研细，然后和碎冰按一定比例均匀混合。实验中最常用的冰－盐冷却剂是碎冰:食盐＝3:1（质量比）均匀混合，可冷却至－5～－18℃；10份六水合氯化钙结晶与7～8份碎冰均匀混合，可冷却到－20～－40℃。

（4）干冰（固体二氧化碳）　可冷却到－60℃以下，如将干冰与乙醇混合可冷却到－72℃；与乙醚、丙酮或三氯甲烷的混合物则可达到－77℃。

（5）液氮　可冷至－196℃。

应当注意，温度若低于 -38℃时，水银就会凝固，因此就不能用水银温度计，需改用有机液体（如甲苯可达 -90℃，正戊烷可达 -130℃）低温温度计。

第二节　液体物质的分离与提纯

液体化合物的分离纯化一般采用蒸馏的方法。根据待分离组分和理化性质的不同，蒸馏可以分为简单蒸馏和精馏（分馏）；根据装置系统内的压力不同又可分为常压和减压蒸馏。对于沸点差极小的组分分离或对产物纯度要求极高的分离，则可应用高真空技术。

蒸馏被广泛应用于液体有机化合物的分离和提纯。蒸馏包括常压蒸馏、减压蒸馏、水蒸气蒸馏和分馏。

一、常压蒸馏

1．温度计的选择

温度计量度不得低于液体沸点，但也不要太大。调整温度计的位置必须使蒸馏时水银球完全被蒸气所包围（这样才能正确地测得蒸气的温度）。

2．烧瓶的选择

蒸馏时液体体积不少于其烧瓶体积的 1/3，不超过其 2/3。

3．冷凝管的选择

当液体的沸点高于 130℃，用空气冷凝管；低于 130℃，用直形水冷凝管。一般不选用球形冷凝管（因球的凹部会存有馏出液，使不同组分的分离变得困难，难以确保所需产物的纯度）。

4．接收器

通常用配套磨口的接液管加圆底烧瓶或锥形瓶作为接收器。若馏出物沸点较低，应将接收器置于冰水浴中冷却。若蒸馏出来的产物易挥发、易燃、有毒或放出有毒气体，则在接液管（尾接管）的支管连上橡皮管，通入气体吸收装置内。若蒸馏出的液体易受潮分解，则需在接液管的支管加干燥管（干燥管内填装颗粒状的干燥剂）。

5．蒸馏操作

（1）加料（一般通过玻璃漏斗小心加入，并加入几粒沸石）。

（2）加热（通常蒸馏速度 1～2 滴/秒馏出液为宜）。

（3）观察沸点，收集馏液（当不再有馏液蒸出，温度突然下降时，停止蒸馏，不要蒸干）。

（4）拆除装置（注意拆卸顺序）。

6．注意事项（尤其是蒸馏低沸点有机物、易燃、易爆有机物）

（1）千万不要忘记加沸石（若忘记加沸石，应如何处理？）。

（2）蒸馏时加热升温不能太快，否则温度计读得的沸点会偏高（为什么？）。

（3）若用油浴加热，不可将水弄进油中（为什么？）。

（4）蒸馏过程中欲向烧瓶中加液体必须先停火降温，再加液体，不要中断冷凝水。

二、减压蒸馏

减压蒸馏是在系统低压下进行的蒸馏。低压下物质的沸点可通过下列方法确定：

（1）文献手册。

（2）液体在常压下的沸点与减压下的沸点的近似关系图。

（3）经验规律：许多有机化合物的沸点当压力降到 1.33～2.00kPa（10～15mmHg）时，压力每相差 133.32Pa（1mmHg），沸点相差约 1℃。

1．水泵、油泵的选择

（1）水泵减压蒸馏　若不需要很低的压力，一般用水泵减压蒸馏。应注意的是水泵所能达到的最低压力为当时室温下的水蒸气压。如水温 8℃时，水蒸气压为 1.07kPa（8.045mmHg）。水温 15℃时，水蒸气压为 1.71kPa（12.788mmHg）。水温 25℃时，水蒸气压为 3.17kPa（23.756mmHg）。

（2）油泵减压蒸馏　若需要较低的压力［如 < 1.33kPa（10mmHg）］，使用水泵难以达到系统所需的压力或室温较高则需用油泵。

使用油泵注意事项：

① 必须先用水泵彻底抽去系统的有机溶剂的蒸气。

② 应先用水泵进行减压蒸馏，抽去混合物中含有的挥发性杂质。

③ 必须装有气体吸收装置。

2．热浴的选用

减压蒸馏中为保证加热均匀和操作安全，多用水浴、油浴进行间接加热。

3．减压蒸馏操作

（1）安装仪器完毕后检查系统压力。若达不到所要求的压力则分段检查各部分（尤其是各连接口处），并在解除真空后，用熔融的石蜡密封，直至达到所需的真空。

（2）慢慢旋开安全瓶上活塞，放入空气，直到内外压力相等为止。

（3）加入液体于克氏蒸馏烧瓶中（液体体积 < 烧瓶体积的 1/2）关好安全瓶上的活塞，开泵抽气，调节毛细管导入空气，使液体中有连续平稳的小气泡通过。

（4）开启冷凝水，选用合适的热浴加热蒸馏。此时应注意：① 克氏蒸馏烧瓶的圆球部位至少应有 2/3 浸入浴液中。② 浴液中放一温度计，控制浴温比待蒸馏液体的沸点约高 20～30℃（使馏速 1～2 滴/秒）。③ 经常注意瓶颈上的温度计和压力的读数。④ 记录压力、沸点等数据。⑤ 若有需要，小心转动多尾接液管，收集不同馏分。

（5）蒸馏完毕，除去热源，慢慢旋开毛细管上的螺旋夹，并慢慢打开安全瓶上的活塞，平衡内外压力，使测压计的水银柱缓缓地恢复原状，然后关闭抽气泵。

4．注意事项

（1）关闭抽气泵前，若过快旋开螺旋夹和安全瓶上的活塞，则水银柱会很快上升，有冲破压力计的可能。

（2）若不待内外压力平衡就关闭抽气泵，外压会使油泵中的油倒吸入干燥塔。

（3）减压蒸馏过程中务必戴上护目眼镜。

三、水蒸气蒸馏

1．基本原理

当有机物与水一起共热时，整个系统的蒸气压为各组分蒸气压之和，即：

$$P_{总} = P_{水} + P_{有机物}$$

当系统总蒸气压与外界大气压相等时，液体沸腾。显然混合物的沸点低于任何一个组分的沸点，即有机物可在低于100℃的温度下随蒸气一起蒸馏出来。

2．水蒸气蒸馏操作

(1) 在水蒸气发生瓶中加入约3/4体积的热水，待检查整个装置不漏气后，旋开T形管的螺旋夹，加热至沸腾。

(2) 开启冷凝水，当有大量水蒸气从T形管的支管冲出时，旋紧螺旋夹，开始蒸馏，蒸馏速度2~3滴/秒。

(3) 在蒸馏过程中若水蒸气因冷凝而在蒸馏烧瓶中积聚过多，则可用小火加热并注意瓶内"蹦跳"现象，若"蹦跳"剧烈，则不应加热以免发生意外。

(4) 当馏出液无明显油珠时，可停止蒸馏。先旋开螺旋夹，再移开热源，以免发生倒吸现象。

3．注意事项

(1) 水蒸气发生器上必须装有安全管，安全管长度不宜太短，下端应插到接近发生器底部。

(2) 水蒸气发生器盛水量最多不超过其容积的3/4。水蒸气发生器与水蒸气导入管连接的T形管应适当紧凑一些。

(3) 被蒸馏的液体体积不能超过长颈蒸馏烧瓶容积的1/3，通常将长颈蒸馏烧瓶成45°斜放桌面，以免蒸馏时因液体跳动剧烈而从导出管冲出。

(4) 若安全管中的水位迅速上升甚至从管口喷出，这时应立即中断蒸馏，检查系统内何处发生堵塞，待故障排除后再蒸馏。

四、分馏

对于沸点相差较小、或沸点相接近的液体混合物的分离和提纯要采用分馏的方法。精密的分馏设备可以将沸点相差仅1~2℃的混合物分开。

1．分馏操作

(1) 选用合适的热浴加热，当液体沸腾后及时调节浴温，使蒸气在分馏柱内慢慢上升，约10~15min后蒸气到达柱顶（可用手摸柱壁，若柱温明显升高甚至烫手时，表明蒸气已到达柱顶，同时可观察到温度计的水银球上出现了液滴）。

(2) 当有馏出液滴出后，调节浴温，控制流速2~3秒/滴。

(3) 待低沸点液体蒸完后，再渐渐升高温度，按沸点收集第一、第二、第三等组分的馏出液，收集完各组分后，停止分馏。

2．注意事项

(1) 分馏一定要缓慢进行，要控制好恒定的馏出速度。

(2) 选择合适的回流比，使有相当量的液体自分馏柱流回烧瓶中。

(3) 分馏柱的外围应用石棉绳包住，以尽量减少分馏柱的热量散失和波动。

(4) 为了分出较纯的组分，可进行第二次分馏。

实验 1. 工业乙醇的蒸馏

1. 实验目的

（1）学习普通蒸馏的原理及其应用。

（2）掌握实验室常用的蒸馏操作方法。

2. 实验原理

蒸馏是分离和纯化液体有机物常用的方法之一。当液体物质被加热时，该物质的蒸气压达到液体表面大气压时，液体沸腾，这时的温度称为沸点。常压蒸馏就是将液体加热到沸腾状态，使该液体变成蒸气，又将蒸气冷凝后得到液体的过程。

每个液态的有机物在一定的压力下均有固定的沸点。利用蒸馏可将两种或两种以上沸点相差较大（>30℃）的液体混合物分开。但是应该注意，某些有机物往往能和其他组分形成二元或三元恒沸混合物，它们也有固定的沸点，因此具有固定沸点的液体，有时不一定是纯化合物。纯液体化合物的沸距一般为 0.5~1℃，混合物的沸距则较长。可以利用蒸馏来测定液体化合物的沸点。

3. 操作步骤

（1）按照从下往上、从左到右原则，将实验装置安装完毕，注意各磨口之间的连接。取 250mL 的烧瓶，将待蒸馏的工业乙醇经漏斗加入蒸馏烧瓶中，液体量不宜超过烧瓶体积的2/3，放入 1~2 粒沸石。

（2）将温度计经套管插入蒸馏头中，并使温度计的水银球正好与蒸馏头支口的下端一致，然后慢慢打开自来水龙头，通冷凝水。

（3）最初小火加热，然后慢慢加大火力，使烧瓶内乙醇沸腾，开始蒸馏。

（4）调节火源，控制蒸馏速度为 1~2 秒/滴，记下第一滴馏出液的温度，此时的温度就是馏出液的沸点。

（5）维持加热速度，继续蒸馏，收集大约 76~80℃ 之间的馏分。当不再有馏分蒸出且温度突然下降时，停止蒸馏。

（6）蒸馏完毕，关闭热源，停止通水，拆卸实验装置，其顺序与安装时相反。

4. 注意事项

（1）药物合成实验室中，为了节约资源，常购买桶装的工业乙醇，通过常压蒸馏纯化后，作为一般溶剂使用。

（2）加沸石可使液体平稳沸腾，防止液体过热产生爆沸；一旦停止加热后再蒸馏，应重新加沸石；若忘了加沸石，应停止加热，冷却后再补加。

（3）冷凝水从冷凝管支口的下端进，上端出，以提高冷却效果。

（4）蒸馏时切勿蒸干，以防意外事故发生。

实验 2. 回收乙醇的分馏

1. 实验目的

（1）学习分馏的原理及其应用

（2）掌握实验室常用的分馏操作。

2．实验原理

分馏也是分离提纯液体有机物的一种方法。分馏主要适用于沸点相差不太大的液体有机物的分离提纯，其分离效果比蒸馏好。

分馏通常是在蒸馏的基础上用分馏柱来进行的。利用分馏柱进行分馏，实际上就是让在分馏柱内的混合物进行多次气化和冷凝。当上升的蒸气与下降的冷凝液互相接触时，上升的蒸气部分冷凝放出热量使下降的冷凝液部分气化，两者之间发生了热量交换。其结果是上升蒸气中易挥发组分增加，而下降的冷凝液中高沸点组分增加。如果继续进行多次，就等于进行了多次的气液平衡，即达到了多次蒸馏的效果。这样靠近分馏柱顶部易挥发物质的组分比率高，而烧瓶里高沸点组分的比率高。当分馏柱的效率足够高时，在分馏柱顶部出来的蒸气就接近于纯低沸点的组分，高沸点组分则留在烧瓶里，最终便可将沸点不同的物质分离出来。

3．操作步骤

（1）向100mL的圆底烧瓶中倒入实验室回收的乙醇回收液（含乙醇约60%～70%）60mL，加2～3粒沸石，安装好分馏装置，注意各磨口之间的连接。

（2）通冷凝水，水浴加热，控制加热速度，使馏出速度为1～2秒/滴。

（3）收集前馏分，当温度达到78℃时，调换接受器，收集馏出液，馏出速度控制在1～2秒/滴，记下温度计的读数。

（4）当温度持续下降时，即可停止加热。记录馏出液、前馏分和残余液的体积。

4．注意事项

（1）药物合成实验室中，经常会产生大量的有机溶剂，如果不加以回收就倒入水池，不但浪费资源，而且造成环境污染。实验室回收的各种溶剂要分类回收存放，然后集中处理。通常采用分馏方法就可以回收绝大部分的有机溶剂，回收的溶剂可以作为一般溶剂重复使用。

（2）馏出速度太快，产物纯度下降；馏出速度太慢，馏出温度易上下波动。为减少柱内热量散失，可用石棉绳将其包起来。

（3）注意切不可蒸干。

（4）在收集前馏分后，由于温度计误差，实际温度可能略有差异，不一定恰好为78℃。

（5）分馏要结束时，由于乙醇蒸气不足，温度计水银球不能被乙醇蒸气包围，因此温度出现下降。

实验3．中药徐长卿中提取丹皮酚

1．实验目的

（1）学习水蒸气蒸馏的原理及其应用。

（2）掌握水蒸气蒸馏的装置和操作方法。

（3）学习通过水蒸气蒸馏方法来提取挥发油。

2．实验原理

水蒸气蒸馏也是分离提纯液体有机化合物的一种方法。它是将水蒸气通入不溶或难溶于水、有一定挥发性的有机物中，使该有机物随水蒸气一起蒸馏出来。

根据分压定律，混合物的蒸气压等于各组分蒸气压之和。当各组分的蒸气压之和等于大气压力时，混合物开始沸腾。混合物的沸点要比单个物质的正常沸点低，这意味着该有机物可在比其正常沸点低的温度下被蒸馏出来。在馏出物中，有机物与水的质量（m_o和m_w）之比，等于两者的分压（P_o，P_w）和两者各自分子量（M_{r_o}和M_{r_w}）的乘积之比。

水蒸气蒸馏的适用范围：① 常压蒸馏易分解的高沸点有机物；② 混合物中含有大量固体，用蒸馏、过滤、萃取等方法都不适用；③ 混合物中含有大量树脂状的物质或不挥发杂质，用蒸馏、萃取等方法难以分离。

被提纯物质应具备的条件：① 不溶于或难溶于水；② 共沸下与水不反应；③ 100℃时必须有一定的蒸气压。

3．操作步骤

(1) 称取已经粉碎过的中药徐长卿 10g，倒入 250mL 烧瓶中，加水 50mL。安装好实验装置，注意各磨口之间的连接，检查实验装置是否漏气。打开 T 形管夹子，通冷凝水。

(2) 加热水蒸气发生器，当 T 型管支管有蒸气冲出时，夹紧夹子，使蒸气通入烧瓶中。

(3) 调节火源，控制馏出速度 1~2 滴/秒，当馏出液由混浊液变为澄清透明时，可停止蒸馏。

(4) 先打开夹子，再移去火源，然后拆除装置。

(5) 取馏出液 1~2mL，搅匀，加入 1%FeCl₃ 乙醇溶液 2~4 滴，观察显色反应现象。

4．注意事项

(1) 为使水蒸气不致在烧瓶中过多而冷凝，可在烧瓶底下用小火加热。要随时注意安全管中水柱的情况，若有异常，立刻打开 T 型管夹子，移去热源，排除故障后方可继续。

(2) 停止蒸馏前应先打开夹子，以防止倒吸。

(3) 从徐长卿中提取挥发油，其主要成分为丹皮酚（paeonol）。

(4) 水蒸气发生器中的水不能太满，以占容器体积的 2/3 为宜，否则沸腾时水将会冲出来。

实验 4．糠醛的减压蒸馏

1．实验目的

(1) 学习减压蒸馏的原理和应用。

(2) 掌握减压蒸馏的仪器安装和操作。

(3) 学会用减压蒸馏的方法来纯化试剂。

2．实验原理

高沸点有机化合物或在常压下蒸馏易发生分解、氧化或聚合的有机化合物，常可采用减压蒸馏进行分离提纯。糠醛在存放过程中容易被氧化而变为深黄色或棕色，使用前需要进行纯化，糠醛的沸点为：161.8℃，101.33kPa；103℃，13.33kPa；67.8℃，2.67kPa；

18.5℃，0.133kPa。

液体的沸点随外界压力变化而变化，若系统的压力降低了，液体的沸点温度也随之降低。在进行减压蒸馏之前，应先从文献中查阅欲提纯的化合物在所选择压力下的相应沸点，若文献中无此数据，可用下述经验规则推算，即：若系统的压力接近大气压时，压力每降低 1.33kPa（10mmHg），则沸点下降 0.5℃；若系统在较低压力状态时，压力降低一半，沸点下降 10℃。例如某化合物在 2.67kPa（20mmHg）的压力下，沸点为 100℃，压力降至 1.33kPa 时，沸点为 90℃。

更精确一些的压力与沸点的关系可以参考有关的压力－温度关系图来估算。已知化合物在某一压力下的沸点便可近似地推算出该化合物在另一压力下的沸点。

3．操作步骤

（1）将实验装置安装好，检查系统的气密性。先旋紧毛细管上的螺旋夹子，打开安全瓶上的二通旋塞，然后开泵抽气，观察能否达到要求的真空度且保持不变（若用水泵减压，视水温而定，一般可达 2.67kPa 的压力，若用油泵抽气，压力则会更低）。若发现有漏气现象，则需分段检查各连接处是否漏气，必要时可在磨口接口处涂少量真空脂密封。待系统无明显漏气现象时，慢慢打开安全瓶上的活塞，使系统内外压力平衡。

（2）向 50mL 的梨形烧瓶中加入 20mL 粗糠醛，关闭安全瓶上的活塞，开泵抽气，通过螺旋夹调节毛细管导入空气，使能冒出一连串小气泡为宜。

（3）当达到所要求的低压时，且压力稳定后，开启冷凝水，开始加热。热浴的温度一般比瓶内温度高 20～30℃。蒸馏过程中，密切注意蒸馏的温度和压力，控制馏出速度 1～2 滴/秒。待达到所需的沸点时，更换接受器。若用多头接受器，只需转动接引管的位置，使馏出液流入不同的接受器中。

（4）蒸馏完毕时，撤去热源，慢慢打开毛细管上的螺旋夹，并缓缓打开安全瓶上的活塞，平衡体系内外压力后，取下烧瓶，并将蒸出的糠醛倒入指定的棕色瓶里，然后关闭油泵（或水泵）。

（5）拆除装置，清洗仪器。

4．注意事项

（1）减压蒸馏系统中切勿使用有裂缝的或薄壁的玻璃仪器，尤其不能使用不耐压的平底瓶如锥形瓶，以防引起爆炸。

（2）使用油泵蒸馏时，待减压蒸馏的液体中若含有低沸点组分，应先进行普通蒸馏，尽量除去低沸物，以保护油泵。

（3）使用水泵时应特别注意因水压突然降低，而使水泵不能维持已达到的真空度，蒸馏系统内的真空度比水泵所产生的真空度高，水流入蒸馏系统沾污产品。为此，需在水泵与蒸馏系统间安装一个安全瓶。

（4）减压蒸馏结束后，安全瓶上的活塞一定要缓慢打开，如果打开太快，系统内外压力突然变化，使水银压力计的压差迅速改变，可导致水银柱破裂。

第三节　固体物质的分离与提纯

化学合成药物的纯度和质量是关系到人身安危的重大问题。为了获得高纯度的药品，对最终成品及关键中间体必须进行提纯和精制。固体物质一般采用结晶（重结晶、分级结晶等）或升华的方法进行纯化。

一、重结晶

重结晶是分离纯化固体有机化合物的常用方法之一。

1．基本原理

利用溶剂对被提纯物质及杂质的溶解度不同，使被提纯物质从过饱和溶液中析出，而让杂质全部或大部分留在溶液中，从而达到提纯目的。一般重结晶只适用于纯化杂质含量在5%以下的固体有机混合物。重结晶时，若溶解的溶液中含有不溶性杂质，要趁热过滤，热过滤时要注意：

（1）热水漏斗中装的热水不宜过高，以免溢出。

（2）应使用短颈玻璃漏斗置于热水漏斗中，不能用长颈玻璃漏斗。

（3）玻璃漏斗颈紧贴接受容器的内壁。

（4）过滤易燃溶剂时，必须熄灭附近的火源。

（5）热过滤时使用菊花滤纸（折叠式滤纸）。（注意如何折叠？）

当重结晶的溶液中含有有色杂质以及存在着某些树脂状物质时，常使用活性炭进行脱色，脱色时一般活性炭的用量为固体粗产物质量的1%~5%。加入适量活性炭后，在不断搅拌下煮沸5~10min，然后趁热过滤。若一次脱不好，可再用少量活性炭处理一次。活性炭在水溶液中进行的脱色效果较好，它也可以在任何有机溶剂中使用，但在烃类等非极性溶剂中脱色效果较差。

2．重结晶操作方法

重结晶一般操作方法：

选择溶剂→溶解固体→热过滤除杂质→晶体析出→抽滤洗涤晶体→干燥

（1）选择溶剂　选择溶剂应特别注意：① 溶剂与被提纯的有机物不反应；② 被提纯的有机物易溶于热溶剂中，不易溶于冷溶剂中；③ 溶剂对杂质的溶解很大（杂质留在母液中）或很小（热过滤时除去杂质）；④ 价廉易得，毒性低。根据以上要求，可以根据"相似相溶经验规则"选择重结晶溶剂。常用溶剂的物理性质参见书后附录6。

溶剂及其用量可以根据有关文献中报道的溶解度资料来进行选择。如果没有文献资料，则可用实验方法来进行选择。一般将少量（约0.1g）仔细研细的物质放入试管中，加入溶剂正好将其盖没，观察加热溶解及冷却时结晶的情况。如果在冷却或微温的情况下就能溶解，那么这种溶剂就不适合。相反，如将溶剂加热至沸腾时它不溶解，则这种溶剂也不适合。如物质溶于热溶剂内，但在冰－盐浴上冷却几分钟后还不能析出晶体，则这种溶剂也不能作重结晶溶剂。

假如被研究的物质极易溶解在某一溶剂中，而在另一溶剂中又难溶解，如果这两种溶剂又是混溶的，则可以用混合溶剂作重结晶溶剂。有些化合物在一般溶剂中不易形成结晶，而在某些溶剂中则易于形成结晶。例如葛根素、逆没食子酸（ellagicacid）在冰醋酸中易形成结晶，大黄素（emodin）在吡啶中易于结晶，萱草毒素（hemerocallin）在 N,N –二甲基甲酰胺（DMF）中易得到结晶，而穿心莲亚硫酸氢钠加成物在丙酮－水中较易得到结晶。

（2）溶解固体　少量药物重结晶可以在医用小药瓶中进行，用聚乙烯薄膜封住瓶口，薄膜中间戳一个小孔。若使用有机易燃、低沸点或有毒溶剂以及大量物质重结晶时，应将称过质量的待结晶物质放于锥形瓶中，装上回流冷凝管，加入几块沸石防止爆沸。然后向烧瓶加入相当于估计量 3/4 的溶剂，加热沸腾至刚好回流。假如物质不完全溶解，可经过冷凝管补加一些溶剂。如果不溶物的量没有减少，就应该将其滤掉，沸腾的溶液应该是澄清的。

"新生态"的物质即新游离出来的物质或无定形的粉末状物质，远比晶体物质的溶解度大，易于形成过饱和溶液。一般经过精制的化合物，在蒸去溶剂抽松为无定形粉末时就是如此，有时只要加入少量溶剂，往往立即可以溶解，稍稍放置即能析出结晶。例如长春花碱部分抽干后立即加入 1.5 倍量的甲醇溶解，放置后很快析出长春碱结晶。又如蝙蝠葛碱在乙醚中很难溶解，但当其盐的水溶液用氨水碱化，并立即用乙醚萃取，所得的乙醚溶液，放置后即可析出蝙蝠葛碱的乙醚加成物结晶。有时溶液太浓，黏度大反而不易结晶化。如果溶液浓度适当，温度慢慢降低，有可能析出结晶较大而纯度较高的结晶。有的化合物其结晶的形成需要较长的时间，例如铃兰毒苷等，有时需放置数天或更长的时间。

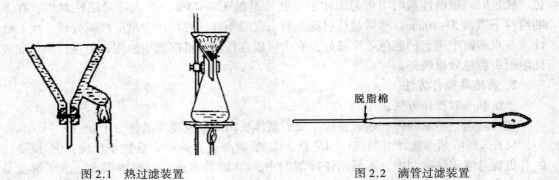

脱脂棉

图 2.1　热过滤装置　　　　　　　图 2.2　滴管过滤装置

（3）热过滤除杂质　① 必须熄灭火源再进行热过滤；② 过滤前要把短颈玻璃漏斗在烘箱中预先烘热；③ 过滤前先用少量热溶剂润湿折叠滤纸，以免干滤纸吸收溶剂，使结晶析出堵塞漏斗颈；④ 过滤时，漏斗上应盖上表面皿，以减少溶剂的挥发；⑤ 应用毛巾等物包住热的容器，以免烫伤或忙乱；⑥ 微量液体的过滤可采用在滴管的颈部放上脱脂棉作为热溶液的过滤器。（图 2.1、图 2.2）

（4）晶体析出　① 不要急冷和剧烈搅动滤液，以免晶体过细，造成晶体因表面积大而吸附杂质多；② 若溶液不结晶，可投"晶种"或用玻璃棒摩擦器壁。

（5）抽滤、洗涤晶体　① 抽滤接近完毕时，用玻璃钉挤压晶体，以尽量除去母液（图 2.3）；② 布氏漏斗中的晶体要用少量溶剂洗涤，以除去存在于晶体表面的母液。制备结晶除应注意以上各点外，在放置过程中，最好先塞紧瓶塞，避免液面先出现结晶，而致结晶纯度较低。如果放

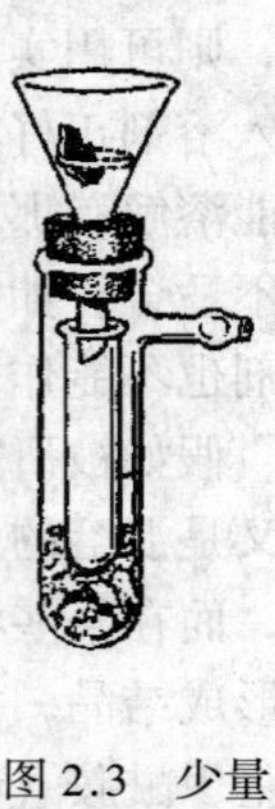

图 2.3　少量
晶体抽滤管

置一段时间后没有结晶析出，可以加入极微量的晶种，即同种化合物结晶的微小颗粒。加晶种是诱导晶核形成的常用而有效的手段。一般来说，结晶化过程是有高度选择性的，当加入同种分子或离子晶种时，晶体才会长大。而且溶液中如果是光学异构体的混合物，还可依晶种性质优先析出其同种光学异构体。没有晶种时，可用玻璃棒蘸过饱和溶液一滴，在空气中任溶剂挥发，再用以磨擦容器内壁溶液边缘处，以诱导结晶的形成。如仍无结晶析出，可打开瓶塞任溶液逐步挥散，慢慢析晶。或另选适当溶剂处理，或再精制一次，尽可能除尽杂质后进行结晶操作。

3．混合溶剂重结晶

一般操作方法是将物质先溶在易溶解的溶剂内，制成热的溶液，然后滴加难溶解该物质的溶剂，直到略成混浊或开始析出晶体，再加入几滴第一种溶剂使溶液变澄清，或者直接加热至溶液澄清，然后放置冷却按常法处理。如从虎杖中提取水溶性的虎杖苷时，在已精制饱和的水溶液上添加一层乙醚放置，既有利于溶出其共存的脂溶性杂质，又可降低水的极性，促使虎杖苷的结晶化。从秦皮中提取秦皮甲素，也可运用这样的办法。

4．分级结晶提纯法

当固体混合物不能用简单的结晶、蒸馏、提取或升华法进行分离纯化时，可用分级结晶提纯法。它是利用物质的不同溶解度，分离两个或数个物质。

在制备结晶时，最好在形成一批结晶后，立即倾出上层溶液，然后再放置，以得到第二批结晶。晶态物质可以用溶剂溶解，再次结晶精制，这种方法称为重结晶法。结晶经重结晶后所得各部分母液，再经处理又可分别得到第二批、第三批结晶，这种方法则称为分步结晶法或分级结晶法。晶态物质在多次结晶过程中，结晶的析出总是越来越快，纯度也越来越高。分步结晶法各部分所得的结晶，其纯度往往有较大的差异，但常可获得一种以上的结晶成分，在未加检查前不要混在一起。

5．结晶纯度的判定

化合物的结晶都有一定的结晶形状、色泽、熔点和熔距，一般可以作为鉴定的初步依据。这是非结晶物质所没有的物理性质。化合物结晶的形状和熔点往往因所用溶剂不同而有差异，如 N – 氧化苦参碱，在无水丙酮中得到的结晶熔点为208℃，而在稀丙酮（含水）中析出的结晶熔点为77～80℃。所以文献中常在化合物的晶形、熔点之后注明所用溶剂。一般单体纯化合物结晶的熔距较窄，通常在0.5℃左右，如果熔距较长则表示化合物不纯。

但有些例外情况，如有些化合物的分解点不易看得清楚。也有的化合物熔点一致，熔距较窄，但不是单体。一些立体异构体和结构非常类似的混合物，常有这样的现象。还有些化合物具有双熔点的特性，即在某一温度已经全部融熔，当温度继续上升时又固化，再升温至一定温度又熔化或分解；如防己诺林碱（fangchinoline）在176℃时熔化，至200℃时又固化，再在242℃时分解。中草药成分经过同一溶剂进行三次重结晶，其晶形及熔点一致，同时在薄层色谱或纸层析法经数种不同展开剂系统检定，也为一个斑点者，一般可以认为是一个单体化合物。但应注意，有的化合物在一般层析条件下，虽然只呈现一个斑点，但并不一定是单体成分。例如，鹿含草中主成分为高熊果苷和异高熊果苷，两者极难用一般方法分离，经反复结晶后，在纸层及聚酰胺薄层上都只有一个斑点，易误认为单一成分，但测其熔点在115～125℃，熔距很长。经制备其甲醚后，再经纸层析检定，可以出现两个斑点，异高熊果苷的比移值大于高熊果苷。又如水菖蒲根茎挥发油中的 α – 细辛醚

(asaricin) 和 β - 细辛醚, 在一般薄层上均为一个斑点, 前者为结晶, 熔点63℃; 后者为液体, 沸点296℃, 用硝酸银薄层或气相色谱很容易区分。有时个别化合物(如氨基酸)可能部分地与层析纸或薄层上的微量金属离子(如 Cu^{2+})、酸或碱形成络合物、盐或分解而产生复斑。因此, 判定结晶纯度时, 要依据具体情况加以分析。此外, 元素分析、高效液相色谱、气相色谱、紫外光谱、核磁共振等, 均有助于识别结晶样品的纯度。

实验 5. 原料药贝诺酯的重结晶

1. 实验目的

(1) 学习重结晶提纯固体有机化合物的原理和方法。

(2) 掌握重结晶的实验操作。

2. 实验原理

重结晶是利用混合物中多组分在某种溶剂中的溶解度不同, 或在同一溶剂中不同温度时的溶解度不同, 而使它们相互分离的方法。重结晶是提纯固体有机物常用的方法之一。

3. 操作步骤

(1) 称取5g粗贝诺酯, 放在100mL锥形瓶中, 加入95%乙醇约50mL, 加热至沸腾, 直至贝诺酯溶解, 若不溶解, 可适量添加少量95%乙醇。

(2) 稍冷后, 加入适量(约1g)活性炭于溶液中, 煮沸10~30min, 趁热用热水漏斗或折叠式滤纸过滤(或趁热抽滤), 滤液倒入锥形瓶, 在过滤过程中, 热水漏斗和溶液均应用小火加热保温, 以免冷却。

(3) 滤液放置冷却后, 有贝诺酯结晶体析出, 抽气过滤, 抽干后用玻璃钉或玻璃瓶塞压挤晶体, 继续抽滤, 尽量除去母液。

(4) 晶体的洗净。先把橡皮管从抽滤瓶上拔出, 关闭抽气泵, 将少量95%乙醇(作溶剂)均匀地撒在滤饼上, 浸没晶体, 用玻璃棒小心地均匀搅拌晶体, 接上橡皮管, 抽滤至干, 如此重复洗涤两次。

(5) 晶体洗净后, 取出晶体, 放在表面皿上晾干, 称重。

4. 注意事项

(1) 重结晶操作中使用的大多属于易燃、易爆溶剂, 因此在操作时注意周围不要有明火, 以防引起燃烧。

(2) 固体抽滤时, 尽量用玻璃钉或玻璃瓶塞压干抽滤漏斗中的固体以除去母液, 这样可以得到较为纯净的产物。

(3) 在用溶剂洗涤固体时, 应先把橡皮管从抽滤瓶上拔出, 用尽量少的溶剂浸没固体(晶体), 并用玻璃棒小心均匀地搅拌(以防把滤纸弄破), 然后接上橡皮管, 抽滤至干, 这样洗涤效果较好。

二、升华

固体物质蒸发的过程称为升华。固体物质的蒸气压与外界压力相等时的温度称为升华点。升华是精制提纯固体物质的方法之一, 它使被精制的物质由气相凝结为固体物质而不是液体。

1. 升华提纯原理

在相图上，固–液、固–气和液–气三条平衡曲线的交点（即固、液、气三相的平衡点）称为三相点，是固相、液相和气相同时存在的惟一的一点。三相点的压力是该物质的液相可能存在的最低压力，三相点的温度在大多数情况下是液相能稳定存在的最低温度。任何其他单组分物质的相间变化都依照自己的相图进行，所以单组分物系相图是蒸发、干燥、升华提纯及气体液化过程的重要依据。如果该物质的蒸气压（总压或分压），在一定的温度下低于相应于三相点的压力，则蒸气并不冷凝成液体而直接变成晶体，晶体在此条件下也可以直接变成蒸气。为了获得结晶状的物质，必须将蒸气冷却至三相点温度以下，为了避免有液体生成，此过程中蒸气压必须低于三相点压力。

2. 升华提纯实验操作

升华操作时，通常是在低于升华点的温度下进行，此时固体的蒸气压低于外压。一般采用降低仪器内总压力，或用惰性气体稀释该物质蒸气的办法来保证升华提纯的效果。简单的升华提纯装置如图 2.4 所示。

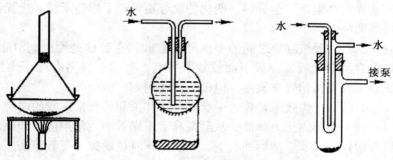

图 2.4　简单的升华提纯装置

另外，从升华室到冷却面的距离必须尽可能短，以便获得快的升华速度。升华物应该研得很细。提高升华温度可以使升华加快，但可使升华产物变小，产物纯度下降。注意：在任何情况下，升华温度均应低于物质的熔点。

第四节　药品的干燥

一、液体有机化合物的干燥

常用干燥剂一般为无水的盐类，选用时必须注意下列几点：

（1）不能与有机化合物发生化学反应。

（2）不溶解于被干燥的物质中。

（3）当选用与水结合生成水合物的干燥剂时，必须考虑干燥剂的吸水容量和干燥效能。吸水容量是指单位质量干燥剂所吸收的水量；干燥效能是指平衡时液体被干燥的程度。干燥剂的用量一般为每 10mL 液体约需 0.5～1g。但由于液体中的水分含量不同以及干燥剂的质量、颗粒大小、干燥温度等诸多原因，上述数据仅供参考。干燥时间至少 0.5h 以上，最好放置过夜。干燥前被干燥的有机液体不应有任何可见的水层。蒸馏干燥后的液体时，必须将与水可逆结合成水合物的干燥剂（如 $CaCl_2$、$MgSO_4$ 等）过滤除出。

二、固体有机化合物的干燥

从重结晶得到的固体有机物常带水分或有机溶剂，应根据有机物的性质选择适当的方法进行干燥。

1．自然晾干

把抽滤和压干的固体有机物移至表面皿上摊开成薄层，用一张滤纸覆盖起来，在空气中慢慢晾干。这种方法适用于比较稳定但受热易升华的物质。

2．加热干燥

对于热稳定的固体有机化合物可以放在专用烘箱内烘干，加热的温度切忌达到或超过该固体的熔点，以免固体熔化、变色和分解，若需要，可在真空恒温干燥箱中干燥。

3．红外灯干燥

特点是穿透性强，干燥快，但易升华或受热易分解的产物不宜使用。

4．干燥器干燥

对易吸潮或在较高温度下会分解、变化的化合物可用干燥器干燥。干燥器有普通干燥器和真空干燥器两种。

（1）普通干燥器　盖与缸身之间的平面经过磨砂，在磨砂处涂以润滑脂，如凡士林、真空油脂。缸中有多空瓷板，瓷板下面放置干燥剂，上面放置盛有待干燥物质的表面皿等，此种干燥器干燥有机物效率较差，但很方便实用。

（2）真空干燥器　干燥效率较普通干燥器好。其顶部装有带旋塞的玻璃导气管，由此处连接抽气泵，使干燥器内压力降低，从而提高了干燥效率。使用前必须试压，试压时应用网罩或防爆布包住干燥器，然后抽真空，以防炸碎时玻璃碎片飞溅而伤人。抽气完关上旋塞放置过夜，解除器内真空时，开动旋塞放入空气的速度不能快，以免吹散被干燥的物质。常用干燥剂及其使用方法参见附录 5。

三、干燥的操作

将待干燥的液体置于锥形瓶中，加入适量的干燥剂（一般每 10mL 液体加 0.5～1g）。干燥剂的颗粒大小要适当，太大时吸水慢，干燥剂内部不起作用；太小时吸附有机物太多。用塞子塞紧，振荡片刻。若出现干燥剂附着器壁并相互粘结，则说明干燥剂用量不够，应继续添加。如果水分较多，这时常有可能出现少量的水层，必须将水层用吸管吸去，再加入干燥剂，放置一段时间，并时时加以振摇。一般水分基本除去的标志是干燥前浑浊，干燥后液体变为澄清。

已吸水的干燥剂受热后又会脱水，因此，对已干燥的液体在蒸馏之前必须把干燥剂滤去。干燥剂的性能与适用范围参见附录 5。

第五节　产物的分离和纯化

一、溶剂分离法

一般是将粗产物选用三四种不同极性的溶剂，由低极性到高极性分步进行提取分离。

利用粗产物中化学成分的不同，在不同极性溶剂中的溶解度进行分离纯化，是最常用的方法。

　　向反应后的混和溶液中加入另一种溶剂，析出其中某种或某些成分，或析出其杂质，也是一种溶剂分离的方法。例如，向水溶液中加入一定量的乙醇，使那些不溶于乙醇的成分自溶液中沉淀析出，而达到与其他成分分离的目的。也可采用丙酮沉淀法。又如，向多糖及多肽类化合物的水溶液中，加乙醇或丙酮使多糖及多肽类化合物析出的办法也是溶剂分离法。

　　此外，也可利用其某些成分能在酸或碱中溶解，又在加碱或加酸改变溶液的 pH 后形成不溶物而析出进行分离。例如内酯类化合物不溶于水，但遇碱开环生成羧酸盐溶于水，再加酸酸化，又重新形成内酯环从溶液中析出，从而与其他杂质分离；生物碱一般不溶于水，遇酸生成生物碱盐而溶于水，再加碱碱化，又重新生成游离生物碱。这些化合物可以利用与水不相混溶的有机溶剂进行萃取分离。还可利用不同酸、碱度进一步分离，如酸性化台物可以分为强酸性、弱酸性和酚性三种，它们分别溶于碳酸氢钠、碳酸钠和氢氧化钠，借此可进行分离。有些生物碱，如长春花碱、石蒜碱，可利用不同 pH 进行分离。但有些特殊情况，如酚性生物碱紫堇定碱（corydine）在氢氧化钠溶液中仍能被乙醚抽出，蝙蝠葛碱（dauricins）在乙醚溶液中能被氢氧化钠溶液抽出，而溶于三氯甲烷溶液中时则不能被氢氧化钠溶液抽出；有些生物碱的盐类，在水溶液中仍能为三氯甲烷抽出。这些性质均有助于各化合物的分离纯化。

二、两相溶剂萃取法

1. 基本原理
　　两相溶剂提取又简称萃取法，是利用混合物中各成分在两种互不相溶的溶剂中分配系数的不同而进行分离的方法。萃取时如果各成分在两相溶剂中分配系数相差越大，则分离效率越高；如果在水提取液中的有效成分是亲脂性的物质，一般多用亲脂性有机溶剂，如苯、三氯甲烷或乙醚进行两相萃取；如果有效成分是偏于亲水性的物质，在亲脂性溶剂中难溶解，就需要改用弱亲脂性的溶剂，例如乙酸乙酯、丁醇等。还可以在三氯甲烷、乙醚中加入适量乙醇或甲醇，以增大其亲水性。如提取黄酮类成分时，多用乙酸乙酯和水的两相萃取。提取亲水性强的皂苷则多选用正丁醇、异戊醇和水作两相萃取。不过，一般有机溶剂亲水性越大，与水作两相萃取的效果就越不好，因为能使较多的亲水性杂质伴随而出，对有效成分进一步精制影响很大。

2. 萃取操作
　　（1）分液漏斗　无论选用何种形状的分液漏斗，加入全部液体的总体积不得超过其容量的 3/4。接受液体容器的内壁应紧贴分液漏斗颈。使用分液漏斗前，应检查玻璃活塞、活塞芯是否原装配套，分液漏斗是否漏液，活塞芯是否旋转自如，活塞芯孔是否被堵塞等。

　　（2）先用小试管猛烈振摇约 1min，观察萃取后二液层分层现象。如果容易产生乳化，大量提取时要避免猛烈振摇，可延长萃取时间。如碰到乳化现象，可将乳化层分出，再用新溶剂萃取；或将乳化层抽滤，或将乳化层稍稍加热；或较长时间放置并不时旋转，令其自然分层。乳化现象较严重时，可以采用二相溶剂逆流连续萃取装置。

(3) 水提取液的浓度最好在相对密度为 1.1 ~ 1.2 之间，过稀则溶剂用量太大，影响操作。溶剂与水溶液应保持一定量的比例，第一次提取时，溶剂要多一些，一般为水提取液的 1/3，以后的用量可以少一些，一般为 1/4 ~ 1/6。

(4) 一般萃取 3 ~ 4 次即可。但亲水性较大的成分不易转入有机溶剂层时，须增加萃取次数，或改变萃取溶剂。

3. 逆流连续萃取法

是一种连续的两相溶剂萃取法。其装置可具有一根、数根或更多的萃取管。管内用小瓷圈或小的不锈钢丝圈填充，以增加两相溶剂萃取时的接触面。例如用三氯甲烷从川楝树皮的水浸液中萃取川楝素。将三氯甲烷盛于萃取管内，而相对密度小于三氯甲烷的水提取浓缩液贮于高位容器内，开启活塞，则水浸液在高位压力下流入萃取管，遇瓷圈撞击而分散成细粒，使与三氯甲烷接触面增大，萃取比较完全。如果被萃取的水溶液需要用比水轻的苯、乙酸乙酯等进行萃取，则需将水溶液浓缩后装在萃取管内，而苯、乙酸乙酯贮于高位容器内。萃取是否完全，可取样品用薄层色谱、纸层析及显色反应或沉淀反应进行检查。

4 逆流分配法

逆流分配法（counter current distribution，CCD）又称逆流分溶法、逆流分布法或反流分布法。逆流分配法与两相溶剂逆流萃取法原理一致，但加样量一定，并不断在一定容量的两相溶剂中，经多次移位萃取分配而达到混合物的分离。本法所采用的逆流分布仪由若干乃至数百只管子组成。要预先选择对混合物分离效果较好，即分配系数差异大的两种不相混溶的溶剂，并参考分配层析的行为分析推断和选用溶剂系统，通过试验测知要经多少次的萃取移位可达到真正的分离。逆流分配法对分离具有非常相似性质的混合物，往往可以取得良好的效果。但操作时间长，萃取管易因机械振荡而损坏，消耗溶剂亦多，应用上常受到一定限制。

5. 液滴逆流分配法

液滴逆流分配法又称液滴逆流层析法，为近年来在逆流分配法基础上改进的两相溶剂萃取法。对溶剂系统的选择基本同逆流分配法，但要求能在短时间内分离成两相，并可生成有效的液滴。由于移动相形成液滴，在细的分配萃取管中与固定相有效地接触、摩擦并不断形成新的表面，从而促进溶质在两相溶剂中的分配，故其分离效果往往比逆流分配法好，且不会产生乳化现象，用氮气压驱动移动相，被分离物质不会因遇大气中氧气而氧化。本法必须选用能生成液滴的溶剂系统，且对高分子化合物的分离效果较差，处理样品量小（1g 以下），并要有一定设备。液滴逆流分配法的装置，近年来虽不断改进，但装置和操作较繁。目前，对适用于逆流分配法进行分离的成分，可采用两相溶剂逆流连续萃取装置或分配柱层析法进行。

实验 6. 医药中间体对乙基苯丙酮的合成与萃取分离

1. 实验目的

(1) 学习合成医药中间体对乙基苯丙酮的方法。

(2) 掌握萃取和洗涤的操作方法。

（3）学习萃取和洗涤的原理与应用。

2．实验原理

萃取是分离和提纯有机化合物常用的基本操作之一。假如溶液由有机化合物 X 溶解于溶剂 A 而成，现如要从其中萃取 X，我们可选择一种对 X 溶解度好，而与溶剂 A 不相混溶和不起化学反应的溶剂 B。把溶液放入分液漏斗中，加入溶剂 B，充分振荡。静置后，由于 A 与 B 不相混溶，故分成两层。此时 X 在 A、B 两相之间进行分配，X 分配在 A、B 两相之间的浓度比，在一定温度和压力下，为一常数，叫做分配系数，以 K 表示，这种关系叫做分配定律。用公式表示如下：

$$\frac{X 在溶剂 A 中的浓度}{X 在溶剂 B 中的浓度} = K（分配系数）$$

（注意：分配定律是假定所选用的溶剂 B 不与 X 起化学反应时才适用的）。

依照分配定律，要节省溶剂而提高萃取的效率，用一定量的溶剂一次性加入溶液中萃取，比不上把这个量的溶剂分成几份多次来萃取效率高。

洗涤是从混合物中提取出不需要的少量杂质，所以洗涤实际上也是一种萃取。

3．实验步骤

本实验先合成医药中间体对乙基苯丙酮，再对反应混合液萃取和洗涤，从而得到黄色油状物对乙基苯丙酮。

（1）对乙基苯丙酮的合成　在干燥的 100mL 双颈烧瓶中，加入无水三氯化铝（6.9g，51.7mmol）、乙苯 5g（5.8mL，47mmol），中间装上球形冷凝管，冷凝管上端装有无水氯化钙的干燥管，冰浴冷却搅拌下，用恒压漏斗滴加丙酰氯 3.4g（3.2mL，36.7mmol），滴加完毕后，于室温搅拌 0.5h，再在 45～50℃搅拌 2h。

（2）萃取操作　反应完毕，冷却，倒入冰水（10mL）中，静置，再倒入分液漏斗，分出油层，油层在分液漏斗中加水（10mL），先用右手食指将漏斗上端玻璃塞顶住，再用大拇指及食指和中指握住漏斗。这样漏斗转动时可用左手的食指和中指蜷握在活塞的柄上，使振摇过程中玻璃塞和活塞均夹紧，上下轻轻摇振分液漏斗，每隔几秒钟将漏斗倒置（活塞朝上），小心打开活塞，以平衡内外压力，重复操作 2～3 次，然后再用力振摇相当时间。将分液漏斗置于铁圈上，当溶液分成两层后，小心旋开活塞，放出下层水溶液于锥形瓶内，油层再依次用碳酸钠溶液（10mL）、饱和食盐水（10mL）洗至 pH = 7，得黄色油状物，黄色油状物对乙基苯丙酮从分液漏斗上端倒出到指定的试剂瓶中。

4．注意事项

（1）常用的分液漏斗有球形、锥形和梨形三种，在药物合成实验中，分液漏斗主要应用于：

分离两种分层而不起作用的液体；从反应混合液中萃取产物；用水或碱或酸溶液洗涤产品；可用来滴加某种试剂（代替滴液漏斗）。

（2）分液漏斗易碎。使用时要把它放在一个铁圈上，或漏斗支撑架上。

三、沉淀法

向反应后的溶液中加入某些试剂使产生沉淀，以获得产物或除去杂质的方法。例如加入中性醋酸铅，可与酸性物质或某些酚性物质结合成不溶性铅盐，因此，常用以沉淀有机酸、氨基酸、蛋白质、黏液质、鞣质、树脂、酸性皂苷、部分黄酮等。

四、盐析法

盐析法是向需要分离的水溶液中加入无机盐至一定浓度，或达到饱和状态，使某些成分在水中的溶解度降低生成沉淀析出，而与水溶性大的杂质分离的方法。常用作盐析的无机盐有氯化钠、硫酸钠、硫酸镁、硫酸铵等。

五、透析法

透析法是利用小分子物质在溶液中可通过半透膜，而大分子物质不能通过半透膜的性质，达到分离的方法。例如分离和纯化皂苷、蛋白质、多肽、多糖等物质时，可用透析法以除去无机盐、单糖、双糖等杂质。反之也可将大分子的杂质留在半透膜内，而将小分子的物质通过半透膜进入膜外溶液中，而加以分离精制。透析是否成功与透析膜的规格关系极大。半透膜的膜孔有大有小，要根据欲分离成分的具体情况而选择。半透膜有动物性膜、火棉胶膜、羊皮纸膜（硫酸纸膜）、蛋白质胶膜、玻璃纸膜等。通常多用市售的玻璃纸或动物性半透膜扎成袋状，外面用尼龙网袋加以保护，小心加入欲透析的样品溶液，悬挂在清水容器中。经常更换清水使透析膜内外溶液的浓度差加大，必要时适当加热，并加以搅拌，以利透析速度加快。为了加快透析速度，还可应用电透析法，即在半透膜旁边纯溶剂两端放置两个电极，接通电路，则透析膜中的带有正电荷的成分如无机阳离子、生物碱等向阴极移动，而带负电共荷的成分如无机阴离子、有机酸等则向阳极移动，中性化合物及高分子化合物则留在透析膜中。透析是否完全，须取透析膜内溶液进行定性反应检查。

六、结晶和重结晶分离法

结晶和重结晶分离和操作见本章第三节固体物质的分离与提纯方法。

七、离子交换分离法

离子交换树脂根据其离子的带电不同分为阳离子和阴离子交换树脂。阳离子交换树脂又分为强酸型、中等酸型和弱酸型阳离子交换树脂。阴离子交换树脂有强碱型、中等碱型和弱碱型阴离子交换树脂三种。

1. 离子交换树脂的特性

(1) 交联度　　交联度是表示交换树脂中交联剂的含量。以二苯乙烯为交联剂，交联度用二苯乙烯在总重量中所占百分比表示。用于氨基酸分离的树脂交联度在 2% ~ 10%，适合生物碱分离的树脂交联度为 2% ~ 8%，在不影响分离时，选高交联度的树脂为宜。

(2) 交换容量　　树脂的交换容量是指单位体积或质量的湿树脂所能交换的物质的量，单位以 mmol/mL 或 mmol/g 表示。交换容量大的树脂可以用较少的树脂交换较多的化合物，但交换容量太大，活性基团太多，树脂不稳定。

(3) 粒度　　粒度是指树脂颗粒溶胀后的大小，色谱用 50 ~ 100 目树脂，一般分离提纯用 20 ~ 40 目树脂即可。

(4) 树脂的预处理和再生　　新购买的树脂常含有一些小分子有机物和钙、铁等杂质，而且阳离子交换树脂多为钠型（—SO₃Na），阴离子交换树脂常为氯型。为了除去杂质，并且把它们转变为易于交换的氢型（—SO₃H）和羟基型（N⁺(CH₃)₃OH⁻），用前都要用酸碱预处理。树脂使用后，也要除去一些杂质或转成钠型和氯型，便于存放，所以要进行再生。

2.树脂的预处理方法

可以将新鲜树脂浸泡在蒸馏水中 1~2d，使它充分膨胀后装在层析柱中，然后根据各种不同性质的树脂按下列方法予以处理。

（1）强酸型阳离子交换树脂的预处理　购买来的时候，多为钠型。先用树脂体积 20 倍量的 2mol/L 盐酸，以 1mL/（min·cm²）的流速进行交换，使其变为氢型，然后用水洗至流出液呈中性。接着再用树脂体积 10 倍量的 1mol/L 氢氧化钠进行交换，使其恢复钠型，用蒸馏水洗至流出液不含钠离子，再重复一次盐酸和氢氧化钠的处理。最后用树脂体积 10 倍量的 1mol/L 的盐酸进行交换，使它变为氢型，蒸馏水洗至中性即可。

（2）强碱型阴离子交换树脂的预处理　这类树脂一般呈氯型。先用树脂体积 20 倍量的 1mol/L 的氢氧化钠溶液处理，使其呈羟基型，用树脂体积 10 倍量的蒸馏水洗涤，然后用树脂体积 10 倍量的 1mol/L 盐酸使它变为氯型。用蒸馏水洗至流出液呈中性为止。再重复一次氢氧化钠和盐酸处理。最后用树脂体积 10 倍量的 1mol/L 的氢氧化钠进行交换，使其变为羟基型。由于羟基型树脂易吸收空气中的二氧化碳，故要注意保存，也可在临用前将氯型转化为羟基型。

（3）弱酸型阳离子交换树脂的预处理　一般是钠型。先用树脂体积 10 倍量的 1mol/L 盐酸处理，使其转化为氢型，用蒸馏水洗至流出液呈中性。然后用树脂体积 10 倍量的 1mol/L 氢氧化钠溶液使其恢复钠型。此时体积膨胀，用树脂体积 10 倍量的水洗涤，流出液仍然呈弱碱性。再重复一次盐酸和氢氧化钠处理。最后用树脂体积 10 倍量的 1mol/L 盐酸处理，使其变为氢型，用蒸馏水洗至中性。

（4）弱碱型阴离子交换树脂的预处理　这类树脂一般是氯型，它的预处理与强碱型阴离子交换树脂基本相同。变为氯型后用蒸馏水洗涤时因水解的关系不易洗至中性，一般用树脂体积 10 倍量水洗涤就可以。

3.树脂的再生方法

用过的树脂，如还要交换同一样品，把盐型变为游离型即可。如要交换其他样品，要用预处理的方法使其再生。不用时加水，小心保存。

离子交换柱常用细长柱或者几个柱子串联使用。样品和树脂比例可根据交换容量计算，一般用阳离子树脂理论量的 2 倍，阴离子树脂用理论量的 3~4 倍，如果是未知成分，看树脂是否饱和，可通过流出液中被交换成分的定性反应和 pH 变化观察。装柱和上样一般为湿法。洗脱剂为稀酸、碱溶液或缓冲液（如 4% 氨水、2% 氨水、0.3mol/L 的醋酸）。

八、常用色谱方法

色谱（又称层析）是一种物理的分离方法。它的分离原理是使混合物中各组分在两相间进行分配，其中一相是不动的，称为固定相，另一相是携带混合物流过此固定相的流体，称为流动相。当流动相中所含混合物经过固定相时，就会与固定相发生作用。由于各组分在性质和结构上有差异，与固定相发生作用的大小、强弱也有差异，因此在同一推动力作用下，不同组分在固定相中的滞留时间有长有短，从而按先后不同的次序从固定相中流出。这种借助在两相间分配差异而使混合物中各组分分离的技术，称为色谱法。

1. 薄层色谱

薄层色谱（thin layer chromatographies，TLC），是一种简单实用的实验方法。其操作是，在一块铺了吸附剂的玻璃板的一端点上待分离的样品，再将该玻璃板放入盛有展开剂的密闭层析缸中，展开剂向上展开时，在固定的条件下，样品中不同的化合物与薄层板上的吸附剂或支持剂的作用力不同，因而在薄层板上就有不同的移动速度，所以各个化合物的位置也各不相同，通常用相对距离（比移值 R_f）表示移动的位置，比移值的计算如下式：

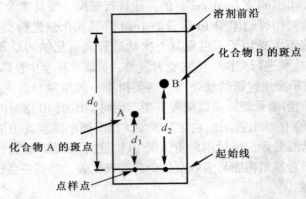

图 2.5 薄层层析板示意

$$R_f = \frac{化合物移动的距离}{溶剂前沿移动的距离}$$

$$R_f^A = \frac{d_1 \ (\text{cm})}{d_0 \ (\text{cm})} \qquad R_f^B = \frac{d_2 \ (\text{cm})}{d_0 \ (\text{cm})}$$

一般薄层板的固定相是硅胶或氧化铝，属吸附层析。在层析过程中，吸附剂对样品中的各组分吸附能力不同，当展开剂流过时，各组分被展开剂从吸附剂上解析下来的难易程度不同，从而造成各组分移动时的速度差别，而达到分离的目的。薄层色谱可以用来分离、纯化混合物，原料和产物的鉴定以及测定化合物的纯度，测量混合物中各组分的含量等。薄层色谱具有展开时间短、分离效率高等优点，还可以用制备板分离几毫克到几百毫克的样品。此外，在药物合成实验中，常用来跟踪反应进程和反应的终点。薄层色谱特别适用于挥发性小的化合物以及在高温下化学性质不稳定的化合物的分析。

（1）吸附剂　吸附剂要有合适的吸附力，并且必须与展开剂和被吸附物质均不起化学反应。可用作吸附剂的物质很多，常用的有硅胶和氧化铝，由于吸附性好，使用于各类化合物的分离，应用最广。选择吸附剂时主要根据样品的溶解度、酸碱性和极性。氧化铝一般是微碱性吸附剂，适用于碱性物质及中性物质的分离。薄层色谱的应用已非常广泛，国内外均有现成的薄层预制板出售。常见的吸附剂有以下几种。

① 硅胶

a. 硅胶 G（Type60）：黏合剂为石膏 [字母 G 为石膏 Gypsum 的缩写，Type60 表示硅胶的孔径为 60Å（6nm）]。

b. 硅胶 H：不含石膏及其他有机黏合剂，但制成薄板后亦有黏合力，即使使用含有水的展开剂亦不松开，与硅胶 G 相比，适用于分离对石膏有作用的化合物。

c. 硅胶 HF_{254}：同硅胶 H 一样不含黏合剂，但它含一种无机荧光剂，在波长 254nm 的紫外光下呈强烈荧光背景，适用于不易显色或与显色剂能起化学变化的化合物。

d. 硅胶 GF_{254}：同硅胶 G 一样用石膏作黏合剂，另含在波长 254nm 的紫外光下呈荧光的无机荧光剂。

e. 硅胶 HF_{365}（Type60）：除含无机荧光剂外，另有一种在波长 365nm 呈荧光的有机荧光剂，该荧光剂能被一些溶剂部分溶解（增加吸附剂活性）。

② 氧化铝

a. 氧化铝 G（Type60/E）：含石膏黏合剂，Type60 指氧化铝的颗粒孔径为 60Å（6nm）。

b. 碱性氧化铝 H（Type60/E）：不含黏合剂，E 表示制备氧化铝时的方法不同，有 E 和 T 两种型号，E 适用于一般分离。

c. 碱性氧化铝 HF_{254}（Type60/E）：同硅胶 HF_{254}（含无机荧光物质增加吸附剂活性）一样。无论是硅胶还是氧化铝其颗粒大小一般为 260 目以上，颗粒太大，展开时溶剂移动速度太快。

（2）展开剂　在样品组分、吸附剂、展开剂三个因素中，对一确定组分，样品的结构和性质可看作是一不变因素，吸附剂和展开剂是可变因素。而吸附剂的种类有限，因此选择合适的展开剂就成为解决问题的关键。展开剂的选择有以下要求：

① 对待测组分有很好的溶解度。

② 能使待测组分与杂质分开，与基线分离。

③ 展开后的组分斑点集中，不应有拖尾现象。

④ 待测组分的 R_f 值最好在 0.4～0.5 之间，如样品中待测组分较多，R_f 值则可在 0.25～0.75 范围内，组分间的 R_f 最好相差 0.1 左右。

⑤ 不与组分发生化学反应，或在某些吸附剂存在下发生聚合。

⑥ 具有适中的沸点和较低的黏滞度。

展开剂的极性是指与样品组分相互作用时，展开剂分子与吸附剂分子的色散作用、偶极作用、氢键作用及介电作用的总和。展开剂要根据样品的极性及溶解度、吸附剂活性等因素进行选择。总的原则是展开剂能使组分的 R_f 值在 0.5 左右。

常用的溶剂极性次序是：石油醚＜环己烷＜甲苯＜二氯甲烷＜乙醚＜三氯甲烷＜乙酸丁酯＜正丁醇＜丙酮＜乙醇＜甲醇＜乙酸。

如一种溶剂不能充分展开，可选用二元或多元溶剂系统。常用的溶剂系统有以下几种。

用于中性化合物：三氯甲烷－甲醇（体积比为 100:1；10:1；2:1）

乙醚－正己烷（体积比为 1:1）

乙酸乙酯－正己烷（体积比为 1:1）

乙酸乙酯－异丙醇（体积比为 3:1）

乙醚－丙酮（体积比为 1:1）

用于酸性化合物：三氯甲烷－甲醇－乙酸（体积比为 100:10:1）

用于碱性化合物：三氯甲烷－甲醇－吡啶（体积比为 100:10:1）

（3）薄层色谱操作方法

①薄层板的制备　薄层板的制备是将吸附剂均匀地铺在玻璃板或其他材料上。所使用的板必须表面光滑、清洁。使用前先用肥皂水煮沸、洗净，再用洗涤液浸泡，最后用水洗涤烘干，否则在铺层时有油污的部位会发生吸附剂涂不上或薄层易剥落的现象。玻璃板的大小有 4cm×20cm 的长方形、20cm×20cm 或 10cm×10cm 的正方形等，各种规格都有，可根据实验要求选用。对于一般定性试验来说，用显微镜载玻片（7.5cm×2.5cm）制成的硬板完全可以获得满意的结果。在不少有关薄层色谱专著中介绍有各种各样的涂布器，鉴于一般定性实验中，玻璃板的规格较多，常用手工方法铺层。

a. 硅胶硬板：称取 G 或 GF$_{254}$ 市售硅胶 30g 加蒸馏水 75～90mL，在研钵中调成均匀的糊状，如有气泡可加 1～2 滴乙醇，均匀涂布于玻璃片上，用手在平坦的桌面上轻轻振动至平，室温晾干后，置烘箱于 105℃ 加热 30min，置于干燥器中保存备用。活化温度不要超过 120℃，以免引起石膏脱水失去黏着能力。在做分配层析时，如果认为这样的薄层板不够牢固，可用含 0.5% 的 CMC－Na 水溶液代替水，调匀后铺层。

b. 氧化铝硬板：取氧化铝 25g 加蒸馏水 50mL（或用 0.5% 的 CMC－Na 水溶液），在研钵中调成糊状铺层，晾干后置 200～220℃ 烘箱加热 4h，得活性 II 级的薄层板；150～160℃ 加热 4h，可得 III、IV 级的薄层板。

②点样　将被测定的样品用合适的溶剂（最好采用与展开剂极性相近或挥发性高的溶剂）溶解，一般先配成 5% 的溶液，用时再稀释到 1%～0.01% 的浓度。用管口平整的毛细管（按《中华人民共和国药典》规定）吸取样品液，轻轻接触到离薄层下端 1～1.5cm 处（图 2.6），如一次加样量不够，可在溶剂挥发后重复滴加，斑点扩散后直径不超过 2～3mm。样品的量与显色剂的灵敏度、吸附剂的种类、包层的厚度有关，量少不易检出，量大易造成拖尾或斑点互相交叉。一块薄层板上面如需点几个样品时，样品的间隔为 0.5～1cm，而且需点在同一水平线上。

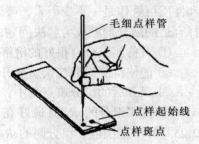

毛细点样管

点样起始线

点样斑点

图 2.6　薄层板点样示意

③展开　展开须在密闭容器中进行，根据玻璃板的大小选用不同的器皿。层析缸的式样很多，大多用玻璃制成，为了避免溶剂的挥发和形成一个合适的层析环境，层析槽多呈密闭状态。一般对于摸索选择展开剂，或 TLC 跟踪反应进程宜选用市售的小层析缸（9cm×2.8cm×5cm），其他尚有圆形瓶、长方形缸等。TLC 的展开方式可以有上行、下行、近水平、单向、双向或多层次展开等。根据展开剂、吸附剂的性质不同，展开时间为数分钟到几小时不等，一般展开到 3/4 高度即可取出，然后于空气中自然干燥或电吹风吹干。

当使用混合展开剂时，有时会出现边缘效应。即展开后，同一样品斑点不在同一水平线上，样品在薄层两边的上行高度较中间高。这是因为当混合展开剂在薄层上爬行时，沸点较低的和吸附剂亲和力较弱的溶剂，在薄层两个边缘处易挥发，因此它们在薄层两个边缘处的浓度比在中部的浓度小，也就是说薄层板的两个边缘比中部含有更多极性较强的溶剂。对于大板来说，更容易发生边缘效应。为避免此现象发生，可预先将层析缸用展开剂蒸气饱和 30min 以上，或在层析缸壁上贴几张浸满展开剂的滤纸来克服。

④定位与显色　展开以后，要确定化合物在薄层上的位置，一般有以下几种方法：a. 紫外灯照射法，主要用于含不饱和键的化合物。如果该物质有荧光，可直接在可以发出

254nm 或 366nm 波长紫外灯下观察。注意紫外灯光的强度，太弱影响检出。如果化合物本身没有荧光，但在 254nm 或 366nm 波长处有吸收，则在萤光板的底板上可观察到无荧光斑点。b. 碘蒸气法，可用于所有的有机化合物。将薄层上的展开剂完全挥发后，放入碘蒸气饱和的密闭容器中显色，许多物质能与碘生成棕色的斑点。c. 炭化法，所有物质都可以将炭化试剂，如浓 H_2SO_4、浓 H_3PO_4、浓 HNO_3、25% 或 70% 高氯酸等在薄层上喷雾、加热，会得到有机物的黑色炭化斑点。使用该法时注意黏合剂等应是无机化合物。d. 专属显色剂显色法，许多显色剂可以专门与某些功能基团反应，显出颜色或荧光，从而揭示出化合物的性质。如含有羟基、氨基、巯基、醛基以及碳碳双键的化合物可以用 0.1% 的高锰酸钾溶液显色。含有羰基的化合物以及糖类物质可以用 2,4 - 二硝基苯肼溶液显色。

注意事项：
① 活化后的薄层板应贮存于干燥器中，以免吸收湿气而降低活性。
② 点样量应适当，以免拖尾。
③ 展开剂不要加入太多，起始线切勿浸入展开剂中。
④ 点样时，每点一次要吹干后再点第二次，点样次数视样品溶液浓度而定。

实验 7. 镇痛药片 APC 组分的薄层色谱分离鉴定

1. 实验目的
(1) 学习薄层色谱的原理与应用。
(2) 掌握薄层色谱的操作方法。
(3) 利用薄层色谱分离鉴定阿司匹林、非那西汀和咖啡因。

2. 实验原理
薄层色谱法是以薄层板作为载体，让样品溶液在薄层板上展开而达到分离的目的，故也称为薄层层析。它是快速分离和定性分析少量物质的一种广泛使用的实验技术，在精制样品、化合物鉴定、跟踪反应进程和柱色谱的先导（即为柱色谱摸索最佳条件）等方面得到广泛应用。本实验采用薄层色谱法分离鉴定镇痛药片 APC 的组分。一般镇痛药通常是由几种药物混合而成，如镇痛药 APC 片是由阿司匹林、非那西汀、咖啡因以及其他成分组成。

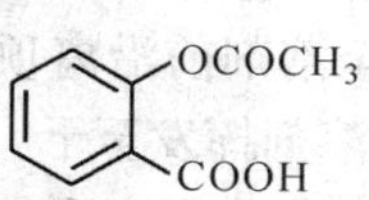

阿司匹林 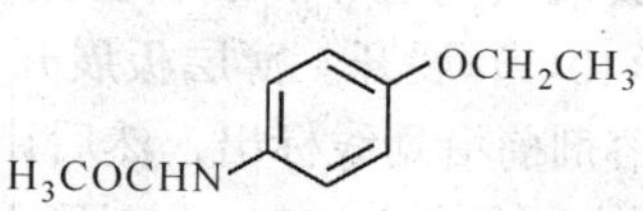　　　　　　　　非那西汀 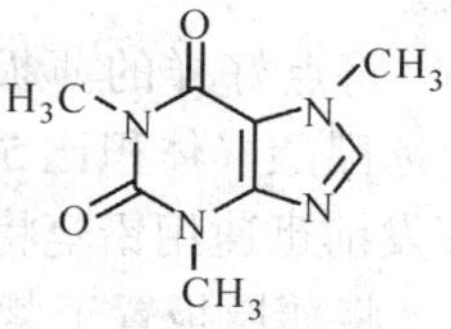　　　　　　　　咖啡因

（1）R_f（比移值）的测定　　R_f 表示物质移动的相对距离，即样品斑点到原点的距离和溶剂前沿到原点的距离之比，常用分数表示。R_f 值与化合物的结构、薄层板上的吸附剂、展开剂、显色方法和温度等因数有关。但在上述条件固定的情况下，R_f 值对每一种化合物来说是一个特定的数值。当两个化合物具有相同的 R_f 值时，在未做进一步的分析之前不能确定它们是不是同一个化合物。在这种情况下，简单的方法是使用不同的溶剂或混合

溶剂来做进一步的检验。

（2）样品的制备与点样　样品必须溶解在挥发性的有机溶剂中，浓度最好是1%～2%。溶剂应具有高的挥发性，以便于立即蒸发。丙酮、二氯甲烷和三氯甲烷是常用的有机溶剂。分析固体样品时，可将20～40mg样品溶到2mL的溶剂中。在距薄层板底端1cm处，用铅笔划一条线，作为起点线。用毛细管（内径小于1mm）吸取样品溶液，垂直地轻轻接触到薄层板的起点线上。样品量不能太多，否则易造成斑点过大，互相交叉或拖尾，不能得到很好的分离效果。

（3）展开　将选择好的展开剂放在层析缸中，让展开剂在层析缸内的蒸气得到饱和，再将点好样品的薄层板放入层析缸中进行展开。使用足够的展开剂以使薄层板底部浸入溶剂3～4mm。但溶剂不能太多，否则样点在液面以下，溶解到溶剂中，不能进行层析。当展开剂上升到薄层板的前沿（离顶端5～10mm处）或各组分已明显分开时，取出薄层板放平晾干或用电吹风吹干，用铅笔划出溶剂前沿的位置后即可显色。根据 R_f 值的不同对各组分进行鉴别。

（4）显色　展开完毕，取出薄层板，划出前沿线，如果化合物本身有颜色，就可直接观察它的斑点；但是很多有机物本身无色，必须在紫外灯下观察有无荧光斑点。另外一种方法是将薄层板除去溶剂后，放在含有0.5g碘的密闭容器中显色，来检查色点，许多化合物都能和碘形成黄棕色斑点。此外，还可在溶剂蒸发前用显色剂喷雾显色。

3.实验步骤

（1）制备薄层板（略）。

（2）制备样品　取镇痛药片APC一片，研成粉末。用脱脂棉塞住一滴管细口部，然后将APC粉末用纸槽送入其中，向滴管中加入2.5mL的95%乙醇，流出的萃取液收集于医用小药瓶里。另准备好标准溶液：1%阿司匹林乙醇溶液、1%非那西汀乙醇溶液和1%咖啡因乙醇溶液。

（3）点样　取三块制好的薄层板，在2.5cm×7.0cm的硅胶板上离底边1cm处用铅笔画一条直线，用一根干净的毛细管吸取APC萃取液在薄板的左边点一个样点。将点样后的毛细管的另一端插入乙醇中吸取少量乙醇，倒置后用吸水纸吸去乙醇，反复多次来洗涤毛细管，并将管壁外端用吸水纸轻轻擦干净。用洗涤干净的毛细管吸取1%阿司匹林乙醇溶液在右边点一个样点。另两块板分别点上APC萃取液和1%非那西汀乙醇溶液，1%咖啡因乙醇溶液。

（4）展开　将点好样的薄板放入层析缸中，层析缸用黑纸包起来，用三元展开剂乙醚：二氯甲烷：冰醋酸（体积比50:10:1）展开。薄层板展开至溶剂前沿离顶部约1cm时取出，在溶剂挥发前迅速用铅笔将溶剂前沿划线标出，然后让溶剂挥发至干。

（5）显色　将薄层板置于紫外灯（波长为254 nm）下显色，将观察到的斑点用铅笔画出。

（6）计算 R_f 值　求出每个点的 R_f 值，并于标准样品比较。

4.注意事项

（1）层析缸市场上可以买到。层析缸中的溶剂一般为2～3 mm高。若无层析缸，可用带磨口盖的广口瓶代替。

（2）紫外线会伤害皮肤，紫外灯下显色操作时，注意不要让紫外线照射到皮肤上。

2．制备性薄层色谱法

薄层色谱法可以用来进行定性鉴定或检测混和物中化合物的数量及对化学反应进行跟踪。当反应产物量较少或尚未有很好的分离方法时，也需经过制备性薄层色谱来分离或纯化，这是由于制备性薄层色谱载样量大，最多时能分离几百毫克样品。制备性薄层色谱与鉴定用的薄层色谱基本操作相似，但也有其不同点：

（1）板的厚度增加到 0.5 ~ 1mm，其宽度、块数根据样品量而定。

（2）一般分离样品量在 10 ~ 50mg。

（3）样品液的浓度一般为 5% ~ 10%。

（4）点样时，可将样品点成虚线或直线，用毛细管多次点样。

（5）色带位置的确定最好采用物理方法，如采用化学方法显色时可将薄层板的大部分用另一块玻璃板盖住，留出一条进行显色，将需要的相应部分作出记号。

（6）展开后，按色带刮下带有样品的吸附剂，分别洗脱。

3．柱层析色谱

柱层析色谱是通过层析柱来实现分离的，主要用于大量化合物的分离。层析柱内装有固体吸附剂，也就是固体相，如氧化铝或硅胶等。液体样品从柱顶加入，在柱的顶部被吸附剂吸附，然后从柱的顶部加入有机溶剂也就是展开剂进行洗脱。由于吸附剂对各组分的吸附能力不同，各组分以不同速度下移，被吸附较弱的组分在流动相里的含量较高，以较快的速度下移。各组分随溶剂按一定顺序从层析柱下端流出，分段收集流出液，再用薄层色谱来鉴定各个组分。柱层析的分离条件可套用该样品的薄层色谱条件，分离效果亦相同。

（1）吸附剂　吸附剂是决定柱效能的关键因素。其种类很多，有氧化铝、硅胶、活性炭、碳酸钙、氯化镁等。一般以氧化铝及硅胶为常用，一般来讲，氧化铝的活性在Ⅲ ~Ⅳ，硅胶在Ⅱ ~Ⅲ级为好。在氧化铝特别是碱性氧化铝时，注意会发生副反应。

（2）柱层析操作方法

① 柱的制备　用于做柱层析的柱一般采用玻璃柱或聚乙烯薄膜层柱。玻璃柱的优点是容易装柱，装成柱较均匀，但玻璃不能透过紫外光，各层带在柱上的位置不能用紫外灯确定，聚乙烯薄膜柱可以克服上述缺点。

层析柱的尺寸范围可根据处理量来确定，一般吸附剂的体积是样品量的 20 ~ 30 倍，层析柱长与直径的比例一般为 10∶1。

将柱子洗净、干燥，在管的底部铺一层玻璃棉，在玻璃棉上盖约 5mm 的沙子，然后装入吸附剂，吸附剂必须装填均匀，不能有裂缝，空气必须严格排除。有两种装填方法。

a．湿法　将玻璃棉和沙子用溶剂润湿，否则柱子里会有空气泡。将溶剂和吸附剂调好，倒入柱子里，使它慢慢沉降，这时可以打开柱底部旋塞，让溶剂慢慢流过柱子，使吸附剂沉降速度均匀。也可以敲打层析柱，使吸附剂沿管壁沉落。

b．干法　加入足够装填 1 ~ 2cm 高的吸附剂，用一个带有塞子的玻璃棒压紧，然后再加另一部分吸附剂，一直达到足够的高度。不论用哪种方法，装好足够的吸附剂后，再加一层约 5mm 沙子。不断敲打，使沙子上层呈水平面。在沙子上面放一片与管子内径相当的滤纸。装好的柱子用纯溶剂淋洗。如果速度很慢，可以抽吸，使其流速适宜，一般为 1滴/4 秒，连续不断的加溶剂，使柱顶不变干。待速度适宜后，在沙层顶部留有高约 1mm

的一层溶剂，关闭活塞。

②加样与洗脱　加样有两种方法，溶液加样法和拌样加样法，以溶液加样法为好。溶液加样法是将样品以适宜展开剂溶解（样品太浓，加样使吸附剂结块，样品太稀，则加样带太宽，影响分离效果），打开活塞，用长颈胶头滴管吸取样品，迅速、全部、均匀地加于柱顶，使样品溶液盖满柱顶，待样品全部吸入吸附剂中，加少量洗脱剂洗脱两次，然后加展开剂洗脱。拌样加样法是将5倍样品量的填充剂倒入样品溶液中拌匀，晾干或减压抽干成粉状，加于柱顶，其他同溶液加样法。洗脱时应注意以下几点：a. 就溶剂而言，极性溶剂的洗脱能力比非极性溶剂大，所以逐步增加溶剂的极性可使吸附在柱上的不同化合物逐个洗脱，达到分离的目的，即梯度洗脱。刚开始时可用极性小的洗脱剂，然后慢慢增加洗脱剂的极性。b. 洗脱过程中为避免扩散，柱子不能干，并防止断层或沿玻璃管形成裂沟。c. 洗脱剂滴出速度一般以2~4s1滴为宜，如果太慢可以用氮气钢瓶加压。d. 洗脱时，层析柱必须保证平稳和水平垂直，以防止色带交叉。e. 层析用溶剂的回收可按一般溶剂回收处理方法来回收，除去极性大的杂质（如三氯甲烷中的乙醇），以免影响层析的正常进行，除去溶剂中某些不挥发物质，并注意回收溶剂中的含水量。

4. 纸层析色谱

纸层析是以滤纸为载体，用一定的溶剂系统展开而达到分离、分析的一种层析方法。此法可用于定性，亦可用于分离制备微量样品。纸层析的原理是分配层析。滤纸是载体，水为固定相，展开剂为流动相。试样在固定相水与流动相展开剂之间连续抽提，依靠溶质在两相间的分配系数不同而达到分离的目的。物质在两相之间有固定的分配系数，在纸层析色谱上也有固定的比移值。

纸层析色谱法操作时，将待试样品溶于适当溶剂，点样于滤纸一端，另用适当的溶剂系统，从点样的一端通过毛细现象向另一端展开。展开完毕，滤纸取出阴干，以显色剂显色，即得纸层析色谱。纸层析也用比移值 R_f 来表示某一化合物在纸层析色谱中的位置。纸层析色谱主要用于糖类、氨基酸类、抗生素类等大极性化合物的分离、分析。

5. 高效液相色谱

高效液相色谱（high performance liquid chromatography, HPLC）是一种具有高灵敏度、高选择性的高效、快速分离分析技术，广泛应用于医药分析的各个领域。如药品主要成分的定性定量分析、杂质的限量检查和测定、稳定性考察，药物合成反应的监测，药物体内过程和代谢动力学研究，中药的成分研究及人体内源活性物质的测定等方面。又如，β-肾上腺素受体拮抗剂类药物均为手性分子的外消旋体，其对映异构体的药效学差异显著，近年来在对这些药物的对映体进行选择性HPLC分析研究上取得了令人瞩目的进展。常见的HPLC手性拆分方法有：手性固定相直接拆分法、手性试剂衍生化法和手性流动相添加法。

第六节　熔点、沸点的测定

一、熔点的测定

1. 实验原理

固-液相平衡与熔点：通常认为，固体化合物当受热达到一定的温度时，由固态转变为液态，这时的温度就是该化合物的熔点。严格的定义应为固－液两态在大气压力下达到平衡状态时的温度。对于纯粹的有机化合物，一般都有固定熔点。即在一定压力下，固－液两相之间的变化都是非常敏锐的。初熔至全熔的温度不超过 0.5～1℃（熔点范围或称熔距、熔程）。如混有杂质则其熔点下降，且熔距也较长。以此可鉴定纯粹的固体有机化合物，具有很大的实用价值，根据熔距的长短又可定性地估计出该化合物的纯度。

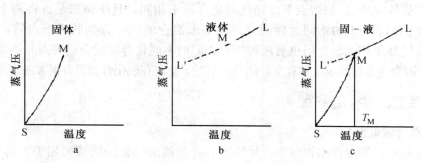

图 2.7　化合物的温度与蒸气压曲线

图 2.7 a 表示固体的蒸气压随温度升高而增大的曲线。图 2.7 b 表示液态物质的蒸气压—温度曲线。如将曲线 a、b 加合，即得图 2.7 c 曲线。固相的蒸气压随温度的变化速率比相应的液相大，最后两曲线相交，在交叉点 M 处（只能在此温度时）固－液两相可同时并存，此时温度 T_M 即为该化合物的熔点。当温度高于 T_M 时，这时固相的蒸气压已较液相的蒸气压大，使所有的固相全部转化为液相；若低于 T_M 时，则由液相转变为固相；只有当温度为 T_M 时，固－液两相的蒸气压才是一致的，此时固－液两相可同时并存。这是纯粹有机化合物有固定而又敏锐熔点的原因。当温度超过 T_M 时，甚至很小的变化，如有足够的时间，固体就可以全部转变为液体。所以要准确测定熔点，在接近熔点时加热速度一定要慢，每分钟温度升高不能超过 1～2℃。只有这样才能使整个熔化过程尽可能接近于两相平衡的条件。

2．测定方法

参见第三章药物合成常用仪器、显微熔点仪的使用方法。

熔点测定，至少要有两次的重复数据。每一次测定必须用新的熔点管或盖玻片另装试样，不得将已测过熔点的熔点管或盖玻片中的试样冷却，使其中试样固化后再做第二次测定。因为有时某些化合物部分分解，有些经加热会转变为具有不同熔点的其他结晶形式。

如果测定未知物的熔点，应先对试样粗测一次，加热可以稍快，知道大致的熔距，待温度冷至熔点以下 30℃左右，再另取一份做准确的测定。

3．特殊试样熔点的测定

（1）易升华的化合物　要装好试样，并将毛细管上端也封闭起来，因为压力对于熔点影响不大，所以应用封闭的毛细管测定熔点其影响可忽略不计。

（2）易吸潮的化合物　装样动作要快，装好后立即将上端在小火上加热封闭，以免在测定熔点的过程中，试样吸潮使熔点降低。

（3）易分解的化合物　有的化合物遇热时常易分解，如产生气体、碳化、变色等。由于分解产物的生成，可使化合物混入一些分解产物的杂质，熔点也会有所下降。分解产物生成的多少与加热时间的长短有关。因此，测定易分解样品，其熔点与加热快慢有关。如将酪氨酸慢慢升温，测得熔点为280℃，快速加热测得的熔点为314～318℃。硫脲的熔点，缓慢加热为167～172℃，快速加热则为180℃。为了能重复测得熔点，对易分解的化合物进行熔点测定时，常需做较详细的说明，应用括号注明"分解"温度。

4．熔点测定的应用

通常将熔点相同的两个化合物混合后测定熔点，如仍为原来熔点，即认为两化合物相同（形成固熔体除外）。如熔点下降则此两化合物不相同。具体做法是：将两个试样以体积比为1:9、1:1、9:1的不同比例混合，原来未混合的试祥分别装入熔点管，同时测熔点，把测得的结果相比较。但也有两种熔点相同的不同化合物混合后熔点并不降低反而升高的现象。混合熔点的测定虽然有少数例外，但对于鉴定有机化合物仍有很大的实用价值。

二、沸点、沸程的测定

1．沸点（常量法）

蒸馏过程中，温度计水银球上应始终附有冷凝液滴（保持气液两相平衡），此时温度计的读数就是该纯有机液体的沸点。经验规律：在101.33kPa（760mmHg）附近时，多数液体当压力下降1.33kPa（10mmHg），沸点约下降0.5℃。

2．沸程

在蒸馏过程中当"前馏分"蒸完，温度趋于稳定后，纯的液体开始馏出时和馏出最后一滴液体时温度计的读数，为该馏分的沸程（沸点范围）。纯的有机化合物的沸程一般不超过1～2℃，对于合成实验的产品，由于蒸馏的分离能力有限，故在普通合成实验中收集的沸程较宽。

实验8．局部麻醉药苯佐卡因的熔点测定

1．实验目的

（1）了解熔点测定的意义和应用。

（2）掌握熔点测定的操作方法。

2．实验原理

熔点是固体化合物在101.325kPa下固－液两相处于平衡时的温度。纯净的固体有机物一般都有固定的熔点，一个纯化合物从开始熔化（初熔）至完全熔化（全熔）的温度范围叫做熔程或熔距，其熔程一般不超过0.5～1℃。当含有杂质时，熔点会有显著的变化，会使其熔点下降，熔程延长。因此，可以通过测定熔点来鉴定有机物，并根据熔程的长短来判断有机物的纯度。

3．实验步骤

（1）毛细管法

①熔点管的制备　取内径约1mm，长75mm的毛细管（可自制或用市售毛细管），将其一端在酒精灯上封口，即制得熔点管。

②样品的填装　取少量干燥样品用研钵研细，堆成一小堆，将熔点管的开口端插入样品堆中，使样品挤入管内。然后把管开口一端向上，轻轻在桌子上顿几下，使样品掉入管底。以同样方式重复取样几次。再取一支长约45cm的玻璃管垂直于表面皿上，将熔点管

从玻璃管上端自由落下，重复多次，使样品装填紧密，高度约为 2~3mm。填装时操作要迅速，防止样品吸潮，装入的样品要结实。

③仪器装置　毛细管法中最常用的仪器是 Thiele 管（又叫 b 型管或熔点测定管）。取一支 b 型管，固定在铁架台上，装入导热液（导热液一般用液体石蜡、浓硫酸或硅油等）至略高于支管口上沿。管口配一插有温度计的开槽塞子（也可将温度计悬挂），毛细管通过导热液紧附在温度计上，样品部分位于温度计水银球中部。并用橡皮圈将毛细管缚在温度计上（橡皮圈不能浸入导热液中）。调整温度计位置，使其水银球恰好在 Thiele 管两侧管的中部。

④熔点测定　测定时，先加热 Thiele 管，若测定已知样品的熔点，可先以较快速度加热，在距离熔点 20℃ 左右，应控制加热速度，使温度每分钟上升 1~2℃，至测出熔程；若测定未知样品要先粗测熔点范围，再用上述方法细测。

当毛细管中的样品开始蹋落，并有小液滴出现时，表明样品已开始融化即初熔（或始熔），记下此温度。继续观察，待固体样品恰好完全溶解成透明液体即全熔时再迅速记下温度。这个温度范围即为样品化合物的熔程。在测定过程中，还要观察和记录是否有萎缩、变色、发泡、升华及碳化等现象。

熔点测定至少要有两次重复数据，每一次测定都必须用新的熔点管重新装样品，不能使用已测过的熔点管。同时必须待导热液温度冷至熔点以下约 20℃ 左右才能再进行测定。

测定完成后，必须将导热液冷至室温，方可倒回试剂瓶里。刚用完的温度计不能立即用水冲洗，待其冷却后用纸擦去导热液，再用水冲洗，以避免温度计炸裂。

（2）显微熔点仪测定法　使用显微熔点仪进行测定，具有方便、准确、易于操作、需要样品量小等优点。X-4 显微熔点仪的使用方法见第三章第六节。

4．实验内容

（1）采用毛细管法，分别用苯佐卡因、乙酰苯胺以及它们混合物（以纯样品按不同的比例配制）作为样品，研细，进行熔点测定的练习。

（2）采用显微熔点仪测定乙酰苯胺、苯佐卡因的熔点，并和毛细管法测得的熔点进行比较。

5．注意事项

（1）样品一定要研细，才能使装样结实，这样受热时才均匀，如果有空隙，不易传热，影响测定结果。

（2）Thiele 管两侧管的中部导热液对流循环要好，样品受热要均匀。

（3）在距离熔点 20℃ 左右，应控制加热速度，以便有充分时间让热量从熔点管外传至毛细管内，减少观察上的误差。

（4）不能使用已测过的熔点管冷却后继续测定熔点，因为在融化过程中会引起晶型改变或分解，使熔点发生了改变。

第七节　光学异构药物的拆分

药物的立体结构与生物活性密切相关。含手性中心的药物，其对映体之间的生物活性往往有很大的差异。研究表明，药物立体异构体药效差异的主要原因是它们与受体结合的差异。

近年来，人们对光学异构体间的药效有了长足的认识，以单一异构体供药已经引起各方面的重视，今后的新药研制将越来越朝着单一对映体药物的方向发展。对映异构体的药物一般可以通过不对称合成或拆分方法得到。就目前医药工业生产而言，成熟的不对称合成方法用于药物的大量生产仍然较少，因此，拆分仍然是获得手性药物的重要方法。常用的光学异构药物的拆分方法有播种结晶法、酶拆分法、色谱拆分法和形成非对映异构体法等。

一、播种结晶法

在外消旋体的饱和溶液中加入其中一种纯的单一光学异构体（左旋或右旋）结晶，使溶液对这种异构体呈过饱和状态，然后在一定温度下该过饱和的旋光异构体优先大量析出结晶，迅速过滤得到单一光学异构体。再往滤液中加入一定量的消旋体，则溶液中另一种异构体达到饱和，经冷却过滤后得到另一个单一光学异构体，经过如此反复操作，连续拆分便可以交叉获得左旋体和右旋体。

播种结晶法的优点是不需用光学拆分剂，原料消耗少，因此成本低；而且该法操作较简单、所需设备少、生产周期短、母液可套用多次、拆分收率高。但该法仅适用于两种对映体晶体独立存在的外消旋混合物的拆分，对大部分只含一个手性碳原子的互为对映体的光学异构药物，无法用播种结晶法进行拆分。另外，播种结晶法拆分的条件控制也较麻烦，制备过饱和溶液的温度和冷却析晶的温度都必须通过实验加以确定，拆分所得的光学异构体的光学纯度不高。

二、酶拆分法

利用酶对光学活性异构体选择性的酶解作用，使外消旋体中的一个光学异构体优先酶解，而另一个难酶解或不被酶解的对映体被保留下来而达到分离的目的。

三、色谱拆分法

利用气相和液相色谱可以测定光学异构体纯度，进行实验室少量样品制备，推断光学异构体的构型和构象等。

四、形成非对映异构体法

对映异构体一般都具有相同的理化性质，用重结晶、分馏、萃取及常规色谱法不能分离。而非对映异构体的理化性质有一定差异，因此利用消旋体的化学性质，使其与某一光学活性化合物（即拆分剂）作用生成两种非对映异构体，再利用它们的物理性质（如溶解度）不同，将他们分离，最后除去拆分剂，便可以得到光学纯的异构体。目前国内外大部分光学活性药物，均用此法生产。

五、旋光度的测定方法及光学活性化合物纯度评价

旋光度的测定可以用来鉴定光学活性化合物的光学纯度，旋光度的测定参见第三章药物合成常用仪器、旋光仪的使用方法。

对于具光学活性的化合物，无论是通过不对称合成获得，还是通过拆分获得，一般都不是百分之百纯度的对映体，总是存在少量的镜像异构体，因此对于它的光学纯度必须进

行衡量评价。一般用光学纯度或对映体过量（e.e）来表示旋光异构体的混合物中一种对映体所占的百分率。

光学纯度的定义是：旋光性产物的比旋光度除以光学纯试样在相同条件下的比旋光度。

$$光学纯度 = （观察到的比旋光度/纯试样的比旋光度） \times 100\%$$

对映体过量 e.e，一般用下式表示：

$$e.e\% = \left[（m_S - m_R） / （m_S + m_R） \right] \times 100\%$$

式中 m_S 是主要异构体的质量，m_R 是其镜像异构体的质量。

实验 9．外消旋苦杏仁酸的拆分

1．实验目的
（1）了解播种结晶法拆分光学异构体的应用。
（2）掌握播种结晶法拆分外消旋苦杏仁酸的操作方法。

2．实验原理

对用化学方法合成的苦杏仁酸，虽然分子中只有一个不对称碳原子，但我们得到的只是无旋光性的外消旋体，它们是由化学结构相同，而原子在空间排列不同的两种等量的对映体组成。由于它们的许多性质，如熔点、沸点、溶解度等完全相同而难以将它们分离开。拆分外消旋体最常用的方法是化学法，如果手性化合物的分子中含有一个易于反应的拆分基团，可以使它与一个纯的旋光性化合物（拆解剂）反应，从而把一对对映体变成两种非对映体，由于非对映体之间的性质如溶解性、结晶性等差别较大，可利用结晶等方法将它们分离、精制，然后利用逆反应去掉拆解剂，得到纯的旋光性化合物，达到拆分的目的。通常可用马钱子碱、奎宁和麻黄素等旋光纯的生物碱拆分酸性外消旋体；用酒石酸、樟脑磺酸等旋光纯的有机酸拆分碱性外消旋体。

利用天然纯的（-）-麻黄素作为拆解剂，与外消旋的苦杏仁酸作用；生成非对映异构体，再利用这两种盐的溶解度不同加以分离，然后用酸分别处理已拆分的盐，便得到两种较纯的、左旋和右旋的苦杏仁酸。其实验过程可简单表示如下：

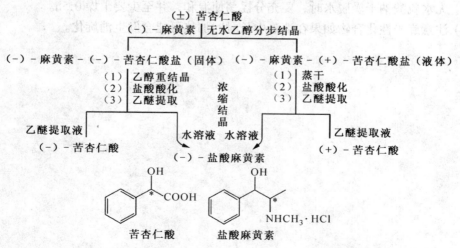

3．操作步骤

（1）（－）- 麻黄素的制备   在 50mL 锥形瓶中，将 4g（0.02mol）盐酸麻黄素溶于 10mL 水中，加入 1g 氢氧化钠溶于 5mL 水的溶液，充分搅拌混合，待冷却后，每次用 10mL 乙醚萃取两次，合并乙醚萃取液，用无水硫酸钠干燥半小时。滤除干燥剂后蒸去乙醚，即得（－）- 麻黄素。

（2）外消旋苦杏仁酸的拆分   将制得的麻黄素置于 100mL 圆底烧瓶中，加入 30mL 无水乙醇溶解，然后加入 10mL 溶有 3g 外消旋苦杏仁酸（0.02mol）的无水乙醇溶液。装上回流冷凝管，将混合物在水浴上加热回流 2h，反应物冷至室温后，再用冰水冷却使其结晶。抽滤（保存滤液），得白色粗产物，将粗产物用 40mL 无水乙醇重结晶得无色晶体，再用 20mL 无水乙醇重结晶一次，得白色粒状晶体，即为（－）- 麻黄素·（－）- 苦杏仁酸，约 1.5g，熔点 169～170℃。

将得到的上述盐溶于 10mL 水，用浓盐酸小心酸化到使刚果红试纸变蓝（约需 1mL），然后每次用 10mL 乙醚萃取两次，合并萃取液并用无水硫酸钠干燥 0.5h。滤除干燥剂，蒸去乙醚，得（－）- 苦杏仁酸白色结晶约 0.5g，熔点 131～132℃。萃取后的水溶液倒入指定的容器内，以便回收麻黄素。

将前面保存的滤液在水浴上蒸去乙醇，并用水泵减压将溶液蒸干。在残留物中加入 20mL 水，再滴加浓盐酸至刚果红试纸变蓝，并搅拌使固体物溶解。过滤除去不溶物，再每次用 10mL 乙醚萃取两次，醚溶液处理同前，得（＋）- 苦杏仁酸约 0.5g，熔点 120～124℃。萃取后的水溶液亦应倒入指定容器，回收麻黄素。

（3）比旋光度的测定   将上面制得的（＋）- 苦杏仁酸和（－）- 苦杏仁酸准确称量后，用蒸馏水配成 2% 的溶液，测定其旋光度。按下式计算比旋光度及计算拆分后每个对映体的光学纯度：

$$[\alpha]_D^t = \frac{\alpha}{Lc}$$

式中，α 为旋光度，L 为管长（单位用 dm），c 为质量浓度（单位为 g/mL）。纯的苦杏仁酸的比旋光度 $[\alpha]$ = ±156°。

4．注意事项

（1）无水硫酸钠干燥脱水时，要充分摇荡使混和，并至少要干燥 0.5h。

（2）注意旋光性化合物如果在溶液中长时间加热可能会发生消旋化。

第三章　药物合成常用仪器

第一节　玻璃仪器

实验室玻璃仪器可分为普通玻璃仪器和磨口玻璃仪器。标准接口玻璃仪器是具有标准化磨口或磨塞的玻璃仪器。由于仪器口塞尺寸的标准化、系统化、磨砂密合，凡属于同类规格的接口，均可任意连接，各部件能组装成各种配套仪器。与不同类型规格的部件无法直接组装时，可使用转换接头连接。使用标准磨口玻璃仪器，既可免去配塞子的麻烦手续，又能避免反应物或产物被塞子玷污的危险。口塞磨砂性能良好，使密合性可达较高真空度，对蒸馏尤其减压蒸馏有利，对于毒物或挥发性液体的实验较为安全。标准接口玻璃仪器，均按国际通用的技术标准制造，当某个部件损坏时，可以选购。标准接口仪器的每个部件在其口塞的上或下显著部位均具有烤印的白色标志，表明规格。常用的有10，12，14，16，19，24，29，34，40等表明磨口直径的大小。有的标准接口玻璃仪器有两个数字，如10/30，10表示磨口大端的直径为10mm，30表示磨口的高度为30mm。使用标准接口玻璃仪器应注意以下几点：①磨口塞应经常保持清洁，使用前宜用软布揩拭干净，但不能附上棉絮。②使用前在磨口塞表面涂以少量凡士林或真空油脂，以增强磨砂口的密合性，避免磨面的相互磨损，同时也便于接口的装拆。③装配时，把磨口和磨塞轻轻地对旋连接，不宜用力过猛。但不能装得太紧，只要达到润滑、密闭要求即可。④用后应立即拆卸洗净。否则，对接处常会粘牢，以致拆卸困难。⑤装拆时应注意相对的角度，不能在角度偏差时进行硬性装拆，否则极易造成破损。磨口套管和磨塞应该是由同种玻璃制成的。

一、使用玻璃仪器时必须了解的问题

(1) 玻璃仪器易碎，使用时要轻拿轻放。

(2) 玻璃仪器除烧杯、烧瓶和试管外，都不能直接加热。

(3) 锥形瓶、平底烧瓶不耐压，不能用于减压蒸馏。

(4) 带活塞的玻璃仪器如分液漏斗等，用过洗净后在活塞和磨口间垫上小纸片，以防黏结。

(5) 温度计测量温度范围不能超过其刻度范围，也不能把温度计当搅拌棒使用，温度计用后应缓慢冷却，不能立即用冷水冲洗，以免炸裂或汞柱断线。

二、玻璃仪器的清洗

玻璃仪器用毕后应立即清洗，一般的清洗方法是将玻璃仪器和毛刷淋湿，蘸取肥皂粉或洗涤剂，洗刷玻璃器皿的内外壁，除去污物后用水冲洗；当洁净度要求较高时，可依次用洗涤剂、蒸馏水（或去离子水）清洗；也可用超声波振荡仪来清洗。

必须反对盲目使用各种化学试剂或有机溶剂来清洗玻璃器皿，这样不仅造成浪费，而且可能带来危险，对环境产生污染。最常用的洁净剂是肥皂、肥皂液、洗衣粉、去污粉、洗液及有机溶剂等。肥皂、肥皂液、洗衣粉、去污粉，用于可以用刷子直接刷洗的器皿，

如烧杯、锥形瓶、试剂瓶等；洗液多用于不便使用刷子洗刷的器皿，如滴定管、移液管、容量瓶、蒸馏器等特殊形状的仪器，也用于洗涤长久不用的杯皿器具和刷子刷不下的结垢。用洗液洗涤仪器，是利用污物被洗液氧化，将其去除。因此需要浸泡一定的时间让其充分作用。经蒸馏水冲洗后的仪器，用指示剂检查应为中性，同时以不挂水珠为度。如仍能挂住水珠，则需要重新洗涤。

1. 洗涤液的制备及使用注意事项

洗涤液简称洗液，根据不同的要求有各种不同的洗液。将较常用的几种介绍如下。

(1) 重铬酸钾强酸氧化剂洗液　强酸氧化剂洗液是用重铬酸钾（$K_2Cr_2O_7$）和浓硫酸（H_2SO_4）配成。$K_2Cr_2O_7$ 在酸性溶液中，有很强的氧化能力，对玻璃仪器侵蚀作用很小。所以这种洗液在实验室内使用最广泛。

配制浓度各有不同，从 5%～12% 的各种浓度都有。配制方法大致相同：取一定量的 $K_2Cr_2O_7$（工业品即可），先用约 1～2 倍的水加热溶解，稍冷后，将工业品浓 H_2SO_4 所需体积数徐徐加入 $K_2Cr_2O_7$ 水溶液中（千万不能将水或溶液加入 H_2SO_4 中），边倒边用玻璃棒搅拌，并注意不要溅出，混合均匀，冷却后，装入洗液瓶备用。新配制的洗液为红褐色，氧化能力很强。当洗液用久后变为黑绿色，即说明洗液已无氧化洗涤能力。

【例】配制 12% 的 $K_2Cr_2O_7$ 洗液 500mL。

称取 60g 工业品 $K_2Cr_2O_7$ 置于 100mL 水中（加水量不是固定不变的，以能溶解为度），加热溶解，冷却，徐徐加入浓 H_2SO_4 400mL，边加边搅拌，冷后装瓶备用。

这种洗液在使用时要切实注意不能溅到身上，以防"烧"破衣服和损伤皮肤。洗液倒入要洗的仪器中，应使仪器周壁全浸洗后稍停一会后再倒回洗液瓶。第一次用少量水冲洗刚浸洗过的仪器后，废水不要倒在水池里和下水道里，长久会腐蚀水池和下水道，应倒在废液缸中，缸满后倒在垃圾里，如果无废液缸，倒入水池时，要边倒边用大量的水冲洗。

(2) 碱性洗液　碱性洗液用于洗涤有油污物的仪器，用此洗液是采用长时间（24h 以上）浸泡法，或者浸煮法。从碱性洗液中捞取仪器时，要戴乳胶手套，以免烧伤皮肤。常用的碱性洗液有：碱性溶液 5%～10% 的碳酸钠溶液、磷酸钠溶液或氢氧化钠溶液都可以洗涤特定的杂质和洗涤沾有少量油污的容器。

(3) 碱性高锰酸钾洗液　取高锰酸钾 4g，用少量水溶解，再加入 10% 的氢氧化钠溶液 100mL。适用于洗涤沾有油污的器皿，洗后容器壁上如留有褐色的二氧化锰，可用草酸洗去。

(4) 纯酸纯碱洗液　根据器皿污垢的性质，直接用浓盐酸（HCl）或浓硫酸（H_2SO_4）、浓硝酸（HNO_3）浸泡或浸煮器皿（温度不宜太高，否则浓酸挥发）。纯碱洗液多采用 10% 以上的浓烧碱（NaOH）、氢氧化钾（KOH）或碳酸钠（Na_2CO_3）液浸泡或浸煮器皿（可以煮沸）。

(5) 有机溶剂　带有脂肪性污物的器皿，可以用汽油、甲苯、二甲苯、丙酮、乙醇、三氯甲烷、乙醚等有机溶剂擦洗或浸洗。但浪费较大，能用刷子洗刷的大件仪器尽量采用碱性洗液。只有无法使用刷子的小件或特殊形状的仪器才使用有机溶剂洗涤，如活塞内孔、移液管尖头、滴定管尖头、滴定管活塞孔、滴管、小瓶等。必须反对盲目使用各种化学试剂或有机溶剂来清洗玻璃器皿，这样不仅造成浪费，而且会对环境产生污染。

(6) 洗消液　盛放过致癌性以及其他对人体有害的化学物质的器皿，为防止其对人体的侵害，在洗刷之前，应使用对这些致癌性物质有破坏分解作用的洗消液进行浸泡，然后再洗涤。

经常使用的洗消液有：1% 或 5% 次氯酸钠（NaOCl）溶液、20% HNO_3 和 2% $KMnO_4$ 溶液。

（7）注意事项

①石英和玻璃比色皿的清洗　石英和玻璃比色皿不可用强碱清洗，因为强碱会浸蚀抛光的比色皿。只能用洗液或 1%～2% 的去污剂浸泡，然后用自来水冲洗，这时使用一支绸布包裹的小棒或棉花球棒刷洗，效果会更好，清洗干净的比色皿也应内外壁不挂水珠。

②塑料器皿的清洗　聚乙烯、聚丙烯等制成的塑料器皿，在生物化学实验中已用的越来越多。第一次使用塑料器皿时，可先用 8mol/L 尿素（用浓盐酸调 pH = 1）清洗，接着依次用无离子水、1 mol/L KOH 和无离子水清洗，然后用 10^{-3} mol/L EDTA 除去金属离子的污染，最后用无离子水彻底清洗，以后每次使用时，只需用 0.5% 的去污剂清洗，然后用自来水和无离子水洗净即可。

三、玻璃仪器的干燥

药物合成实验室经常需要使用干燥的玻璃仪器，故要养成在每次实验后马上把玻璃仪器洗净和倒置使之晾干的习惯，以便下次实验时使用。干燥玻璃仪器的方法有下列几种：

（1）自然风干　是指把已洗净的玻璃仪器在干燥架上自然风干，这是常用而简单的方法。但必须注意，若玻璃仪器洗得不够干净时，水珠不易流下，干燥较为缓慢。

（2）烘干　是指把已洗净的玻璃仪器由上层到下层放入烘箱中烘干。放入烘箱中干燥的玻璃仪器，一般要求不带水珠，器皿口侧放。带有磨砂口玻璃塞的仪器，必须取出活塞才能烘干。玻璃仪器上附带的橡胶制品在放入烘箱前也应取下，烘箱内的温度保持 105℃ 左右，约 0.5h，待烘箱内的温度降至室温时才能取出。切不可把很热的玻璃仪器取出，以免骤冷使之破裂，当烘箱已工作时，不能往上层放入湿的器皿，以免水滴下落，使热的器皿骤冷而破裂。

（3）吹干　有时仪器洗涤后需要立即使用，可使用气流干燥器或电吹风把仪器吹干。首先将水尽量晾干后，加入少量丙酮或乙醇摇洗并倾出，先通入冷吹风 1～2min，待大部分溶剂挥发后，再吹入热风至完全干燥为止，最后吹入冷风使仪器逐渐冷却。药物合成实验室常用玻璃仪器以及主要装置如图 3.1～3.5 所示。

四、实验室常用玻璃仪器

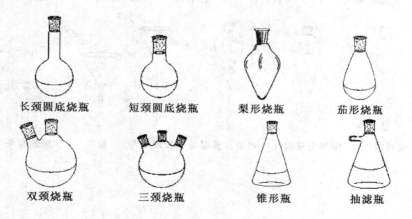

长颈圆底烧瓶　　短颈圆底烧瓶　　梨形烧瓶　　茄形烧瓶

双颈烧瓶　　三颈烧瓶　　锥形瓶　　抽滤瓶

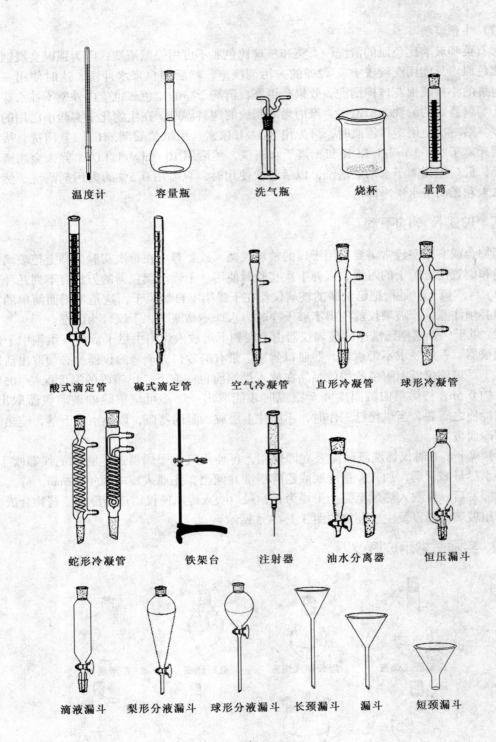

温度计　　　容量瓶　　　洗气瓶　　　烧杯　　　量筒

酸式滴定管　碱式滴定管　空气冷凝管　直形冷凝管　球形冷凝管

蛇形冷凝管　　铁架台　　　注射器　　油水分离器　　恒压漏斗

滴液漏斗　梨形分液漏斗　球形分液漏斗　长颈漏斗　漏斗　短颈漏斗

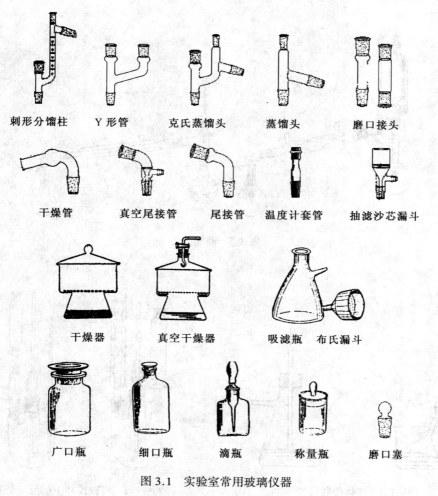

刺形分馏柱　　Y形管　　克氏蒸馏头　　蒸馏头　　磨口接头

干燥管　　真空尾接管　　尾接管　　温度计套管　　抽滤沙芯漏斗

干燥器　　真空干燥器　　吸滤瓶　布氏漏斗

广口瓶　　细口瓶　　滴瓶　　称量瓶　　磨口塞

图 3.1　实验室常用玻璃仪器

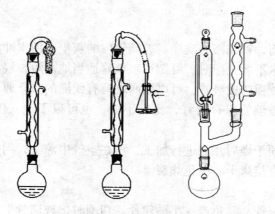

图 3.2　回流装置

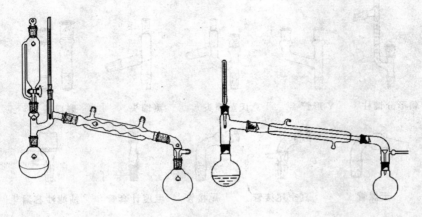

图 3.3 蒸馏装置

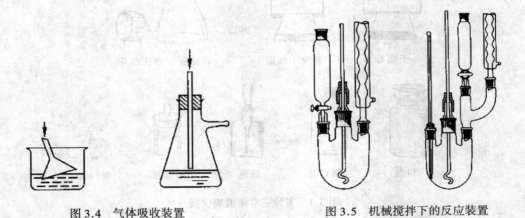

图 3.4 气体吸收装置　　　　图 3.5 机械搅拌下的反应装置

五、玻璃管加工

玻璃管在加工以前，首先需要洗净。玻璃管内的灰尘，用水冲洗就可洗净。如果管内附着油腻的东西，用水不能洗净时，可把长玻璃管适当地割短，浸在铬酸洗液里，然后取出，用水冲洗。对于较粗的玻璃管，可以用两端缚有线绳的布条通过玻璃管来回抽拉，擦去管内的脏物。如果玻璃管保存得好，比较干净，也可以不洗，仅用布把玻璃管外面擦净，就可以使用。

洗净的玻璃管必须干燥后才能进行加工，可在空气中晾干，用热空气吹干或在烘箱中烘干，但不宜用灯火直接烤干，以免炸裂。

1．玻璃管的截断

截断玻璃管可用扁锉、三角锉或小砂轮片。切割时把玻璃管平放在桌子边缘，将锉刀（或砂轮片）的锋棱压在玻璃管要截断处，然后用力把锉刀向前推或向后拉，同时把玻璃管略微朝相反的方向旋转，在玻璃管上刻划出一条清晰，细直的深痕。不要来回拉锉，因为这样会损坏锉刀的锋棱，而且会使锉痕加粗。要折断玻璃管时，只要用两手的拇指抵住锉痕的背面，再稍用拉力和弯折的合力，就可使玻璃管断开（图 3.6）。如果在锉痕上用水沾一下，则玻璃管更易断开），断口处应整齐。

图 3.6　玻璃管的截断

若需在玻璃管的近管端处进行截断，可先用锉刀在该处割一锉痕，再将一根末端拉细的玻璃棒在煤气灯的氧化焰上加热到红热（截断软质玻璃管时）或白炽（截断硬质玻璃管时），使成珠状，然后把它压触到锉痕的端点处，锉痕会因骤然受强热而发生裂痕；有时裂痕迅速扩展成整圈，玻璃管即自动断开。若裂痕未扩展成一整圈，可以逐次用烧热的玻璃棒的末端压触在裂痕的稍前处引导，直至玻璃管完全断开。实际上，只需待裂痕扩大至玻璃管周长的 90% 时，即可用两手稍用力将玻璃管向里挤压，玻璃管就会整齐地断开。

玻璃管的断口很锋利，容易割破皮肤、橡皮管或塞子，故必须将断口在火焰中烧熔使变光滑。方法是把断口放在氧化焰的边缘，不断转动玻璃管，烧到管口微红即可。不可烧得太久，否则管口会缩小。

2．弯玻璃管

连接仪器有时需用弯成一定角度的玻璃管，这要由实验者自己来制作。玻璃管的质地有软硬之分。软质玻璃管受热易软化，加热不宜过度，否则在弯管时易发生歪扭和瘪陷。硬质玻璃管需用较强的火焰加热。

弯玻璃管时，先在弱火焰中将玻璃管烤热，逐渐调节灯焰使成强火焰，然后两手持玻璃管，将需要弯曲处放氧化焰（宜在蓝色还原焰之上约 2mm 处）中加热，同时两手等速缓慢地旋转玻璃管，以使受热均匀。为加宽玻璃管的受热面，可将玻璃管斜放在氧化焰中加热，或者在灯管上套一个扁灯头（鱼尾灯头，图 3.7）。当玻璃管受热部分发出黄红光而且变软时，立即将玻璃管移离火焰，轻轻地顺热弯至一定的角度。如果玻璃管要弯成较小的角度，可分几次弯成，以免一次得过多使弯曲部分发生瘪陷或歪扭。分次弯管时，各次的加热部位应稍有偏移，并且要等弯过的玻璃管稍冷后再重新加热，还要注意每次弯曲均应在同一平面上，不要使玻璃管变得歪扭（图 3.8）。

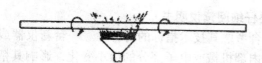

图 3.7　用鱼尾灯头加热弯玻璃管

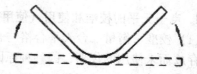

图 3.8　弯管操作

在弯管操作时，要注意以下几点：如果两手旋转玻璃管的速度不一致，则玻璃管会发生歪扭，即两臂不在同一平面上；玻璃管如果受热不够，则不易弯曲，并易出现纠结和瘪陷；如果受热过度，玻璃管的弯曲处管壁常常厚薄不均和出现瘪陷；玻璃管在火焰中加热时，双手不要向外拉或向内推，否则管径变得不均；在一般情况下，不应在火焰中弯玻璃管；弯好的玻璃管用小火烘烤 1～2min（退火处理）后，放在石棉网上冷却，不可将热的玻璃管直接放在桌面上。

第二节 电 子 天 平

通过电磁力平衡称物体质量的天平被称之为电子天平（图 3.9）。其特点是称量准确可靠、显示快速清晰，并且具有自动检测系统、简便的自动校准装置以及超载保护等装置。

一、电子天平及其分类

按电子天平的精度可分为以下几类：

1．超微量电子天平

超微量天平的最大称量是 2～5g，其标尺分度值小于（最大）称量的 10^{-6}，如 Mettler 的 UMT2 型电子天平等属于超微量电子天平。

图 3.9 电子天平

2．微量天平

微量天平的称量一般在 3～50g，其分度值小于（最大）称量的 10^{-5}，如 Mettler 的 AT21 型电子天平以及 Sartoruis 的 S4 型电子天平。

3．半微量天平

半微量天平的称量一般在 20～100g，其分度值小于（最大）称量的 10^{-4}，如 Mettler 的 AE50 型电子天平和 Sartoruis 的 M25D 型电子天平等均属于此类天平。

4．常量电子天平

常量电子天平的最大称量一般在 100～200g，其分度值小于（最大）称量的 10^{-3}，如 Mettler 的 AE200 型电子天平和 Sartoruis 的 A120S、A200S 型电子天平均属于常量电子天平。

5．分析天平

分析天平是各种规格的天平，如常量天平、半微量天平、微量天平和超微量天平的统称。

6．精密电子天平

这类电子天平是准确度级别为Ⅱ级的电子天平的统称。

二、电子天平的使用

1．电子天平的校准和使用（使用前一定要仔细阅读说明书）

（1）校准 衡量一台天平合格与否，需综合考虑其技术指标的符合性。一台新仪器或长期存放而未使用的仪器，因种种原因，引起内部机械或电子部分的微小变化，影响其精度。为获得精确测量，天平在使用前一般都应进行校准操作。校准方法分为内校准和外校准两种。德国生产的 Sartoruis，瑞士产的 Mettler，上海产的"JA"等系列电子天平均有校准装置。使用前必须仔细阅读说明书，先进行"校准"操作。

下面以上海天平仪器厂 JA1203 型电子天平为例，说明如何对天平进行外校准。校准操作：①按 CAL 键，当显示器出现 CAL－时，即松手，显示器就出现 CAL－100 其中"100"为闪烁码，表示校准砝码需用 100g 的标准砝码。②此时就把准备好"100g"校准砝码放上称盘，显示器即出现"－－－－"等待状态，经较长时间后，显示器出现100.000g。③拿去校准砝码，显示器应出现 0.000g，若出现不是 0.000g，则再清零，重复以上校准操作（注意：为了得到准确的校准结果，最好重复以上校准操作步骤 2～3 次）。

以瑞士 Mettler Toledo AG 系列电子天平为例，说明如何进行天平内校准。天平置零位，然后持续按住"CAL"键直到 CAL int 出现为止，一般下述字幕将在校准时显示：

"天平置零

内部校准砝码装载完毕

天平重新检查零位

天平报告校准过程

天平报告校准完毕

天平自动回复到称重状态"。

（2）称量　请仔细阅读使用说明书，按说明书要求进行称量。

2．电子天平的维护与保养

（1）将天平置于稳定的工作台上，避免振动、气流及阳光照射。

（2）在使用前调整水平仪气泡至中间位置，学生不可自行调整。

（3）按说明书的要求进行预热。

（4）称量易挥发和具有腐蚀性的物品时，要盛放在密闭的容器中。

（5）经常对电子天平进行自校或定期外校，保证其处于最佳状态。

（6）如果电子天平出现故障应及时检修，不可带"病"工作。

（7）天平不可过载使用，以免损坏天平。

（8）若长期不用电子天平，应暂时收藏为好。

3．电子天平使用注意事项

（1）如进行精密度要求高的测定，天平需预热 1h 以上。

（2）不可把待称量的试剂直接放置称量盘上。称量容器需干燥后才能使用，不得用外壁带水或已被污染的容器称量试剂。若称量有挥发性的物品，需把称量容器的盖子盖严。禁止称量湿的或腐蚀性的物品。

（3）不能用手直接接触称量瓶，需戴手套或用清洁的长纸条拿取，以免残留汗迹影响结果。

（4）不要在样品盘上装载过量称量物及碰撞样品盘，否则容易损坏天平。

（5）禁止碰撞、移动天平和旋动天平两脚螺丝，测定中也不能振动台面。

（6）请勿冲击天平门玻璃把手。

（7）非装载称量物时，不能随意开启天平玻璃门，防止灰尘和湿气进入，影响称量结果。

（8）小心操作，勿把被称物洒落天平内。若不慎洒落，应马上用干净柔软的刷子把其扫出。注意称量瓶外、称量盘上不能沾有粉末，否则影响称量的准确性及污染天平。

（9）天平一旦出现异常显示，应及时与天平室老师联系，勿乱动按钮。

（10）带磁性物质不可接近天平。

（11）保持天平室桌面、地面清洁。

（12）使用天平后，请如实填写天平使用登记本，交老师签名后放回原处，无需把电源插头拔出。

三、AY120 型电子天平简明操作规程

（1）测定准备　在测定开始前，机器先预热（右下角显示"STAND – BY"时表示待

机，正在预热），预热 1h 可进行精密测定，由待机状态置于测定方式。

① 按 POWER/BRK 键；

② 待机标志"STAND－BY"灭；

③ 变为"0.0000"显示，进入测定状态。

（2）测定

① 把称量纸放到样品盘上（使用称量瓶时，将称量瓶放到样品盘上），确认稳定标志"?"亮后，按 TARE 键清零；

② 确认显示为"0.0000"；

③ 装载试样，待稳定标志亮后，记录读数；

④ 取下试样，天平复零。

（3）关机 按 POWER/BRK 键，待显示"STAND－BY"即可。

第三节 压缩气体钢瓶

在药物合成实验中，有时会用到气体作为反应物。如氢气、氧气等，也会用到气体作为保护气，例如氮气、氩气等。有的气体用作燃料，例如煤气、液化气等。所有这些气体都需要装在特制的容器中。一般都是装在压缩气体钢瓶里。将气体以较高压力贮存在钢瓶中，既便于运输，又可以在一般实验室里随时用到非常纯净的气体。由于钢瓶里装的是高压压缩气体，因此在使用时必须严格注意安全，否则将会十分危险。

药物合成实验室里常用的压缩气体压强一般接近 20265kPa（200atm）。整个钢瓶的瓶体是非常坚实的，而最易损坏的，应是安装在钢瓶出气口的排气阀，一旦排气阀被损坏，后果将不堪设想。因此，为安全起见，都要在排气阀上装一个罩子。除此之外，这些压缩气体钢瓶应远离火源和有腐蚀性的物质，如酸、碱等。实验室里用的压缩气体钢瓶，一般高度约 160cm，毛重约 70～80kg。对于如此庞大的物体，如果不加以固定，一旦倒下来可能会砸坏东西或砸伤人，而且会引起高压气体钢瓶爆炸。因此，从安全考虑，应当将钢瓶固定在某个地方，如固定在桌边或墙角等。

为了转移方便，一般选用特制的推车。正确识别钢瓶所装的气体种类，也是一件相当重要的事情。虽然所有的气体钢瓶外面都会贴有标签来说明瓶内所装气体的种类及纯度，但是这些标签往往会被损坏或腐烂。为保险起见，所有的压缩气体钢瓶都会依据一定的标准根据所装的气体被涂成不同的颜色。

表 3.1 压缩气体钢瓶的标色

气体类别	瓶身颜色	横条颜色	标字颜色
氮气	黑	棕	黄
空气	黑		白
二氧化碳	黑		黄
氩气	灰		黑
氧气	天蓝		黑
氢气	深绿	红	红
氯气	草绿	白	白

气体类别	瓶身颜色	横条颜色	标字颜色
氨气	黄		黑
其他可燃气体	红		黄
其他不可燃气体	黑		白

第四节　循环水真空泵与旋转蒸发仪

一、循环水真空泵

1. 操作规程（图3.10）

（1）在真空泵中加上干净的循环水，将真空泵抽头接上真空胶管，插上电源。

（2）将抽滤瓶或缓冲瓶连接上真空胶管，打开电源开关，关闭缓冲瓶上的两通活塞，真空表显示真空度上升，仪器进入试运行。抽真空开始。

（3）抽真空结束，先将连接抽滤瓶真空胶管拆开或慢慢打开缓冲瓶的两通活塞，再把电源开关关闭，最后拔下电源插座。

图3.10　循环水真空泵

2. 注意事项

（1）一定要在有循环水的情况下，打开电源开关。

（2）抽真空结束，先将真空胶管拆开，再关闭电源，否则会产生循环水倒吸。

（3）长时间不用真空泵时，需将循环水放去。循环水每隔一段时间换一次。

二、旋转蒸发仪

旋转蒸发仪（图3.11），主要用于在减压条件下连续蒸馏大量易挥发性溶剂。尤其用于对萃取液的浓缩和色谱分离时接收液的蒸馏。旋转蒸发仪的基本原理就是减压蒸馏，也就是在减压条件下，当溶剂蒸馏时，蒸馏烧瓶在连续转动。蒸馏烧瓶可以是一个带有标准磨口接口的梨形或圆底烧瓶，通过一高度回流的蛇形冷凝管与减压泵相连，回流冷凝管另一开口与带有磨口的接收烧瓶相连，用于接收被蒸发的有机溶剂。在冷凝管与减压泵之间有一三通活塞，当体系与大气相通时，可以将蒸馏烧瓶、接液烧瓶取下，转移溶剂，当体系与减压泵相通时，则体系应处于减压状态。使用时，应先减压，再开动电动机转动蒸馏烧瓶。结束时，应先停机，再通大气，以防蒸馏烧瓶在转动中脱落。作为蒸馏的热

图3.11　旋转蒸发仪

源，常配有相应的恒温水槽。

1．操作规程

（1）用胶管与冷凝水龙头连接，用真空胶管与真空泵相联。

（2）先将水注入加热槽。最好用纯水，自来水要放置 1~2d 再用。

（3）调整主机角度　只要松开主机和立柱连结螺钉。主机即可在 0~45° 之间任意倾斜。

（4）接通冷凝水，接通电源（220V，50Hz），与主机连接上蒸馏瓶，夹上弹簧夹，打开真空泵，使之达一定真空度。

（5）调正主机高度　按下位于加热槽底部的压杆，左右调节弧度，使之达到合适位置后，慢慢放下压杆即可达到所需高度。

（6）打开调速开关，绿灯亮，调节其左侧旁的转速旋钮，蒸馏瓶开始转动。打开调温开关，绿灯亮，调节其左侧旁的调温旋钮，加热槽开始自动温控加热，仪器进入试运行。温度与真空度一到所要求的范围，即能蒸发溶剂到接受瓶。

（7）蒸发完毕，首先关闭调速开关及调温开关，按下压杆使主机上升，并打开冷凝器上方的放空阀，使之与大气相通，然后关闭真空泵，取下蒸发瓶，蒸发过程结束。

2．注意事项

（1）将各个玻璃器皿装好，保证良好的气密性。清洗过程中必须小心轻放，严防破碎玻璃器皿。

（2）由于水浴中水温较高，水分不断蒸发，故 0.5h 得查看一次，水位较低时必须加水，严防水浴中的水蒸发干。

（3）所用磨口仪器安装前需均匀涂少量真空脂。

（4）工作完毕或暂停工作，应将真空放掉，以防真空泵内污水倒流。

（5）精确水温用温度计直接测量。

（6）实验结束后，将速度旋钮调到"0"，关闭所有电源与循环水，关闭开关，拔下电源插头。

第五节　集热式磁力加热搅拌器

一、操作规程

（1）将需搅拌的反应装置先搭好，并将搅拌磁子放入反应瓶中。（图 3.12）

（2）插上插座，将感温探头插入加热浴中，打开电源开关，红灯亮。

（3）打开调速旋钮，调节到合适的转速。打开加温旋钮，调节到合适的温度。仪器进入试运行，进行加热搅拌。

（4）用完后，关闭电源开关，将反应装置拆卸，并拔掉插座。

图 3.12　集热式磁力加热搅拌器

二、注意事项

（1）防止反应的溶液（尤其带酸或带碱）洒到仪器上。

（2）加入磁力搅拌子时，要将烧瓶倾斜，顺着瓶壁滑下，防止砸破瓶底。用后的磁子要清洗干净。

（3）若要精确控温，需用水银温度计测温控温。

第六节　显微熔点仪

物质的熔点是指该物质由固态变为液态时的温度。在有机化学领域中，熔点测定是辨认该物质本性的基本手段，也是纯度测定的重要方法之一。目视显微熔点测定仪是研究、观察物质在加热状态下的形变、色变及物质三态转化等物理变化过程的有力检测手段。

一、基本原理

X-4显微熔点仪的显微镜、加热台为一体结构（图3.13），温度检测器为插入式，使用方便，显微镜用来观察样品受热后的反映变化及熔化的全过程。加热台用电热丝加热，并带有风机，可快速降温。可用载玻片法测量，也可用毛细管测量熔点。

X-4显微熔点仪可用载玻片方法测定物质的熔点、形变、色变等；也可用《中华人民共和国药典》规定的毛细管方法测其熔点，尤其对深色样品，如医药中间体、颜料、橡胶促进剂等的熔点，能自始至终观察到其熔化的全过程。

图3.13　X-4显微熔点测定仪

二、操作步骤

1．对新购仪器，电源接通，开关打到加热位置，从显微镜中观察加热台中心光孔是否处于视野中，若左右偏，可左右调节显微镜来解决。前后不居中，可以松动加热台两旁的两只螺钉，注意不要拿下来，只要松动就可以了，然后前后推动加热台上下居中即可，锁紧两只螺钉。在做推动加热台时，为了防止加热台烫伤手指，把波段开关和电位器扳到编号最小位置，即逆时针旋到底。

2．进行升温速率调整，可用秒表式手表来调整。在秒表某一值时，记录下这时的温度值，然后，秒表转一圈（1min）后，再记录下温度值。这样连续记录下来，直到接近你所要求测量的熔点值时，其升温速率为1℃/min。太快或太慢可通过粗调和微调旋钮来调节。注意：即使粗调和微调旋钮不动，但随着温度的升高，其升温速率也会变慢。

3．测温仪的传感器上，把其插入到加热台孔的底即可，若其位置不对，将影响测量准确度。

4．要得到准确的熔点值，先用熔点标准物质进行测量标定。求出修正值。（修正值 = 标准值 - 所测熔点值），作为测量时的修正依据。注意：标准样品的熔点值应和你所要测量的样品熔点值越接近越好。这时，样品的熔点值 = 该样品实测值 + 修正值。

5．对待测样品要进行干燥处理，或放在干燥器内进行干燥，粉末要进行研细。

6．当采用盖玻片测量时，将盖玻片放在加热台上，用毛细玻璃管蘸上药粉，涂于盖玻片上，再盖上一块盖玻片进行测量。

7．在重复测量时，开关处于关的状态，这时加热停止。自然冷却到10℃以下后，放入样品，开关打到加热状态，即可进行重复测量。

8．测试完毕，应切断电源，当加热台冷却到室温时，方可将仪器装入包箱内。

第七节　自动旋光仪

一、基本原理

对映体是互为镜像的立体异构体。它们的熔点、沸点、相对密度、折光率以及光谱等物理性质都相同，并且在与非手性试剂作用时，它们的化学性质也一样，惟一能够反映分子结构差异的性质是它们的旋光性不同。当偏振光通过具有光学活性的物质时，其振动方向会发生旋转，所旋转的角度即为旋光度（optical rotation）。

旋光性物质的旋光度和旋光方向可以用旋光仪来测定。旋光仪（图3.14）主要由一个钠光源、两个尼科尔棱镜和一个盛有测试样品的盛液管组成。普通光先经过一个固定不动的尼科尔棱镜（起偏镜）变成偏振光，然后通过盛液管（样品池），再由一个可转动的尼科尔棱镜（检偏镜）来检验偏振光的振动方向和旋转角度。若使偏振光振动平面向右旋转，则称右旋；若使偏振光振动平面向左旋转，则称左旋。旋转仪类型很多，目前使用较普遍的是国产WZZ-Ⅱ型自动旋光仪，WZZ-Ⅱ自动旋光仪采用20W钠光灯作光源。

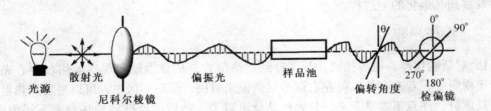

图3.14　旋光仪的构造示意

WZZ-Ⅱ型自动旋光仪（图3.15）采用光电自动平衡原理，进行旋光测量，测量结果由数字显示，它既保持了WZZ-Ⅰ自动指示旋光仪稳定可靠的优点，又弥补了它的读数不方便的缺点，具有体积小、灵敏度高、没有人为误差、读数方便等特点。对目视旋光仪难以分析的低旋光药品也能适应。

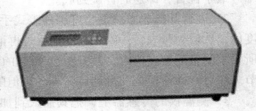

图3.15　WZZ-Ⅱ型旋光仪

二、操作步骤

1．仪器使用

（1）将仪器电源插头插入220V交流电源，并将接地脚可靠接地。

（2）打开电源开关，这时钠光灯启亮，需经5min钠光灯预热，使之发光稳定。

（3）打开电源开关（若电源开关合上后，钠光灯熄灭，则再将电源开关上下重复扳动一至二次，使钠光灯在直流下点亮，为正常。）

（4）打开测量开关，这时数码管应有数字显示。

（5）将装有蒸馏水或其他空白溶剂的样品管放入样品室，盖上箱盖，待示数稳定后，按清零按钮。样品管中若有气泡，应先让气泡浮在凸颈处。通光面两端的雾状水滴，应用软布揩干。样品管螺帽不易旋得太紧，以免产生应力，影响读数。样品管安放时应注意标记的位置和方向。

（6）取出样品管，将待测样品注入样品管，按相同的位置和方向放入样品室内，盖好箱盖。仪器数学显示窗将显示出该样品的旋光度。

（7）通过按下复测按钮，重复读几次数，取平均值作为样品的测定结果。

（8）如样品超过测量范围，仪器在±45处来回振荡。此时，取出试管，仪器读数自动转为零。

（9）仪器使用完毕后，应依次关闭测量、光源、电源开关。

钠灯在直流供电系统出现故障不能使用时，仪器也可在钠灯交流供电情况下测试，但仪器的性能略有降低。当放入小角度样品（小于0.5°）时，示数可能变化，这时只要按复测按钮，就会出现新的数字。

2．测定浓度或含量

先将已知纯度的标准品或参考样品按一定比例稀释成若干个不同浓度的试样，分别测出其旋光度。然后以横轴为浓度，纵轴为旋光度，绘成旋光曲线。一般情况下，旋光曲线均按算术插值法制成查对表形式。

测定时，先测出样品的旋光度，根据旋光度从旋光曲线上查出该样品的浓度或含量。旋光曲线应该用同一台仪器、同一支试管来做，测定时应予注意。

3．测定比旋光度

先按《中华人民共和国药典》规定的浓度配制好溶液，依法测出旋光度，然后按下列公式计算比旋光度 $[\alpha]$：

$$[\alpha]_D^t = \frac{\alpha}{Lc}$$

式中，α 为测得的旋光度（°），c 为溶液的浓度（g/mL），L 为溶液的长度即试管长度（dm）。由测得的比旋度，可算出样品的纯度：

$$纯度 = \frac{实测比旋度}{理论比旋度} \times 100\%$$

三、仪器的保养

仪器应放在干燥通风处，防止潮气浸蚀，尽可能在20℃的工作环境中使用。搬动仪器应小心轻放，避免振动。光源（钠光灯）积灰或损坏，可打开机壳进行擦净或更换。

机械部分磨擦阻力增大，可以打开门板，在伞形齿轮蜗杆处加少许机油。如果仪器发现停转或其他元件损坏的故障，应请专业人员检查或由厂方的维修人员进行检修。

第八节　紫外－可见分光光度计

药物的波谱分析法主要由紫外－可见吸收光谱法、红外吸收光谱法、核磁共振光谱法以及质谱法组成。目前，各国药典都已经把紫外－可见吸收光谱法、红外吸收光谱法列为药物常用的鉴别、鉴定方法。我国的新药报批工作中，原料药的结构确定必须含有药物的光谱图及相应的解析信息。

物质吸收波长在 200～760nm 区域的电磁波而产生的吸收光谱称为该物质分子的紫外－可见吸收光谱（ultraviolet－visible absorption spectroscopy），紫外－可见吸收光谱由紫外－可见分光光度计测定。

一、基本原理

1．分子吸收光谱的产生

在分子中，除了电子相对于原子核的运动外，还有核间相对位移引起的振动和转动。这三种运动能量都是量子化的，并对应一定的能级。在每一电子能级上有许多间距较小的振动能级，在每一振动能级上又有许多更小的转动能级。若用 $\Delta E_{电子}$、$\Delta E_{振动}$、$\Delta E_{转动}$ 分别表示电子能级、振动能级和转动能级的能量差，即有 $\Delta E_{电子} > \Delta E_{振动} > \Delta E_{转动}$。处在同一电子能级的分子，可能因其振动能量不同而处在不同的振动能级上。当分子处在同一电子能级和同一振动能级时，它的能量还会因转动能量不同而处在不同的转动能级上，所以分子的总能量可以认为是这三种能量的总和：$E_{分子} = E_{电子} + E_{振动} + E_{转动}$。当用频率为 ν 的电磁波照射分子，而该分子的较高能级与较低能级之差 ΔE 恰好等于该电磁波的能量 $h\nu$ 时，即有：

$$\Delta E = h\nu \qquad （h 为普朗克常数）$$

此时，在微观上表现出分子由较低的能级跃迁到较高的能级；在宏观上则表现出透射光的强度变小。若用一连续辐射的电磁波照射分子，将照射前后光强度的变化转变为电信号，并记录下来，然后以波长为横坐标，以电信号（吸光度 A）为纵坐标，就可以得到一张光强度变化对波长的关系曲线图－分子吸收光谱图。

2．分子吸收光谱类型

根据吸收电磁波的范围不同，可将分子吸收光谱分为远红外光谱、红外光谱及紫外－可见光谱三类：

分子的转动能级差一般在 0.005～0.05eV。产生此能级的跃迁，需吸收波长约为 250～25μm 的远红外光，因此，形成的光谱称为转动光谱或远红外光谱。分子的振动能级差一般在 0.05～1 eV，需吸收波长约为 25～1.25μm 的红外光才能产生跃迁。在分子振动时同时有分子的转动运动。这样，分子振动产生的吸收光谱中，包括转动光谱，常称为振－转光谱。由于它吸收的能量处于红外光区，故又称红外光谱。电子的跃迁能差约为 1～20 eV，比分子振动能级差要大几十倍，所吸收光的波长约为 12.5～0.06μm，主要在真空紫外到可见光区，对应形成的光谱，称为电子光谱或紫外 – 可见吸收光谱。

通常，分子是处在基态振动能级上。当用紫外 – 可见光照射分子时，电子可以从基态激发到激发态的任一振动（或不同的转动）能级上。因此，电子能级跃迁产生的吸收光谱，包括了大量谱线，并由于这些谱线的重叠而成为连续的吸收带，这就是为什么分子的紫外 – 可见光谱不是线状光谱，而是带状光谱的原因。又因为绝大多数的分子光谱分析，都是用液体样品，加之仪器的分辨率有限，因而使记录所得电子光谱的谱带变宽。由于氧、氮、二氧化碳、水等在真空紫外区（60 ~ 200 nm）均有吸收，因此在测定这一范围的光谱时，必须将光学系统抽成真空，然后充以一些惰性气体，如氦、氖、氩等。鉴于真空紫外吸收光谱的研究需要昂贵的真空紫外分光光度计，故在实际应用中受到一定的限制。我们通常所说的紫外 – 可见分光光度法，实际上是指近紫外 – 可见分光光度法。

二、有机化合物紫外 – 可见吸收光谱

在紫外和可见光谱区范围内，有机化合物的吸收带主要由 $\sigma \rightarrow \sigma^*$、$\pi \rightarrow \pi^*$、$n \rightarrow \sigma^*$、$n \rightarrow \pi^*$ 及电荷迁移跃迁产生。无机化合物的吸收带主要由电荷迁移和配位场跃迁（即 d – d 跃迁和 f – f 跃迁）产生。

由于电子跃迁的类型不同，实现跃迁需要的能量不同，因此吸收光的波长范围也不相同。其中 $\sigma \rightarrow \sigma^*$ 跃迁所需能量最大，$n \rightarrow \pi^*$ 及配位场跃迁所需能量最小，因此，它们的吸收带分别落在远紫外和可见光区。从图 3.16 中可知，$\pi \rightarrow \pi^*$（电荷迁移）跃迁产生的谱带强度最大，$\sigma \rightarrow \sigma^*$、$n \rightarrow \pi^*$、$n \rightarrow \sigma^*$ 跃迁产生的谱带强度次之，（配位场跃迁的谱带强度最小）。

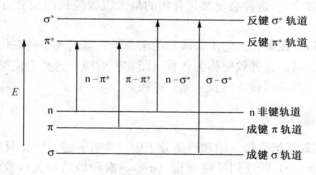

图 3.16　电子跃迁类型

（一）跃迁类型

基态有机化合物的价电子包括成键 σ 电子、成键 π 电子和非键电子（以 n 表示）。分子的空轨道包括 σ^* 反键轨道和 π^* 反键轨道，因此，可能的跃迁为 $\sigma \rightarrow \sigma^*$、$\pi \rightarrow \pi^*$、$n \rightarrow \sigma^*$、$n \rightarrow \pi^*$ 等。

1. $\sigma \rightarrow \sigma^*$ 跃迁　它需要的能量较高，一般发生在真空紫外光区。饱和烃中的 C—C 键属于这类跃迁，例如乙烷的最大吸收波长 λ_{max} 为 135nm。

2. $n \rightarrow \sigma^*$ 跃迁　实现这类跃迁所需要的能量较高，其吸收光谱落于远紫外光区和近紫外光区，如 CH_3OH 和 CH_3NH_2 的 $n \rightarrow \sigma^*$ 跃迁光谱分别为 183nm 和 213nm。

3. $\pi \rightarrow \pi^*$ 跃迁 它需要的能量低于 $\sigma \rightarrow \sigma^*$ 跃迁，吸收峰一般处于近紫外光区，在 200 nm 左右，其特征是摩尔吸光系数大，一般 $\varepsilon_{max} \geqslant 104$，为强吸收带。如乙烯（蒸气）的最大吸收波长 λ_{max} 为 162 nm。

4. $n \rightarrow \pi^*$ 跃迁 这类跃迁发生在近紫外光区。它是简单的生色团如羰基、硝基等中的孤对电子向反键轨道跃迁。其特点是谱带强度弱，摩尔吸光系数小，通常小于 100，属于禁阻跃迁。

5. 电荷迁移跃迁 所谓电荷迁移跃迁，是指用电磁辐射照射化合物时，电子从给予体向与接受体相联系的轨道上跃迁。因此，电荷迁移跃迁实质是一个分子内氧化－还原的过程，而相应的吸收光谱称为电荷迁移吸收光谱。例如某些取代芳烃以及许多配合物会产生这种分子内电荷迁移跃迁吸收带。电荷迁移吸收带的谱带较宽，吸收强度较大，最大波长处的摩尔吸光系数 ε_{max} 可大于 104。

（二）常用术语

1. 生色团 从广义来说，所谓生色团，是指分子中可以吸收光子而产生电子跃迁的原子基团。但是，人们通常将能吸收紫外－可见光的原子团定义为生色团。

2. 助色团 助色团是指带有非键电子对的基团，如—OH、—OR、—NHR、—SH、—Cl、—Br、—I 等，它们本身不能吸收大于 200nm 波长的光，但是当它们与生色团相连时，会使生色团的吸收峰向长波方向移动，并且增加其吸光度。

3. 红移 某些有机化合物经取代反应引入含有未共享电子对的基团（—OH、—OR、—NH₂、—SH 、—Cl、—Br、—SR、—NR₂）之后，吸收峰的波长将向长波方向移动，这种效应称为红移（效应）。这种会使某化合物的最大吸收波长向长波方向移动的基团称为向红基团。

4. 蓝移（紫移） 在某些生色团如羰基的碳原子一端引入一些取代基之后，吸收峰的波长会向短波方向移动，这种效应称为蓝移（紫移）效应。这些会使某化合物的最大吸收波长向短波方向移动的基团称为向蓝（紫）基团。

（三）吸收光谱

1. 饱和烃及其取代衍生物 饱和烃类分子中只含有 σ 键，因此只能产生 $\sigma \rightarrow \sigma^*$ 跃迁，即 σ 电子从成键轨道（σ）跃迁到反键轨道（σ^*）。饱和烃的最大吸收峰的波长一般小于 150nm，已超出紫外、可见分光光度计的测量范围。饱和烃的取代衍生物如卤代烃，其卤素原子上存在 n 电子，可产生 $n \rightarrow \sigma^*$ 的跃迁。$n \rightarrow \sigma^*$ 的能量低于 $\sigma \rightarrow \sigma^*$。例如，$CH_3Cl$、$CH_3Br$ 和 CH_3I 的 $n \rightarrow \sigma^*$ 跃迁分别出现在 173、204 和 258nm 处。这些数据说明了氯、溴和碘原子引入甲烷后，其相应的吸收波长发生了红移，显示了助色团的助色作用。直接用烷烃和卤代烃的紫外吸收光谱分析这些化合物的实用价值不大。但是它们却是测定紫外或可见吸收光谱的良好溶剂。

2. 不饱和烃及共轭烯烃 在不饱和烃类分子中，除含有 σ 键外，还含有 π 键，它们可以产生 $\sigma \rightarrow \sigma^*$ 和 $\pi \rightarrow \pi^*$ 两种跃迁。$\pi \rightarrow \pi^*$ 跃迁的能量小于 $\sigma \rightarrow \sigma^*$ 跃迁。例如，在乙烯分子中，$\pi \rightarrow \pi^*$ 跃迁最大吸收波长为 180nm。在不饱和烃类分子中，当有两个以上的双键共轭时，随着共轭系统的延长，$\pi \rightarrow \pi^*$ 跃迁的吸收带将明显向长波方向移动，吸收强度也随之增强。在共轭体系中，$\pi \rightarrow \pi^*$ 跃迁产生的吸收带又称为 K 带。

3. 羰基化合物 羰基化合物含有 $-\overset{|}{C}=O$ 基团。$-\overset{|}{C}=O$ 基团主要可产生 $\pi \rightarrow \pi^*$、$n \rightarrow \sigma^*$、$n \rightarrow \pi^*$ 三个吸收带，$n \rightarrow \pi^*$ 吸收带又称 R 带，位于近紫外或紫外光区。醛、酮、羧酸及羧酸的衍生物，如酯、酰胺等，都含有羰基。由于醛酮这类物质与羧酸及羧酸的衍生物在结构上的差异，因此它们的 $n \rightarrow \pi^*$ 吸收带稍有不同。羧酸及羧酸的衍生物虽然也有 $n \rightarrow \pi^*$ 吸收带，但是，羧酸及羧酸的衍生物的羰基上的碳原子直接连结含有未共用电子对的助色团，如 $-OH$、$-Cl$、$-OR$ 等，由于这些助色团上的 n 电子与羰基双键的 π 电子产生 $n \rightarrow \pi$ 共轭，导致 π^* 轨道的能级有所提高，但这种共轭作用并不能改变 n 轨道的能级，因此实现 $n \rightarrow \pi^*$ 跃迁所需的能量变大，使 $n \rightarrow \pi^*$ 吸收带蓝移至 210nm 左右。

4. 苯及其衍生物 苯有三个吸收带，它们都是由 $\pi \rightarrow \pi^*$ 跃迁引起的。E_1 带出现在 180nm（$\varepsilon_{max} = 60000$）；$E_2$ 带出现在 204nm（$\varepsilon_{max} = 8000$）；B 带出现在 255nm（$\varepsilon_{max} = 200$）。在气态或非极性溶剂中，苯及其许多同系物的 B 谱带有许多的精细结构，这是由于振动跃迁在基态电子上的跃迁上的叠加而引起的。在极性溶剂中，这些精细结构消失。当苯环上有取代基时，苯的三个特征谱带都会发生显著的变化，其中影响较大的是 E_2 带和 B 谱带。

5. 稠环芳烃及杂环化合物 稠环芳烃，如萘、蒽、芘等，均显示苯的三个吸收带，但是与苯本身相比较，这三个吸收带均发生红移，且强度增加。随着苯环数目的增多，吸收波长红移越多，吸收强度也相应增加。当芳环上的 $-CH$ 基团被氮原子取代后，则相应的氮杂环化合物（如吡啶、喹啉）的吸收光谱，与相应的碳化合物极为相似，即吡啶与苯相似，喹啉与萘相似。此外，由于引入含有 n 电子的 N 原子，这类杂环化合物还可能产生 $n \rightarrow \pi^*$ 吸收带。

三、无机化合物的紫外 – 可见吸收光谱

产生无机化合物紫外 – 可见吸收光谱的电子跃迁形式，一般分为两大类：电荷迁移跃迁和配位场跃迁。

（一）电荷迁移跃迁

无机配合物有电荷迁移跃迁产生的电荷迁移吸收光谱。在配合物的中心离子和配位体中，当一个电子由配体的轨道跃迁到与中心离子相关的轨道上时，可产生电荷迁移吸收光谱。不少过渡金属离子与含生色团的试剂反应所生成的配合物以及许多水合无机离子，均可产生电荷迁移跃迁。此外，一些具有 d^{10} 电子结构的过渡元素形成的卤化物及硫化物，如 AgBr、HgS 等，也是由于这类跃迁而产生颜色。电荷迁移吸收光谱出现的波长位置，取决于电子给予体和电子接受体相应电子轨道的能量差。

（二）配位场跃迁

配位场跃迁包括 d – d 跃迁和 f – f 跃迁。元素周期表中第四、五周期的过渡金属元素分别含有 3d 和 4d 轨道，镧系和锕系元素分别含有 4f 和 5f 轨道。在配体的存在下，过渡元素五个能量相等的 d 轨道和镧系元素七个能量相等的 f 轨道分别分裂成几组能量不等

的 d 轨道和 f 轨道。当它们的离子吸收光能后，低能态的 d 电子或 f 电子可以分别跃迁至高能态的 d 或 f 轨道，这两类跃迁分别称为 d – d 跃迁和 f – f 跃迁。由于这两类跃迁必须在配体的配位场作用下才可能发生，因此又称为配位场跃迁。

四、溶剂对紫外 – 可见吸收光谱的影响

溶剂对紫外 – 可见光谱的影响较为复杂。改变溶剂的极性，会引起吸收带形状的变化。例如，当溶剂的极性由非极性改变到极性时，精细结构消失，吸收带变为平滑。

改变溶剂的极性，还会使吸收带的最大吸收波长发生变化。当溶剂的极性增大时，由 $n \rightarrow \pi^*$ 跃迁产生的吸收带发生蓝移，而由 $\pi \rightarrow \pi^*$ 跃迁产生的吸收带发生红移。因此，在测定紫外 – 可见吸收光谱时，应注明在何种溶剂中测定。由于溶剂对电子光谱图影响很大，因此，在吸收光谱图上或数据表中必须注明所用的溶剂。与已知化合物紫外光谱做对照时也应注明所用的溶剂是否相同。在进行紫外光谱法分析时，必须正确选择溶剂。选择溶剂时注意下列几点：

（1）溶剂应能很好地溶解被测试样，溶剂对溶质应该是惰性的。即所成溶液应具有良好的化学和光化学稳定性。

（2）在溶解度允许的范围内，尽量选择极性较小的溶剂。

（3）溶剂在样品的吸收光谱区应无明显吸收。

五、紫外 – 可见分光光度计

紫外 – 可见分光光度计的基本结构是由五个部分组成：即光源、单色器、吸收池、检测器和信号指示系统。（图 3.17，图 3.18）

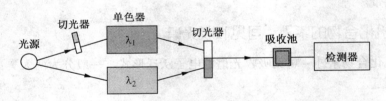

图 3.17　双波长紫外 – 可见分光光度计原理图

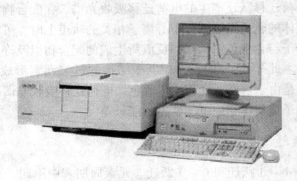

图 3.18　紫外 – 可见分光光度计

（一）光源

对光源的基本要求是，在仪器操作所需的光谱区域内能够发射连续辐射，有足够的辐射强度和良好的稳定性，而且辐射能量随波长的变化应尽可能小。分光光度计中常用的光源有热辐射光源和气体放电光源两类。热辐射光源用于可见光区，如钨丝灯和卤钨灯；气体放电光源用于紫外光区，如氢灯和氘灯。钨灯和碘钨灯可使用的范围在 340 ~ 2500nm。这类光源的辐射能量与施加的外加电压有关，在可见光区，辐射的能量与工作电压四次方呈正比。光电流与灯丝电压呈正比。因此必须严格控制灯丝电压，仪器必须配有稳压装置。

在近紫外区测定时常用氢灯和氘灯。它们可在 160 ~ 375 nm 范围内产生连续光源。氘灯的灯管内充有氢的同位素氘，它是紫外光区应用最广泛的一种光源，其光谱分布与氢灯类似，但光强度比相同功率的氢灯要大 3 ~ 5 倍。

（二）单色器

单色器是能从光源辐射的复合光中分出单色光的光学装置，其主要功能在于产生单色纯度高的波长，且波长在紫外可见区域内任意可调。单色器一般由入射狭缝、准光器（透镜或凹面反射镜使入射光成平行光）、色散元件、聚焦元件和出射狭缝等几部分组成。其核心部分是色散元件，起分光的作用。单色器的性能直接影响入射光的单色性，从而也影响到测定的灵敏度、选择性及校准曲线的线性关系等。能起分光作用的色散元件主要是棱镜和光栅。棱镜有玻璃和石英两种材料。它们的色散原理是依据不同的波长光通过棱镜时有不同的折射率而将不同波长的光分开。由于玻璃可吸收紫外光，所以玻璃棱镜只能用于 350 ~ 3200 nm 的波长范围，即只能用于可见光域内。石英棱镜可使用的波长范围较宽，可从 185 ~ 4000nm，即可用于紫外、可见和近红外三个光域。光栅是利用光的衍射与干涉作用制成的，它可用于紫外、可见及红外光域，而且在整个波长区具有良好的、几乎均匀一致的分辨能力。它具有色散波长范围宽、分辨本领高、成本低、便于保存和易于制备等优点。缺点是各级光谱会重叠而产生干扰。入射、出射狭缝，透镜及准光镜等光学元件中狭缝在决定单色器性能上起重要作用。狭缝的大小直接影响单色光纯度，但过小的狭缝又会减弱光强。

（三）吸收池

吸收池用于盛放分析试样，一般有石英和玻璃材料两种。石英池适用于可见光区及紫外光区，玻璃吸收池只能用于可见光区。为减少光的损失，吸收池的光学面必须完全垂直于光束方向。在高精度的分析测定中（紫外区尤其重要），吸收池要挑选配对。因为吸收池材料本身的吸光特征以及吸收池的光程长度的精度等对分析结果都有影响。

（四）检测器

检测器的功能是检测信号、测量单色光透过溶液后光强度变化的一种装置。常用的检测器有光电池、光电管和光电倍增管等。硒光电池对光的敏感范围为 300 ~ 800nm，其中又以 500 ~ 600nm 最为灵敏。这种光电池的特点是能产生可直接推动微安表或检流计的光电流，但由于容易出现疲劳效应而只能用于低档的分光光度计中。光电管在紫外－可见分光光度计上应用较为广泛。光电倍增管是检测微弱光最常用的光电元件，它的灵敏度比一般的光电管要高 200 倍，因此可使用较窄的单色器狭缝，从而对光谱的精细结构有较好的分辨能力。

（五）信号指示系统

它的作用是放大信号并以适当方式指示或记录下来。常用的信号指示装置有直读检流计、电位调节指零装置以及数字显示或自动记录装置等。现在很多型号的分光光度计都装配有微处理机，一方面可对分光光度计进行操作控制，另一方面可进行数据和图形处理。

六、紫外－可见分光光度法的应用

（一）定性分析

紫外－可见分光光度法是一种广泛应用的定量分析方法，也是对物质进行定性分析和结构分析的一种辅助手段，同时还可以测定某些化合物的物理化学参数，例如摩尔质量、配合物的配位比和稳定常数，以及酸、碱的离解常数等。紫外－可见分光光度法在无机元素的定性分析应用方面是比较少的，无机元素的定性分析主要用原子发射光谱法或化学分析法。在有机化合物的定性分析鉴定及结构分析方面，由于紫外－可见光谱较为简单，光谱信息少，特征性不强，而且不少简单官能团在近紫外及可见光区没有吸收或吸收很弱，因此，这种方法的应用有较大的局限性。但是它适用于不饱和有机化合物，尤其是共轭体系的鉴定，可以此推断未知物的骨架结构。此外，它可配合红外光谱法、核磁共振波谱法和质谱法等常用的结构分析法进行定量鉴定和结构分析，是一种不失有用的辅助方法。一般定性分析方法有如下两种。

1. 比较吸收光谱曲线法

吸收光谱的形状、吸收峰的数目和位置及相应的摩尔吸光系数，是光谱定性分析依据，而最大吸收波长 λ_{max} 及相应的 ε_{max} 是定性分析的最主要参数。比较法有标准物质比较法和标准谱图比较法两种。利用标准物质比较，在相同的测量条件下，测定和比较未知物与已知标准物的吸收光谱曲线，如果两者的光谱完全一致，则可以初步认为它们是同一化合物。

利用标准谱图或光谱数据比较。常用的标准谱图有以下四种：

（1）Sadtler Standard Spectra（Ultraviolet），Heyden，London，1978．萨特勒标准图谱共收集了 46000 种化合物的紫外光谱。

（2）R. A. Friedel and M. Orchin，"Ultraviolet and Visible Absorption Spectra of Aromatic Compounds"，Wiley，New York，1951．本书收集了 597 种芳香化合物的紫外光谱。

（3）Kenzo Hirayama："Handbook of Ultraviolet and Visible Absorption Spectra of Organic Compounds"，New York，Plenum，1967。

（4）"Organic Electronic Spectral Data"。

2. 计算不饱和有机化合物最大吸收波长的经验规则

有伍德沃德（Woodward）规则和斯科特（Scott）规则。当采用其他物理或化学方法推测未知化合物有几种可能结构后，可用经验规则计算它们最大吸收波长，然后再与实测值进行比较，以确认物质的结构。伍德沃德规则是计算共轭二烯、多烯烃及共轭烯酮类化合物 $\pi - \pi^*$ 跃迁最大吸收波长的经验规则。计算时，先从未知物的母体对照表得到一个最大吸收的基数，然后对连接在母体中 π 电子体系（即共轭体系）上的各种取代基以及其他结构因素按表上所列的数值加以修正，得到该化合物的最大吸收波长 λ_{max}。伍德沃德规则和斯科特（Scott）规则可参阅相关的有机化合物波谱书籍。

（二）结构分析

紫外–可见分光光度法可以进行化合物某些基因的判别、共轭体系及构型、构象的判断。

1. 某些特征基团的判别

有机物的不少基团（生色团），如羰基、苯环、硝基、共轭体系等，都有其特征的紫外或可见吸收带，紫外–可见分光光度法在判别这些基团时，有时是十分有用的。如在 $270 \sim 300nm$ 处有弱的吸收带，且随溶剂极性增大而发生蓝移，就是羰基 $n - \pi^*$ 跃迁所产生 R 吸收带的有力证据。在 184nm 附近有强吸收带（E_1 带），在 204nm 附近有中强吸收带（E_2 带），在 260nm 附近有弱吸收带且有精细结构（B 带），是苯环的特征吸收等等。可以从有关资料中查找某些基团的特征吸收带。

2. 共轭体系的判断

共轭体系会产生很强的 K 吸收带，通过绘制吸收光谱，可以判断化合物是否存在共轭体系或共轭的程度。如果一化合物在 210nm 以上无强吸收带，可以认为该化合物不存在共轭体系；若在 $215 \sim 250nm$ 区域有强吸收带，则该化合物可能有两至三个双键的共轭体系，如 1，3 – 丁二烯，λ_{max} 为 217nm，ε_{max} 为 21，000；若 $260 \sim 350nm$ 区域有很强的吸收带，则可能有三至五个双键的共轭体系，如癸五烯有五个共轭双键，λ_{max} 为 335nm，ε_{max} 为 118，000。

3. 异构体的判断

包括顺反异构及互变异构两种情况的判断。

（1）顺反异构体的判断　生色团和助色团处在同一平面上时，才产生最大的共轭效应。由于反式异构体的空间位阻效应小，分子的平面性能较好，共轭效应强。因此，λ_{max} 及 ε_{max} 都大于顺式异构体。例如，肉桂酸的顺、反异构体的吸收如下：

$\lambda_{max}=280nm$　$\varepsilon_{max}=13500$　　　　$\lambda_{max}=295nm$　$\varepsilon_{max}=27000$

同一化学式的多环二烯，可能有两种异构体：一种是同环二烯，是顺式异构体；另一种是异环二烯，是反式异构体。一般来说，异环二烯的吸收带强度总是比同环二烯的大。

（2）互变异构体的判断　某些有机化合物在溶液中可能有两种以上的互变异构体处于动态平衡中，这种异构体的互变过程常伴随有双键的移动及共轭体系的变化，因此也产生吸收光谱的变化。最常见的是某些含氧化合物的酮式与烯醇式异构体之间的互变。例如乙酰乙酸乙酯就是酮式与烯醇式两种互变异构体。

$$H_3C-\overset{O}{\underset{}{C}}-CH_2-\overset{O}{\underset{}{C}}-OC_2H_5 \rightleftharpoons H_3C-\overset{OH}{\underset{}{C}}=CH-\overset{O}{\underset{}{C}}-OC_2H_5$$

它们的吸收特性不同，酮式异构体在近紫外光区的 λ_{max} 为 272nm（ε_{max} 为 16），是 n − π^* 跃迁所产生 R 吸收带。烯醇式异构体的 λ_{max} 为 243nm（ε_{max} 为 16000），是共轭体系 π − π^* 跃迁的 K 吸收带。两种异构体的互变平衡与溶剂有密切关系。在像水这样的极性溶剂中，由于 —C=O 可能与 H_2O 形成氢键而降低能量以达到稳定状态，所以酮式异构体占优势：

$$H_3C-\overset{}{\underset{}{C}}-CH_2-\overset{}{\underset{}{C}}-OC_2H_5$$

而像乙烷这样的非极性溶剂中，由于形成分子内的氢键，且形成共轭体系，使能量降低以达到稳定状态，所以烯醇式异构体比率上升：

$$H_3C-\overset{O-H\cdots O}{\underset{}{C}}=\overset{}{\underset{H}{C}}-\overset{}{\underset{}{C}}-OC_2H_5$$

此外，紫外 − 可见分光光度法还可以判断某些化合物的构象（如取代基是平伏键还是直立键）以及进行定量分析等。

实验 10. 紫外 − 可见分光光度法测定硫酸阿托品注射液中的含量

1. 实验目的
(1) 学会使用紫外 − 可见分光光度计。
(2) 掌握吸收光谱曲线的测定、波长选择以及标准曲线的绘制。

2. 实验原理
在 pH = 5.6 的缓冲液中，阿托品（B）与氢离子结合成盐（BH^+），与酸性染料溴甲酚绿在此 pH 下电离出来的阴离子（In^-）定量地结合成离子缔合物（$BH^+ In^-$），该缔合物能被三氯甲烷定量地萃取，在 $\lambda_{max} = 420nm$ 处测定三氯甲烷提取液的吸光度，根据标准曲线，可求得硫酸阿托品的含量。

3. 仪器及试剂
(1) 仪器　紫外 − 可见分光光度计，移液管，分液漏斗，50mL，100mL 容量瓶若干只。
(2) 试剂　0.250 mg/mL 硫酸阿托品溶液：准确称量 25.0 mg 分析纯硫酸阿托品，用蒸馏水溶解，转入 100mL 容量瓶中，并稀释至刻度，混匀。
0.50 mg/mL 溴甲酚绿溶液：称取溴甲酚绿 50mg 和 1.021g 的邻苯二甲酸氢钾，加入

0.2mol/mL NaOH 溶液 6.0mL 使溶解，转移到 100mL 容量瓶中，并稀释至刻度，混匀，若出现浑浊，则过滤。

（3）试样　精确称量硫酸阿托品注射液若干（约含硫酸阿托品 2.5mg），用少量蒸馏水溶解后，转移到 50mL 的容量瓶中，并稀释至刻度，混匀。

4．操作步骤

（1）开机，仪器完成自检后，按"MODE"，选择吸光度"A"。将波长设定在待测范围内，预热 20 min。

（2）测定吸收光谱，选择测量波长。

① 分别用移液管移取 0.250 mg/mL 硫酸阿托品溶液 5ml、4ml、3ml、2ml 和 1ml 放入五个分液漏斗中，并分别加入 5mL、4mL、3mL、2mL 和 1mL 的溴甲酚绿溶液，摇荡，各加入 10mL 的三氯甲烷，充分摇荡，静置分层，分出澄清的三氯甲烷液作为待测的标准溶液，以 3mL 试样代替硫酸阿托品溶液，按照同样操作得到的三氯甲烷液为待测的试样液（以 3mL 的水按照同法平行操作所得到的三氯甲烷液作为参比）。

② 放入待测的三氯甲烷标准溶液，在波长 320～600nm 范围内扫描测定不同波长下的吸光度，得到吸收光谱，并选择最大吸收波长作为测量波长。

（3）绘制标准曲线　放入参比液，按"100％T"，自动调至 A = 0.000。用 1 cm 比色皿，在最大吸收波长处测定各标准溶液的吸光度。以硫酸阿托品溶液的含量（μg/mL）为横坐标，对应的吸光度值为纵坐标绘制标准曲线。

（4）样品含量测定　放入参比液，按"100％T"，自动调至 A = 0.000。用 1 cm 比色皿，在最大吸收波长处测定待测的试样液的吸光度，然后在标准曲线上查出对应的试样液中硫酸阿托品含量（μg/mL）。

5．注意事项

（1）测定吸收光谱时，一般在 280～290 nm 范围内间隔 2 nm 或 1nm，在 290 nm 后可间隔 5nm；每改变一次波长，都应该用参比溶液调"100％ T"为 100，A 为 0.00。

（2）试样和标准溶液的测定条件应保持一致。

（3）小心不要打破比色皿，比色皿光学玻璃面要用镜头纸擦拭。

（4）绘制吸收曲线或标准曲线应使用方格坐标纸或作图软件。

第九节　红外吸收光谱仪

一、基本原理

1．光的本质

光是一种电磁波，具有波粒二相性。其波动性可用波长（λ）、频率（ν）和波数（$\bar{\nu}$）来描述。按量子力学，其关系为：

$$\nu = \frac{c}{\lambda} = c\,\bar{\nu}$$

式中，c 为光速，$c = 3 \times 10^{-8} m/s$。其微粒性可用光量子的能量来描述：

$$E = h\nu = \frac{hc}{\lambda}$$

式中，E 为量子的能量，单位为 J；h 为普朗克常数，其值为 6.63×10^{-34} J·s。

上式表明，分子吸收电磁波，从低能级跃迁到高能级，其吸收光的频率与吸收能量之间的关系。由此可见，λ 与 E、ν 呈反比。

2．分子运动形式

分子并不是坚硬的刚体，在分子中，除了电子相对于原子核的运动外，还有核间相对位移引起的振动和转动。这三种运动能量都是量子化的，并对应有一定能级。在每一电子能级上有许多间距较小的振动能级，在每一振动能级上又有许多更小的转动能级。在分子振动中，又存在着两种基本振动形式，即伸缩振动和弯曲振动。伸缩振动伴随着键长的伸长和缩短，需要较高的能量，往往在高频区产生吸收；弯曲振动（或变角振动）包括面内弯曲和面外弯曲振动，伴随着键角的扩大或缩小，需要较低的能量，通常在低频区产生吸收。分子中各种振动能级的跃迁同样是量子化的，并且在红外区内。如果用频率连续改变的红外光照射分子，当分子中某个化学键的振动频率和红外光的振动频率相同时，就产生了红外吸收。需要指出的是，并非所有的振动都会产生红外吸收，只有那些偶极矩的大小和方向发生变化的振动，才能产生红外吸收，这称为红外吸收光谱的选择规律。

二、红外光谱仪

红外光谱仪（红外分光光度计）是用来测定化合物分子红外光谱的仪器（图 3.19）。其原理与紫外可见分光光度计类似。红外吸收光谱可由红外光谱仪测得。

图 3.19　红外光谱仪

红外辐射源是由硅碳棒发出，硅碳棒在电流作用下发热并辐射出 $2 \sim 15\mu m$ 范围的连续红外辐射光。这束光被反射镜折射成可变波长的红外光，并分为两束。一束是穿过参比池的参比光；另一束是通过样品池的吸收光。由于样品不同程度地吸收了某些频率的红外光，因此穿过样品池而到达红外辐射检测器的光束的强度就会相应地变化，因而在检测器内产生了不同强度的吸收信号，红外光谱仪就会将吸收光束与参比光束做比较，并通过记录仪记录在图纸上形成红外光谱图。

由于玻璃和石英几乎能吸收全部的红外光，因此不能用来作样品池。制作样品池的材料应该是对红外光无吸收，以避免产生干扰。常用的材料有卤盐，如氯化钠和溴化钾等。

三、红外吸收光谱的表示方法

红外光谱（infrared spectroscopy），简称 IR。主要用来迅速鉴定分子中含有哪些官能团，以及鉴定两个有机化合物是否相同。用红外吸收光谱和其他几种波谱技术结合，可以在较短的时间内完成一些复杂的未知物结构的测定。

红外吸收光谱法是通过研究物质结构与红外吸收光谱间的关系，来对物质进行分析的，红外吸收光谱可以用吸收峰谱带的位置和峰的强度加以表征。测定未知物结构是红外光谱定性分析的一个重要用途。根据实验所测绘的红外光谱图的吸收峰位置、强度和形状，利用基团振动频率与分子结构的关系，可确定吸收带的归属，确认分子中所含的基团或键，并推断分子的结构。

红外吸收光谱是测量一个有机化合物所吸收的红外光的频率和波长，一般最有用的红外区域的频率范围在 $4000 \sim 650 \mathrm{cm}^{-1}$（波数）。分子吸收红外光能，使分子的振动由基态激发到高能态，产生红外吸收光谱。图 3.20 为阿司匹林的红外吸收光谱。图中横坐标为频率或波长，纵坐标为吸收百分比率或透过百分比率。

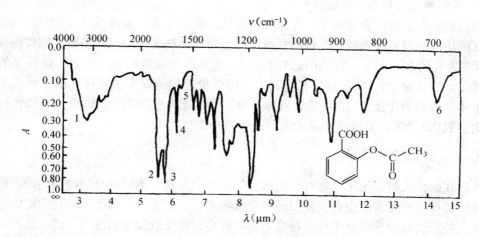

图 3.20 阿司匹林在 $CHCl_3$ 中的红外吸收光谱图谱

横坐标：波数（ν）$400 \sim 4000 \ \mathrm{cm}^{-1}$；表示吸收峰的位置。

纵坐标：透过率（$T\%$），表示吸收强度。T 越小，表明吸收的越好，故曲线低谷表示是一个好的吸收带。

四、样品的制备

1. 固体样品的制法（溴化钾压片法）

固体样品的制备需用玛瑙研钵、压片模具和压片机进行压片。（图 3.21）

玛瑙研钵　　　　　模具　　　　　手动压片机

图 3.21 溴化钾压片法中常用的压片机及其配套设备

从干燥器中将模具、溴化钾晶体取出，在红外灯下用镊子取酒精药棉，将所用的玛瑙研钵、刮匙、压片模具的表面等擦拭一遍，烘干。用镊子取约 200~300mg 无水溴化钾与约 2~3mg 试样于玛瑙研钵中，将其研碎成细粉末并充分混匀。用剪子将一直径约 1.5cm 的硬纸盘片剪成内圆直径约 1.3cm 的纸环，并放在一模具面中心。用刮匙把磨细的粉末均匀地放在纸环内，盖上另一块模具，放入压片机中进行压片。压好的溴化钾盘片在样品架上夹好，放入红外光谱仪中扫谱测试。

压片机的操作：先将注油孔螺钉旋下，顺时针拧紧放油阀，将模具置于工作台的中央，用丝杠拧紧后，前后摇动手动压把，达到所需压力（6~7MPa），保压数分钟后，逆时针松开放油阀，取下模具即可。

2．液体样品的制备（液膜法）

油状或黏稠液体，直接涂于 KBr 晶片上测试。流动性大，沸点低（≤100℃）的液体，可夹在两块溴化钾晶片之间，在可拆式液池的金属板上垫上垫圈，在垫圈上放置两片溴化钾盐片（无孔的盐片在下，有孔的盐片在上），然后将金属盖旋紧（注意：盐片上的孔要与金属盖上的孔对准），将盐片夹紧在其中。用微量进样器取少量液体，从金属盖上的孔中将液体注入到两片盐片之间（要让液体充分扩散，充满整个视野）即可。对极性样品的清洗剂一般用 $CHCl_3$，非极性样品清洗剂一般用 CCl_4。

五、红外光谱图解析

人们在研究大量有机化合物红外光谱图的基础上发现，不同化合物中相同的官能团和某些化学键在红外光谱图中有大体相同的吸收频率，一般称之为官能团或化学键的特征吸收频率。特征吸收频率受分子具体环境的影响较小，在比较狭窄的范围出现，彼此之间极少重叠，且吸收强度较大，很容易辨认，这是红外光谱用于分析化合物结构的重要依据。为了便于解析图谱，通常把红外光谱分为两个区域：官能团区和指纹区。

官能团区：波数 4000~1400cm^{-1} 的频率，吸收主要是由于分子的伸缩振动引起的，常见的官能团在这个区域内一般都有特定的吸收峰。

指纹区：<1400cm^{-1} 的频率，其间吸收峰的数目较多，是由化学键的弯曲振动和部分单键的伸缩振动引起的，吸收带的位置和强度随化合物而异。如同人彼此有不同的指纹一样，许多结构类似的化合物，在指纹区仍可找到它们之间的差异。因此指纹区对鉴定化合物起着非常重要的作用。如未知物的红外光谱图在指纹区中与某一标准样品相同，就可以初步判定它和标准样品是同一化合物。

分析红外光谱的顺序是先官能团区，后指纹区；先高频区，后低频区；先强峰，后弱峰。即先在官能团区找出最强的峰的归宿，然后再在指纹区找出相关峰。对许多官能团来说，往往不是存在一个而是存在一组彼此相关的峰，就是说，除了主证，还需有佐证才能证实其存在。本书后面附表中列出了详细的官能团和化学键的红外特征吸收频率，以便于查阅。

实验 11．局部麻醉药苯佐卡因的红外光谱测定及结构分析

1．实验目的

（1）练习溴化钾压片法制备固体样品的方法。

（2）学习红外光谱仪的使用方法及压片技术。

（3）学会简单有机物红外光谱图的解析。

2．实验原理

物质分子中的各种不同基团，在有选择地吸收不同频率的红外辐射后，发生振动能级之间的跃迁，形成具有鲜明特征性的红外吸收光谱。由于其谱带的数目、位置、形状和强度均随化合物及其聚集状态的不同而不同，因此根据化合物的光谱，就可以像辨别人的指纹一样，确定该化合物中可能存在的某些官能团，进而推断未知物的结构。当然，如果分子比较复杂，还需要结合其他实验资料（如紫外光谱、核磁共振谱以及质谱等）来推断有关化合物的化学结构。最后可通过与未知样品相同测定条件下得到的标准样品的谱图或查阅标准谱图集（如"萨特勒"红外光谱图集）进行比较分析，做进一步证实。

3．仪器及试剂

（1）仪器　傅立叶变换红外光谱仪、压片机、模具、玛瑙研钵、红外灯。

（2）试剂　除特别注明，所有试剂均为分析纯。溴化钾（使用前于130℃下干燥24 h，存于干燥器中）；苯佐卡因使用前在干燥器中干燥24 h。

4．操作步骤

测绘苯佐卡因的红外吸收光谱（溴化钾压片法）。

（1）扫描空气本底　红外光谱仪中不放任何物品，从4000～400cm⁻¹进行波数扫描。

（2）扫描固体样品　取 1mg 左右的苯佐卡因（已干燥），在玛瑙研钵中充分磨细后，再加入400mg 干燥的溴化钾粉末，继续研磨至完全混合均匀，并将其在红外灯下烘 10 min 左右。取出 100 mg 装于干净的压模内（均匀铺洒并使中心凸起）于压片机上在 20 MPa 压力下制成透明薄片。将此片装于样品架上，插入红外光谱仪的试样安放处，从4000～400cm⁻¹进行波数扫描，得到吸收光谱。最后，取下样品架，取出薄片，将模具、样品架擦净收好。

5．思考题

（1）指出苯佐卡因红外吸收光谱图上主要吸收峰的归属。

（2）在含氧有机化合物中，如在 1900～1600 cm⁻¹区域中有强吸收带出现，能否判定分子中有羰基存在？

第十节　核磁共振氢谱

核磁共振谱（nuclear magnetic resonance spectroscopy，NMR）。核磁共振技术是珀塞尔（Purcell）和布洛齐（Bloch）始创于 1946 年，至今已有近 60 年的历史。自 1950 年应用于测定有机化合物的结构以来，经过几十年的研究和实践，发展十分迅速，现已成为测定有机化合物结构不可缺少的重要手段。

从原则上说，凡是自旋量子数不等于零的原子核，都可发生核磁共振。但到目前为止，有实用价值的实际上只有^1H，叫氢谱，常用^1HNMR表示；^{13}C 叫碳谱，常用$^{13}CNMR$表示。

一、基本知识

1．核的自旋与磁性

氢原子核就像电子一样也是一个带电微粒，当自旋时，可产生一个磁场，因此，我们可以把一个自旋的原子核看作一块小磁铁。氢的自旋量子数 $I = 1/2$，根据量子力学，在外加磁场 H_0 中，氢原子核可以有 $2I+1$ 种不同取向，即 m_s 为 $+1/2$，$-1/2$。

2．核磁共振现象

原子核磁矩在无外磁场影响下，取向是紊乱的，在外磁场 H_0 中，它的取向是量子化的，氢原子核在外磁场中有两种可能的取向。（图 3.22）

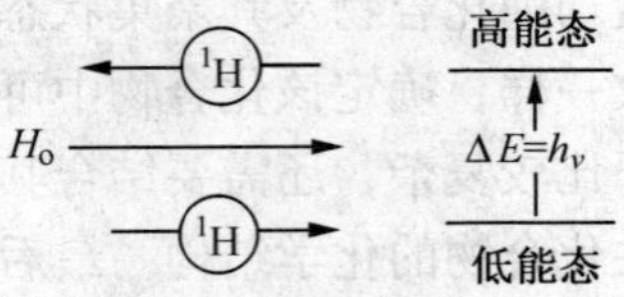

当 $m_s = +1/2$ 时，取向方向与外磁场方向平行，为低能级（低能态）。

当 $m_s = -1/2$ 时，取向方向与外磁场方向相反，则为高能级（高能态）。

两个能级之差为 ΔE：

$$\Delta E = r \frac{h}{2p} H_0$$

式中，r 为旋核比，是一个核常数；h 为并常数，$6.63 \times 10^{-34} \text{J·s}$。

ΔE 与磁场强度（H_0）呈正比。给处于外磁场的质子辐射一定频率的电磁波，当辐射所提供的能量恰好等于质子两种取向的能量差（ΔE）时，质子就吸收电磁辐射的能量，从低能级跃迁至高能级，这种现象称为核磁共振。

图 3－22　氢原子在外加磁场中的取向

3．核磁共振谱仪及核磁共振谱的表示

（1）核磁共振谱仪基本原理示意　如图 3.23 所示，装有样品的玻璃管放在磁场强度很大的电磁铁的两极之间，用恒定频率的无线电磁波照射通过样品。在扫描发生器的线圈中通直流电流，产生一个微小磁场，使总磁场强度逐渐增加，当磁场强度达到一定的值 H_0 时，辐射所提供的能量恰好等于样品中某一类型质子两种取向的能量差（ΔE）时，该类型的质子发生能级跃迁，这时产生吸收，接受器就会收到信号，由记录器记录下来，得到核磁共振谱。

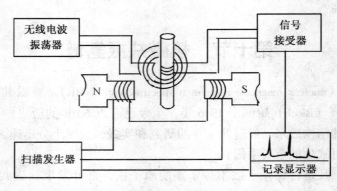

图 3.23　核磁共振谱仪基本原理示意

(2) 核磁共振谱图的表示方法（图 3.24）

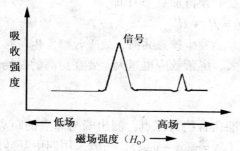

若固定 H_0，改变 v，叫扫频。
固定 v，改变 H_0，叫扫场。
两种方式的共振仪得到的谱图相同，
实验室多数采用扫场方法，如 100MHz、
400MHz、900MHz 就是指电磁波频率。

图 3.24 核磁共振谱示意

二、屏蔽效应和化学位移

1. 化学位移

氢质子（^1H）用扫场的方法产生的核磁共振，理论上都在同一磁场强度（H_0）下吸收，只产生一个吸收信号。实际上，分子中各种不同环境下的氢，在不同 H_0 下发生核磁共振，给出不同的吸收信号。例如，对乙醇进行扫场则出现三种吸收信号，在谱图上就是三个吸收峰。如图 3.25 所示。

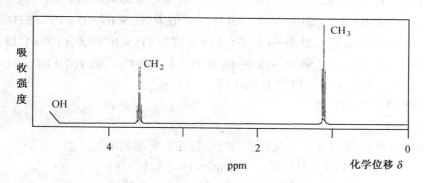

图 3.25 乙醇的核磁共振氢谱图

这种由于氢原子在分子中的化学环境（周围电子）不同，引起核磁共振信号位置的变化称为化学位移，用 δ 表示。

2. 屏蔽效应

屏蔽效应是引起化学位移产生的根本原因。这是由于有机物分子中不同类型质子的周围的电子云密度不一样，在加磁场作用下，引起电子环流，电子环流围绕质子产生一个感应磁场（H'），这个感应磁场使质子所感受到的磁场强度减弱了，即实际上作用于质子的磁场强度比 H_0 要小。这种由于电子产生的感应磁场对外加磁场的抵消作用称为屏蔽效应。（图 3.26）

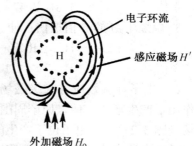

图 3.26 电子对质子的屏蔽作用

在有 H′时，氢核实受外磁场强度 $H = H_o - H'$ 未达到跃迁的能量，不能发生核磁共振。要使氢核发生核磁共振，则外磁场强度必须再加一个 H′即：

$$H_{共振} = H_o + H'$$

也就是说，氢核要在较高磁场强度中才能发生核磁共振，故吸收峰发生位移，在高磁场强度出现时，氢核周围的电子云密度越大，屏蔽效应也越大，要在更高的磁场强度中才能发生核磁共振，出现吸收峰。

3．化学位移值

化学位移值的大小，可采用以一个标准化合物为原点，测出峰与原点的距离的方法，而峰与原点的距离就是该峰的化学位移值（$\Delta\nu = \nu_{样品} - \nu_{TMS}$），一般采用四甲基硅烷为标准物（英文简称 TMS）。

化学位移是依赖于磁场强度的。不同频率的仪器测出的化学位移值是不同的，例如测乙醚时：用频率 60MHz 的共振仪测得 $\Delta\nu$，—CH_3 为 69Hz，—CH_2—为 202Hz。用频率 100MHz 的共振仪测得 $\Delta\nu$，—CH_3 为 115Hz，—CH_2—为 337Hz。

为了使在不同频率的核磁共振仪上测得的化学位移值相同（不依赖于测定时的条件），通常用 δ 来表示，δ 的定义为：

$$\delta = \left(\frac{\nu_{样品} - \nu_{TMS}}{\nu_{仪器所用频率}} \right) \times 10^6 \qquad 标准化合物 TMS 的 \delta 值为 0。$$

由此可得，60MHz 时乙醚中—CH_3 的 H 的 δ 值为 $69 \times 10^6 / 60 \times 10^6 = 1.15$，

60MHz 时乙醚中—CH_2—的 H 的 δ 值为 $202 \times 10^6 / 60 \times 10^6 = 3.37$。

100MHz 时乙醚中—CH_3 的 H 的 δ 值为 $115 \times 10^6 / 100 \times 10^6 = 1.15$，

100MHz 时乙醚中—CH_2—的 H 的 δ 值为 $337 \times 10^6 / 100 \times 10^6 = 3.37$。

这样，就得到各种不同结构的 H 的 δ 值。

4．影响化学位移的因素

（1）诱导效应

1° 烷烃中 δ 值随着邻近原子或原子团的电负性的增加而增加。如：

	CH_3—H	CH_3—Br	CH_3—Cl	CH_3—NO_2
δ 值	0.23	2.69	3.06	4.29

2° 烷烃中 δ 值随着 H 原子与电负性基团距离的增大而减小。如：

$$CH_3—CH_2—CH_2—Cl$$

δ 值　　1.06　1.81　3.47

3° 烷烃中 H 的 δ 值按伯、仲、叔次序依次增加。如：

	CH_3—H	RCH_2—H	R_2CH—H	R_3C—H
δ 值	0.2	1.1	1.3	1.5

（2）电子环流效应（次级磁场的屏蔽作用）　烯烃、醛、芳环等中，π 电子在外加磁场作用下产生环流，使氢原子周围产生感应磁场，其方向与外加磁场相同，即增加了外加磁场（图 3.27），氢原子位于产生的感应磁场与外加磁场相同方向的去屏蔽区，所以在外加磁场强度还未达到 H_o 时，就发生能级的跃迁。故吸收峰移向低场，δ 值增大很多（$\delta = 4.5 \sim 12$）。

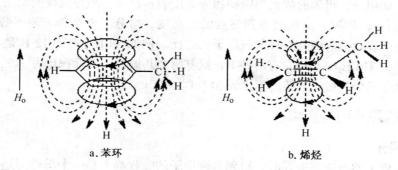

a.苯环   b.烯烃

图 3.27　苯环、烯烃的 π 电子所产生的感应磁场

叁键的 π 电子是筒状的，叁键上的氢受到感应磁场的作用，处在屏蔽区（处在感应磁场与外加磁场对抗区），所以尽管叁键的 π 电子比双键多，但其上的氢的化学位移却比双键上的氢的化学位移小得多，但比乙烷上氢的化学位移还是大的。（图 3.28）

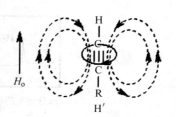

图 3.28　叁键 π 电子所产生的感应磁场

（3）氢键的影响　键合在电负性大的原子上的 H，如 O – H，N – H，可能形成氢键。氢键是起去屏蔽作用，形成氢键的 H 的化学位移比没有形成氢键的 H 的化学位移大，出现在低场。例如，醇分子中—OH 上的 H 形成氢键时，$\delta = 3.5 - 5.5$；酸分子中—OH 上的 H 形成氢键时，$\delta = 10 - 13$。

（4）其他因素影响　范德华效应、温度、溶液都会影响化学位移，所以一般在 H – NMR 谱图上都标注，使用的溶剂和测定温度等。

三、峰面积与氢原子数目

在核磁共振谱图中，每一组吸收峰都代表一种氢，每种共振峰所包含的面积是不同的，其面积之比恰好是各种氢原子数之比。如乙醇中有三种氢，其谱图为图 3.29。

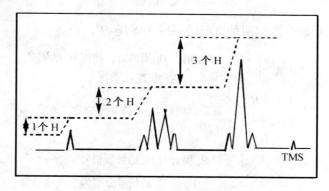

图 3.29　乙醇氢谱积分曲线示意

故核磁共振谱不仅揭示了各种不同 H 的化学位移，并且表示了各种不同氢的数目。共振峰的面积大小一般是用积分曲线高度法测出，是核磁共振仪上带的自动分析仪对各峰

的面积进行自动积分，得到的数值用阶梯积分高度表示出来。积分曲线的画法是由低场到高场（从左到右），从积分曲线起点到终点的总高度，与分子中全部氢原子数目呈比例。每一阶梯的高度表示引起该共振峰的氢原子数之比。例如（CH_3）$_4$C 中 12 H 是相同的，因而只有一个峰；$CH_3CH_2OCH_2CH_3$ 有两种 H，就有两个共振峰，其面积比为 3:2；CH_3CH_2OH 有三种 H，就有三个共振峰，其面积比为 3:2:1。

四、峰的裂分和自旋偶合

1. 峰的裂分

应用高分辨率的核磁共振仪时，得到等性质子的吸收峰不是一个单峰而是一组峰的信息。这种使吸收峰分裂增多的现象称为峰的裂分。例如乙醚的裂分如图 3.30。

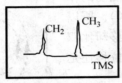

低分辨率的核磁共振仪

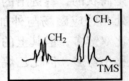

高分辨率的核磁共振仪

图 3.30　高分辨率的核磁共振仪下峰的裂分示意

2. 自旋偶合

裂分是因为相邻两个碳上质子之间的自旋偶合（自旋干扰）而产生的。我们把这种由于邻近不等性质子自旋的相互作用（干扰）而分裂成几重峰的现象称为自旋偶合。

（1）自旋偶合的产生（以溴乙烷为例）　两个 H_a 为等价氢；三个 H_b 为等价氢；我们讨论 H_a、H_b 的相互偶合情况。

$$H_b-\underset{\underset{H_b}{\overset{H_b}{|}}}{C}-\underset{\underset{H_a}{\overset{H_a}{|}}}{C}-Br$$

H_a 在外磁场中自旋，产生两种方向的感应小磁场 H'。

$$H_a \underline{\quad 自旋 \quad} \begin{cases} +H' \\ -H' \end{cases}$$ H' 作用于 H_b 周围时，使得 H_b 的实受磁场有两种情况：

$$H_b \begin{cases} H_o + H' \\ H_o - H' \end{cases}$$ 这样就使得 H_b 的信号分裂为二重峰。

未受到 H_a 偶合时 H_b 的吸收信号

一个 H_a 使 H_b 的信号分裂为二重峰

H_b 实受磁场　　　$H_o + H'$　　　$H_o - H'$

当两个 H_a 的自旋磁场作用于 H_b 时，其偶合情况（图 3.31）为：

$$\text{H}_b \text{ 的实受磁场为} \begin{cases} H_o + H' + H' = H_o + 2H' & (\uparrow\ \uparrow) \\ H_o + H' - H' = H_o & (\uparrow\ \downarrow) \\ H_o - H' + H' = H_o & (\downarrow\ \uparrow) \\ H_o - H' - H' = H_o + 2H' & (\downarrow\ \downarrow) \end{cases}$$

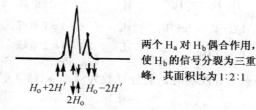

两个 H_a 对 H_b 偶合作用,使 H_b 的信号分裂为三重峰,其面积比为 1:2:1

图 3.31　两个 H_a 对 H_b 偶合作用示意

　　同上讨论,三个 H_b 对 H_a 的偶合作用可使 H_a 分裂为四重峰,其面积比为 1:3:3:1,如图 3.32 所示。

　　(2) 偶合常数　偶合使得吸收信号裂分为多重峰,多重峰中相邻两个峰之间的距离称为偶合常数(J),单位为赫(Hz)。J 的数值大小表示两个质子间相互偶合(干扰)的大小。当 H_a 和 H_b 化学位移之差($\Delta\nu$)与偶合常数(J_{ab})(图 3.33)之比大于 6 以上时,可用上述方法来分析自旋裂分的信号,当 $\Delta\nu$ 接近或小于 J_{ab} 时,则出现复杂的多重峰。

　　(3) 自旋偶合的条件

　　① 磁等性质子之间不发生偶合。

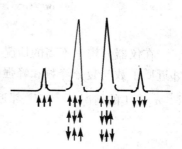

图 3.32　三个 H_b 对 H_a 的偶合作用示意

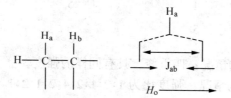

图 3.33　H_a 和 H_b 之间的偶合常数(J_{ab})示意

　　② 两个磁不等性质子相隔三个 s 键以上时,则不发生偶合。

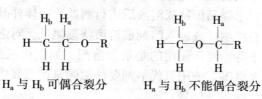

H_a 与 H_b 可偶合裂分　　　　　　　H_a 与 H_b 不能偶合裂分

　　③ 同碳上的磁不等性质子可偶合裂分。

3. 裂分峰数的计算

当邻近氢原子只有一种磁不等性氢时，裂分峰数用 $n + 1$ 规则来计算（n——邻近磁不等性氢个数；$n + 1$——裂分峰数）

例如：

$$\underset{\substack{| \\ CH_3}}{\overset{\substack{H_c \ H_b \ O \ H_a}}{H_2C-C-C-CH_2}}$$

H_a	单峰
H_b	$6 + 1 = 7$ 重峰
H_c	$1 + 1 = 2$ 重峰

当邻近氢原子有几种磁不等性氢时，裂分峰数为 $(n + 1)(n' + 1)(n'' + 1)$。

例如：

$$\underset{Br-C-C-C-Cl}{\overset{\substack{c \quad b \quad a \\ H_2 \ H_2 \ H_2}}{}}$$

H_a	$2 + 1 = 3$	重峰
H_b	$(2+1)(2+1) = 9$ 重峰	
H_c	$2 + 1 = 3$	重峰

在仪器分辨率不高的情况下，只用 $n + 1$ 来计算，则上述 H_b 只有 $n + 1 = 5$ 重峰。

邻近质子数与裂分峰数和峰强度的关系：

$n + 1$ 的情况	邻近氢数	裂分峰数	裂分峰强度
0	1	1	
1	2	1:1	
2	3	1:2:1	
3	4	1:3:3:1	
4	5	1:4:6:4:1	
5	6	1:5:10:10:5:1	

$(1 + 1)(1 + 1)$ 的情况：四重峰，具有同样的强度。

$(2 + 1)(2 + 1)$ 的情况：强度比为 1:2:1:2:4:2:1:2:1。特征不明显，通常不易分辨出来。

五、测试技术

高分辨核磁共振谱要求样品配制成溶液后进行测试。固体样品可溶于合适的溶剂中成溶液状态，液体样品可直接测试或加入溶剂成溶液状态测试。对溶剂的要求是：易溶解样品，化学惰性，不含质子等。经常使用的是氘代溶剂，如氘代三氯甲烷、重水、氘代苯、氘代丙酮、氘代二甲基亚砜等。使用氘代溶剂要注意除氘代三氯甲烷外都有溶剂效应，其次要注意氘代溶剂中残留的质子信号。

有时使用不含质子的四氯化碳和二硫化碳溶剂，但溶解性能不好。如果使用含有质子的溶剂，不影响样品的信号时，也可使用与上述氘代溶剂相对应的普通溶剂。此外三氟化乙酸也可用作溶剂。高浓度的样品可得到优异的 ^1HNMR 谱，一般用 $5 \sim 10mg$ 的样品，溶解于 $0.5ml$ 左右的溶剂中测试。

六、核磁共振谱图的解析及应用

1. 应用

核磁共振谱图主要可以得到如下信息：

(1) 由吸收峰数可知分子中氢原子的种类。

(2) 由化学位移可了解各类氢的化学环境。

(3) 由裂分峰数目大致可知邻近氢的数目。

(4) 由各种峰的面积比即知各种氢的数目。

2. 谱图解析

例：化合物 $C_9H_{11}O$ 在 UV 中 260nm、285nm 有吸收；IR 谱中于 $1720cm^{-1}$ 有吸收；^1HNMR 谱在 $\delta 7.2$ 处（5H）单峰，$\delta 3.6$ 处（2H）单峰，$\delta 2.1$ 处（3H）单峰。试由上述光谱资料推测化合物的结构。

解：化合物的不饱和度为 5，可能含有苯环。

UV 谱中　　　　260nm 为苯环中碳碳双键的 $\pi - \pi^*$。285nm 为 $-\overset{|}{C}=O$ 中的 $n - \pi^*$。

IR 谱中　　　　$1720cm^{-1}$ 的吸收峰为 $-\overset{|}{C}=O$ 的伸缩振动吸收峰。

NMR 谱中　　　$\delta 7.2$（5H）单峰，为苯环上的 H。

　　　　　　　$\delta 2.1$（3H）单峰，为与 $-\overset{|}{C}=O$ 相连的甲基氢。

$\delta 3.6$（2H）单峰，为与苯环和 $-\overset{|}{C}=O$ 相连的—CH₂—上的氢，都为单峰，说明没有发生偶合。故该化合物的结构可推断为：

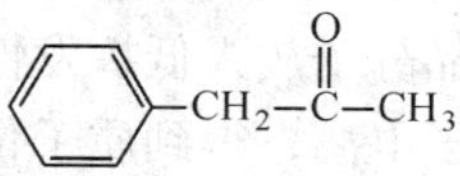

$$\text{〔苯环〕}-CH_2-\overset{\overset{O}{\|}}{C}-CH_3$$

第十一节　质　谱　法

质谱是利用带电荷的粒子在磁场中的偏转来进行测定的。样品被气化后，气态分子经过等离子化器（如电离），变成离子或打成碎片，所产生的离子（带电粒子）在高压电场中加速后，进入磁场，在磁场中带电粒子的运动轨迹发生偏转，然后到达收集器，产生信号，信号的强度与离子的数目呈正比，质荷比（m/z）不同的碎片（或离子）偏转情况不同，记录仪记录下这些信号就构成质谱图，不同的分子得到的质谱图不同，通过分析质谱图可确定分子量及推断化合物的分子结构。

近 20 年来质谱技术随着新颖电离技术、质量分析技术、与各种分离手段的联用技术以及二维分析方法的发展，已发展成为最广泛应用的分析手段之一。

一、基本原理

质谱仪包括进样系统、离子化室、质量分析器、离子检测器以及记录仪几大组成部分。

1．进样系统

（1）注射进样　适合于气体或易挥发液。

（2）探针进样　适合于高沸点液体或固体。不锈钢杆带一小蒸金坩埚，可调节加热温度，使样品气化。

2．离子化室

进样系统引入的气态样品分子在离子化室中，通过各种电离方式转化成离子。由于离子化所需要的能量随分子不同差异很大，因此，对于不同的分子应选择不同的离解方法。通常称能给样品较大能量的电离方法为硬电离方法，而给样品较小能量的电离方法为软电离方法，后一种方法适用于易破裂或易电离的样品。使物质电离的方法很多，如电子轰击、化学电离、火花电离、场致电离、光致电离以及电喷雾离子化等。

（1）电子轰击（EI）　电子轰击法是通用的电离法，使用高能电子束从试样分子中撞出一个电子而产生正离子，即：

$$M + e \rightarrow M^+ + 2e$$

式中，M 为待测分子，M^+ 为分子离子或母体离子。

在离子室内，用电加热锑或钨的灯丝到 2000℃，产生高速电子束，当气态试样由分子漏入孔进入电离室时，高速电子与分子发生碰撞，若电子的能量大于试样分子的电离电位，将导致试样分子的电离：

$$M + e（高速） \rightarrow M^+ + 2e（低速）$$

当电子轰击源具有足够的能量时，有机分子不仅可能失去一个电子形成分子离子，而且有可能进一步发生键的断裂，形成大量的各种低质量数的碎片正离子和中性自由基，这些碎片离子可用于有机化合物的结构鉴定。

（2）快原子轰击（FAB）　把样品分子放入低挥发性液体中，用高速中性原子来进行轰击，可使低挥发性的、热敏感的分子电离，得到质子化或碱金属离子化的分子离子。由于很容易在磁质谱或四极杆质谱上安装使用，因此得到广泛应用，分子量很容易达到 3000~4000。如果与带有后加速的多次反射阵列检测器的高性能磁质谱配合使用，可测分子量可达到 10000 以上，最高记录可达 25000。

（3）化学电离（CI）　电子轰击反应气成离子，再与待测试样分子反应而电离。在质谱中可以获得样品的重要信息之一是其分子量，但经电子轰击产生的 M^+ 峰，往往不存在或其强度很低。必须采用比较温和的电离方法，其中之一就是化学电离法。

化学电离法是通过"离子–分子反应"来进行，而不是用强电子束进行电离。离子（为区别于其他离子，称为试剂离子）与试样分子按一定方式进行反应，转移一个质子给试样或由试样移去一个 H^+ 或电子，试样则变成带 +1 电荷的离子。

化学电离源一般在 $1.3 \times 10^2 \sim 1.3 \times 10^3 Pa$（现已发展为大气压下化学电离技术）压强下工作，其中充满甲烷 CH_4。首先用高能电子，使 CH_4 电离产生 CH_5^+ 和 $C_2H_5^+$。即：

$$CH_4 + e \rightarrow CH_4^+ \cdot + 2e$$

$$CH_4^+ \cdot \rightarrow CH_3^+ + H \cdot$$

$CH_4^+ \cdot$ 和 CH_3^+ 很快与大量存在的 CH_4 分子起反应，即：

$$CH_4^+ \cdot + CH_4 \rightarrow CH_5^+ + CH_3 \cdot$$

$$CH_3^+ + CH_4 \rightarrow C_2H_5^+ + H_2$$

CH_5^+ 和 $C_2H_5^+$ 不再与中性甲烷进一步反应,一旦小量样品(试样与甲烷之比为 1:1000)导入离子源,试样分子(SH)发生下列反应:

$$CH_5^+ + SH \rightarrow SH_2^+ + CH_4$$

$$C_2H_5^+ + SH \rightarrow S^+ + C_2H_6$$

SH_2^+ 和 S^+ 然后可能碎裂,产生质谱。由(M + H)或(M - H)离子很容易测得其分子量。

(4)电喷雾离子化(ESI) 把分析样品通过常压电离源,使分子多重质子化而电离。由于生成多重质子化的分子离子可缩小质荷比,因此一个分子量为数万的生物大分子,如果带上几十个、上百个质子,质荷比可降低到 2000 以下,可以用普通的四极杆质谱仪分析,其次由于得到一组质荷比连续变化的分子离子峰,通过对这些多电荷分子离子峰的质量计算可以得到高度准确的平均分子量。第三是这种多重质子化的分子离子峰可进一步诱导碰撞活化,进行串联质谱分析。第四是这种电离技术的样品制备要求极低,溶于生物体液的样品分子或 HPLC 流出液都可直接引入常压电离源进行联机检测。

电喷雾离子化质谱(ESI – MS)由于可以产生多电荷峰,与传统的质谱相比扩大了检测的分子质量范围,同时提高了灵敏度,使用一种 M/Z 限制在一定范围的四极质谱,就可以分析分子质量超过 200ku 的蛋白质。另外 ESI – MS 方法产生一系列的多电荷峰,可以得到准确的分子量,它还可与 HPLC 和高效毛细管电泳(CE)分离方法相连接,扩大了质谱在生物领域的应用。

电喷雾现象的出现可以追溯到两个世纪之前,但真正把电喷雾作为一种电离方法的创新性研究大约是在 20 世纪 90 年代后才开始的,随后 ESI – MS 在生物大分子的研究领域进入了一个全新的发展阶段,到目前为止,该法已经能够分析质量范围大约在 200ku 的蛋白质。

(5)场致电离(FI) 电场(上万伏)阳极尖端将分子中电子拉出形成离子。场电离源由电压梯度约为 107 ~ 108V/cm 的两个尖细电极组成。流经电极之间的样品分子由于价电子的量子隧道效应而发生电离。电离后被阳极排斥出离子室并加速经过隧道进入质量分析器。

场离子化是一种温和的技术,产生的碎片很少。碎片通常是由热分解或电极附近的分子–离子碰撞反应产生的,主要为分子离子和(M + 1)离子,结构分析中,往往最好同时获得场离子化源或化学离解源产生的质谱图和用电子轰击源的质谱图,而获得分子量及分子结构的信息。

3. 质量分析器

质谱仪的质量分析器位于离子源和检测器之间,依据不同方式将样品离子按质荷比 m/z 分开。质量分析器的主要类型有:磁分析器、飞行时间分析器、四极滤质器、离子捕获分析器和离子回旋共振分析器等。

4. 检测与记录

质谱仪常用的检测器有法拉第杯、电子倍增器及闪烁计数器、照相底片等。现代质谱仪一般都采用较高性能的计算机对产生的信号进行快速接收与处理,同时通过计算机可以对仪器条件等进行严格的监控，从而使精密度和灵敏度都有一定程度的提高。

二、质谱法的特点

(1) 分析范围广。

(2) 可测定微小的质量和质量差。

(3) 分析速度快，几分钟一个样。

(4) 灵敏度高（10^{-9}）。

(5) 样品用量少，几个微克即可测定。

第十二节　波谱综合解析

一、四种谱图的特征及提供的结构信息

1. UV

紫外及可见吸收光谱提供的信息主要涉及化合物中所含的共轭体系或羰基、硝基等生色团以及与它们直接关联部分的结构。与红外吸收光谱类似，紫外吸收光谱通过谱图中吸收带的位置（即最大吸收波长 λ_{max}）、强度（摩尔吸光系数 ε）和形状提供有关分子的这些结构信息。根据吸收带的位置可以估计化合物中共轭体系的大小；吸收带的强度和形状有助于确定吸收带的归属（K 带、R 带或 B 带），从而判断生色团的类型；与生色团直接相连的助色团或其他取代基也会影响吸收带的位置，一些经验公式提供了这方面的信息。紫外及可见吸收光谱可提供的结构信息简要归纳如下：

(1) 在 200～800nm 区域内没有吸收（$\varepsilon < 1$），则可以推断被测化合物中不存在共轭双键、苯环、醛基、酮基、硝基、溴和碘。

(2) 在 210～250nm 区域有强吸收带（$\varepsilon \geqslant 10^4$），则可以推断分子中存在两个双键组成的共轭体系。

(3) 在 260～300nm 区域有高强度吸收带（$\varepsilon > 10^4$），则表示被测物中有 3～5 个双键组成的共轭体系，依据吸收带的具体位置可判断体系中共轭双键的个数。

(4) 在 270～300nm 之间有弱吸收带（$\varepsilon < 10^2$），表示羰基的存在。假如羰基的 α、β 位有双键存在，与之形成共轭体系，则吸收带发生红移，吸收强度也有所增大。

(5) 在 250～300nm 之间有中等强度的吸收带（ε 在 $10^2 \sim 10^4$）并显示不同程度的精细结构，说明苯环的存在；假如吸收带在 300nm 以上，并有明显的精细结构，说明存在稠环芳烃、稠环杂芳烃或它们的衍生物。

总体说来，紫外吸收光谱在有机化合物分析中的作用远不如质谱、核磁共振和红外吸收光谱，因为它只是化合物中生色团和助色团的特征，而不是整个分子结构的特征，单靠它提供的信息无法确定未知物的结构。但在一些特定情况下，例如确定双键的位置、确定共轭体系大小等方面，它比其他方法更为简便有效，因此结论也更为可靠。

2. IR

红外吸收光谱通过吸收峰的位置（基团振动频率）、强度及形状提供有关化合物的结构信息。由于红外吸收光谱是分子振动光谱，基团振动频率与组成基团的原子质量（即原

子种类）和化学键力常数（即化学键类型）有关，因此它能提供的最主要的结构信息是化合物中所含的官能团。

红外吸收光谱图一般可分为两大区域，高频部分 4000～1350cm^{-1} 是官能团特征频率区，1350～400cm^{-1} 为指纹区。两个区域的不同特点决定了它们在有机物结构分析中的不同地位和作用。基团特征频率区中的吸收峰数量不多，但特征性强，原则上每一个吸收峰都能找到归属，即某一窄的频率范围内吸收峰的出现能够明确指示某种官能团的存在。如 1700 cm^{-1} 附近出现的吸收峰指示了羰基的存在。基团特征频率区的主要用途是确定官能团，进而确定化合物的类型。这是红外吸收光谱在有机化合物分子结构测定中的最主要用途。指纹区的吸收峰多而复杂，大部分难以归属，但对分子整体结构却很敏感，分子结构的细微变化都能导致谱图的变化，除了少数同系物之外，每一个有机物都有其独特的指纹谱图，因此指纹区适合于用来与标准谱图对照，以确定被测物与某一已知物是否相同。基团特征频率区的解析和指纹区与标准谱图对照相结合，使红外吸收光谱能独立用于有机物结构分析。但对于复杂分子来说，单凭这一技术难以确定未知物结构。

与 ^{1}HNRM 及 UV 不同，IR 不能对吸收谱带做定量测定，这是由于通过样品的光不是单色的，测量的吸光度受到单色器狭缝宽度的影响很强烈。同时，谱带的形状还与扫描速度有关，故 IR 中的吸收强度通常用主观的分类，即很强（vs）、强（s）、中等（m）和弱（w）来表示。

还要注意的是样品或溶剂（常用 CCl_4 或 $CHCl_3$）中微量的水分也引起在 3600cm^{-1} 附近的吸收，有的还会观察到溶解的 CO_2（2320cm^{-1}）及硅油（1625cm^{-1}）等杂质峰的存在。

3. ^{1}HNMR

通过谱图中峰组个数、峰的位置（即化学位移）、自旋偶合情况（偶合常数 J 和自旋裂分）以及积分曲线高度比四种不同的信息直接提供化合物中含氢基团的情况，并间接涉及其他基团。氢谱中的峰组个数指示了化合物中不同种类的含氢基团的个数；从积分曲线高度比可以找出相应基团中氢原子数目的比例。在某种情况下，例如谱图中存在可识别的甲基或甲氧基、羧基上的氢或醛氢、取代苯等，可以确定基团中氢原子的具体数目；通过化学位移可以确定含氢基团的类型。对每一峰组自旋偶合裂分情况和偶合常数 J 的大小进行比较，可以找出某个基团和其他基团之间的信息，并且还能确定化合物的立体构型。例如，在谱中存在一组相关的三重峰和一组四重峰，则必有 CH_3CH_2— 的组合，在 1 左右的强单峰（积分曲线指示有九个 H）表示叔丁基的存在。

综合考虑化学位移、自旋偶合和积分曲线高度比，^{1}HNRM 可以明确鉴定乙基、异丙基、叔丁基、甲氧基、醛基、烯烃和苯环等基团，其中饱和碳氢基团的类型、个数和连接方式等是紫外、红外和质谱难以解决的问题。氢谱同时还能提供基团之间连接顺序的信息，以便描述整个分子结构。

4. MS

在有机化合物的质谱图中，各种离子或离子系列的质荷比及相对丰度提供了有机化合物的结构信息，这些信息主要是：化合物的分子量、化学式、所含官能团和化合物类型以及基团之间连接顺序。

（1）化合物分子量　这是质谱提供的最重要信息。在质谱图中确定分子离子峰是测定分子量的关键。一些结构不稳定的化合物在常规的电子轰击质谱中不产生分子离子峰或其丰度非常低，这时最好采用化学电离、快原子轰击等"软电离"技术来测定分子量。

(2) 化学式　推导未知物的化学式（即化合物的元素组成）是质谱的又一个重要用途。有两种方法可以推导化学式，一种是在低分辨质谱中的同位素丰度法，即利用分子离子与它的 [M+1]，[M+2] 等同位素离子的相对丰度比来推导其元素组成；另一种是利用高分辨质谱精密测定分子离子的精确质量，然后根据每一种同位素的原子量所特有的"质量亏损"推导出分子离子的元素组成。

同位素法是一个简便易行的推导化合物化学式的方法，但有一定的限制条件。当未知物的分子量不大，且质谱中分子离子峰的相对强度较大时，利用同位素丰度法能较好地推导出化学式。但随着化合物的分子量增大，低丰度的重同位素对 [M+1]、[M+2] 离子丰度的贡献不可忽略，且分子式的可能组成也大大增加，此法便不再适合了。当分子离子峰的相对丰度低于 5% 时，同位素丰度测定的相对误差较大，也不适宜使用上述方法。

在条件许可时，使用高分辨质谱测定分子离子的精密质量，然后由计算机计算推测其元素组成是最理想的方法。它比同位素丰度法精确，且在测定分子离子元素组成的同时，还可以同时测定主要碎片离子的元素组成，有利于进一步的结构分析。

(3) 官能团和化合物类型　质谱图中各种碎片离子的 m/z 和丰度提供有关化合物所含官能团和化合物类型的信息。通常碎片离子很多，为了从中获得有价值的信息，可从以下三个方面去研究。

①重要的低质量端离子系列。在低质量区，一个特定 m/z 的离子只有少数几个元素组成和结构的可能性。例如，m/z29，只有—C_2H_5 和—CHO 两种可能。但 m/z 大的离子峰，如 m/z129，则可排出上百种可能结构。研究重要的低质量端离子系列可以得到有关化合物类型的信息。

②高质量离子的研究。随着离子质荷比增大，可能结构的数目呈指数上升。因此，直接研究高质量离子很困难。通常是研究小的中性丢失，即研究分子离子与高质量碎片离子的质量差。这些小的中性丢失很容易得到有明确解释的结构信息。例如，[M-1]$^+$ 表示从分子离子中失去一个 H，一个强的 [M-1] 暗示存在一个活泼 H 和缺乏其他活泼基团，如苯甲醛的质谱图中就有强的 [M-1]$^+$ 峰，又如 [M-15]$^+$、[M-18]$^+$、[M-20]$^+$ 等总是表示分子离子失去—CH_3、H_2O、HF。

③特征离子　尽管离子的单分子裂解是多途径和多级反应，能生成许多碎片离子，但一些由于官能团存在而引发的简单断裂和重排反应生成的离子常常具有特殊的质量数。理论上它们有许多可能的组成和结构，但实际上只有少数具有特征性结构的基团才能在质谱中产生这些峰。例如苯基的 m/z77、苄基的 m/z91、胺的 m/z30、伯醇的 m/z31 等。了解特征离子所代表的结构对于确定化合物类型及所含官能团是非常有用的。

(4) 基团之间的连接和空间结构　质谱中一些重排离子（属于一类特征离子）的产生需要相关基团处于特定的空间位置，因此这些离子的存在能够提供分子中某些基团的连接次序或空间排列。例如，只有处在芳烃邻位的基团或烯烃顺式的基团才能发生消去一个小分子的重排反应，生成特征的奇电子离子。

在进行质谱分析工作时，绝对纯的样品实际上是很少遇到的。最常见的杂质来自溶剂或仪器中的污染物，也可能是油脂或不明高聚物或是反应产生的不纯副产物。它们往往导致谱图的复杂，在解析时要注意。

质谱所提供的结构信息极为丰富，且是各种波谱分析中所需样品量最少（～10^{-11}g）的，随着各种色谱－质谱技术的联用，如气相色谱－质谱联用技术的使用，使得小分子混合物样品的分析极为方便。近年来，由于电喷雾离子化（electrospray ionization，ESI）和傅立叶变换质谱的成功，解决了质谱分析对样品的分子量限制，使质谱分析在生物大分子领域也发挥了重要作用。

二、波谱综合解析

波谱各自能够提供大量结构信息和特点，致使波谱是当前鉴定有机物和测定其结构的常用方法。一般说来，除紫外光谱之外，其余三谱都能独立用于简单有机物的结构分析。但对于稍微复杂一些的实际问题，单凭一种谱学方法往往不能解决问题，而要综合运用这四种谱来互相补充、互相印证，才能得出正确结论。但是波谱综合解析的含意并非追求"四谱俱全"，而是以准确、简便和快速解决问题为目标，根据实际需要选择其中二谱、三谱或四谱的结合。

波谱综合解析并无固定的步骤，下面只是波谱综合解析的一般思路，在具体运用时应根据实际情况舍取。

1. 综合解析四谱的步骤

第一步：确定分子量。通常利用质谱来确定化合物的分子量。

第二步：计算不饱和度并推测化学式。一般有两种方法可推测化合物的化学式。

（1）数据分析法　首先根据质谱的分子离子峰和同位素峰及其相对强度，利用 Beynon 表选出一些可能的化学式；其次推测分子中 C、H 及杂原子数目；从而确定分子式。C 原子数除由 ^{13}C 谱外，还可用低分辨质谱的同位素丰度计算法获得；H 原子数目可由 ^{1}HNMR 谱的积分曲线高度比提供的信息得到；杂原子种类和数目可由 MS、IR、^{1}HNMR 谱提供部分信息。

（2）采用高分辨质谱仪进行精确分子量的测定。有了化学式，即可推测分子式。由分子式可以计算出被测化合物分子的不饱和度。

第三步：确定结构片断。四谱中，红外吸收光谱和核磁共振氢谱在确定结构单元方面的作用比较突出。红外吸收光谱主要提供含活泼氢基团和含叁键、双键的基团，如
—OH、—NH、—SH、$-\overset{|}{C}=\overset{|}{C}-$、$-\overset{|}{C}=N-$、$-\overset{|}{C}=O$、$-C≡C-$、$-N = C = O$、
$-C≡N$、$-\overset{|}{C}=S$、$-N=N-$、$-NO_2$、$-SO_3$、苯环等。氢谱主要提供碳氢基团 CH_3、CH_2、CH 以及它们组合的乙基、异丙基、叔丁基、长 CH_2 链、烯烃和苯环及取代类型，同时也能提供含杂原子的基团，如 CH_3O、CH_3CO 等。核磁共振氢谱的一个突出优点是它能指出分子的对称性和基团的个数，红外吸收光谱因谱峰的重叠而难以判断。从质谱中比较容易确定 Cl、Br、F、I 等杂原子。在特殊情况下，紫外和核磁共振碳谱提供很有用的信息。例如，用紫外确定大的共轭体系中共轭双键的个数。碳谱确定六取代的苯、四取代的烯烃等，这些基团在红外和核磁共振氢谱中都因缺少信息而容易遗漏。

第四步：列出结构片断并组成可能的分子结构。当结构单元确定之后，剩下的任务就是将小的结构单元组成较大的结构片断，最后列出可能的分子结构。在这方面核磁共振的化学位移和自旋偶合裂分以及质谱碎片离子质量非常有用。例如，对于化学位移分别为

2.1、2.3、3.0、3.3没有裂分的甲基峰，我们很容易知道它分别与羰基、苯环、氯和氧相连。如果是没有裂分的—CH_2—峰，情况就比较复杂，因为有两个基团影响它的化学位移。但在一定范围内，即官能团已经确定时，只能列出少数几个可能组合，再利用其他谱提供的信息进行筛选。例如，某未知化合物经过初步解析列出了两个可能的结构：$C_6H_5CH_2OCOCH_2CH_3$ 和 $C_6H_5OCH_2COCH_2CH_3$，用 ^1HNMR 不易判断，因为两个化合物两组 CH_2 化学位移很接近。若辅之于质谱数据，问题就很容易解决了。两个化合物在苯环的 β 位易发生断裂分别生成 m/z91 的苄基离子和 m/z93 的苯氧基离子。从上述例子可以看到质谱中碎片离子的质荷比对排列和核对结构片断或整个分子结构非常有用。

第五步：对可能结构进行"指认"。对于比较复杂的化合物，第四步常常会列出不止一个可能结构。因此，对每一种可能结构进行"指认"，然后选择出最可能的结构是必不可少的一步。即使在推测过程中只列出一个可能结构，进行核对以避免错误也是必要的。

所谓"指认"就是从分子结构出发，根据原理去推测各谱，并与实测的谱图进行对照。例如，利用一些经验规则来推测每一个可能结构中碎裂方式及碎片离子的质荷比。通过"指认"，排除明显不合理的结构。如果对各谱的"指认"均很满意，说明该结构是合理、正确的。

当推测出的可能结构有标准谱图可对照时，也可以用对照标准谱图的办法确定最终结果。当测定条件固定时，红外与核磁共振谱有相当好的重复性。若未知物谱与某一标准谱完全吻合，可以认为两者有相同的结构。同分异构体的质谱有时非常相似，因此单独使用质谱标准谱图时要注意。若有两种或两种以上的标准谱图用于对照，则结果相当可靠。

如果有几种可能结构与谱图均大致相符时，可以对几种可能结构中的某些碳原子或某些氢原子的δ值利用经验公式进行计算，由计算值与实验值的比较，得出最为合理的结论。

此外，在进行结构分析之前，首先要了解样品的来源，这样可以很快地将分析范围缩小。还必须了解样品是否为纯品，如果是混合物，需要通过各种分离技术，如柱色谱、纸色谱、薄层色谱、制备色谱等，有时还辅以蒸馏、重结晶等处理方法分离出待测物的纯样品。只有用纯样品作出的各种谱图，才能用于推断未知物结构。另外，应当尽量多了解一些试样的理化性质，这对结构分析很有帮助。

2. 波谱综合解析实例

例1：一化合物 A 的 IR 谱上在 1730cm^{-1} 处有强吸收，其 MS 和 ^1HNMR 谱如图 3.34 和图 3.35 所示，试推测该化合物的可能结构。

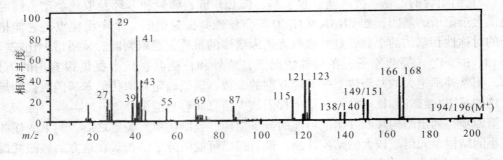

图 3.34　化合物 A 质谱图

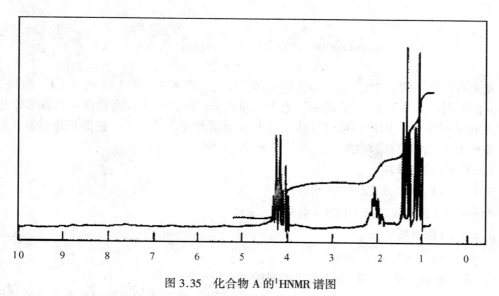

图 3.35　化合物 A 的 ^{1}HNMR 谱图

解：从质谱图可确定分子量为 194。由于 m/z 194，m/z 196 的相对丰度几乎相等，说明分子中含一个 Br 原子，从红外吸收光谱图 1730cm^{-1} 的吸收峰可知分子中含羰基，即含一个氧原子，^{1}HNMR 谱中，从低场到高场积分曲线高度比为 3：2：3：3，H 原子数目为 11 或其整数倍，C 原子数目可用下式计算：

C 原子数目 ＝（分子量－H 原子数目×1－杂原子量总和）/12
　　　　　＝（194－11－16－79）/12＝7 余 4

因不能整除，需用试探法调整。分析上述计算结果，余数 4 加 12 等于 16，因此可能另含一个氧原子。重新检查各谱，发现 ^{1}HNMR 中，处于低场 4 附近的一簇峰裂分形复杂，估计含有两种或更多 H 原子，而 Br 原子存在不能造成两种 H 的化学位移在低场，羰基也不能使邻近的 H 化学位移移到 4 处，因此存在另一个氧原子的判断是合理的。质谱图中 m/z 45、m/z 87 等碎片离子也说明有非羰基的氧存在。重新计算 C 原子数目。

C 原子数目 ＝（194－11×2－79）/12＝6

故分子式为 C$_6$H$_{11}$BrO$_2$，不饱和度为 1。

由以上分析可知分子中含—Br、$\overset{|}{\underset{|}{C}}$＝O 、—O—；从核磁共振氢谱的高场到低场分别有—CH$_3$（三重峰）、—CH$_3$（三重峰）、—CH$_2$—（多重峰），仔细研究 δ 在 4 左右处的裂分峰情况，可以发现它由一个偏低场的四重峰和一个偏高场的三重峰重叠而成，一共有三个 H，其中四重峰所占的积分曲线略高，它为—CH$_2$—（四重峰），另一个则为 $-\overset{|}{C}H$（三重峰）。综上所述，该化合物分子中应含有两个较大的结构单元 CH$_3$CH$_2$—和 CH$_3$CH$_2$CH—以及—Br、$-\overset{|}{\underset{|}{C}}$＝O 、—O—三个官能团。前者的 CH$_2$ 化学位移为 4.2 必须与 O 相连；后者的—CH$_2$—应连接碳氢基团，它的化学位移在 2 左右，这样，可列出以下两种可能的结构：

$$
\begin{array}{cc}
\underset{\substack{\\[-1pt]\text{I}}}{\overset{\displaystyle\text{Br}}{\underset{a\ b\ |c\ d\ e}{CH_3CH_2CHCO_2CH_2CH_3}}}
&
\underset{\substack{\\[-1pt]\text{II}}}{\overset{\displaystyle\overset{d\ e}{OCH_2CH_3}}{\underset{a\ b\ |c}{CH_3CH_2CHCOBr}}}
\end{array}
$$

先来看两种结构中 CH_2（δ）的化学位移，理论计算表明结构 I 中 $\delta_d = 4.1$，结构 I 中羰基 α 位断裂很容易失去 Br 生成 m/z 为 115 的离子，而实际上在高质量端有许多丰度可观的含 Br 碎片离子。因此，可以排除结构 II，而重点确认结构 I。根据理论计算，结构 I 中各种 H 的化学位移和自旋裂分情况如下：

$\delta_a = 0.9$（三重峰）

$\delta_b = 1.3 + 0.6 + 0.2 = 2.1$（多重峰）

$\delta_c = 0.23 + 0.47 + 2.33 + 1.55 = 4.58$（三重峰）

$\delta_d = 4.1$（四重峰）

$\delta_e = 0.9 + 0.4 = 1.3$（三重峰）

除 δ_c 计算结果偏大之外，其余基本与谱图相符。

然后来看质谱主要碎裂方式和产物离子的质荷比。结构 I 的主要碎裂方式和碎片离子如下，它能较好地解释质谱中的重要离子。由此可以认为结构 I，即 α-溴代丁酸乙酯是该题未知物的结构。

$$
\begin{array}{l}
\xrightarrow[\gamma-H]{-C_2H_4}\ CH_3CH_2O-\overset{OH}{\underset{\|}{C}}=CHBr\ \xrightarrow[\gamma-H]{-C_2H_4}\ O=\overset{OH}{\underset{\|}{C}}-CH_2Br \\
\qquad\qquad\qquad m/z:166 \qquad\qquad\qquad\qquad m/z:138 \\[6pt]
\xrightarrow{-CH_3CH_2OCO\cdot}\ CH_3CH_2\overset{+}{C}HBr\quad m/z:149 \\[6pt]
\xrightarrow{-CH_3CH_2O\cdot}\ CH_3CH_2\overset{+}{C}HBrCO\quad m/z:121 \\[6pt]
\xrightarrow{-Br\cdot}\ CH_3CH_2OCO\overset{+}{C}HCH_2CH_3\quad m/z:115
\end{array}
$$

$$
\underset{\substack{|\\[-2pt]\text{I}}}{\overset{\overset{\displaystyle O^+_\cdot}{\|}}{CH_3CH_2O\underset{\substack{|\\[-2pt]Br}}{C}CHCH_2CH_3}}
$$

例 2：图 3.36 至图 3.38 是未知化合物 B 的质谱、核磁共振氢谱和红外光谱图。并且该化合物的紫外光谱在乙醇溶剂中 $\lambda_{max} = 220nm$（$\log\varepsilon = 4.08$），$\lambda_{max} = 287nm$（$\log\varepsilon = 4.36$）。根据这些光谱数据，试推测其可能结构。

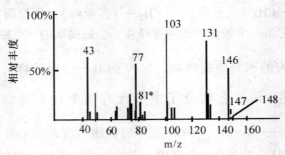

图 3.36　化合物 B 的 MS 谱图

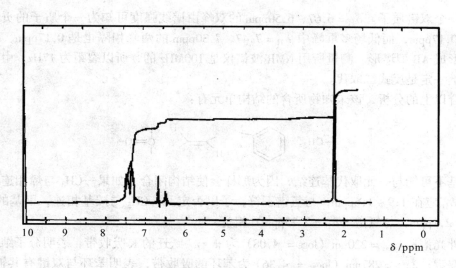

图 3.37　化合物 B 的¹HNMR 谱图

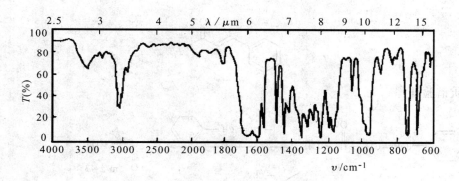

图 3.38　化合物 B 的 IR 谱图

解：质谱上高质量端 m/z 为 146 的峰，从它与相邻低质量离子峰的关系可知它可能为分子离子峰。m/z 为 147 的（M＋1）峰，相对于分子离子峰其强度为 10.81％，m/z 为 148 的（M＋2）峰，度为 0.73％。根据分子量与同位素峰的相对强度从 Beynon 表中可以查出分子式 $C_{10}H_{10}O$ 的（M＋1）为 10.65％，（M＋2）为 0.75％，与已知的谱图数据最为接近。从 $C_{10}H_{10}O$ 可以算出不饱和度为 6，因此该未知物可能是芳香族化合物。

红外光谱：3090cm⁻¹处的中等强度的吸收带是 $\nu_{=CH}$，1600cm⁻¹、1575cm⁻¹以及 1495 cm⁻¹处的较强吸收带是苯环的骨架振动 $\nu_{C=C}$，740cm⁻¹和 690cm⁻¹的较强带是苯环的外面 $\delta_{=CH}$，结合 2000～1660cm⁻¹的 $\delta_{=CH}$ 倍频峰，表明该化合物是单取代苯。

1670cm⁻¹的强吸收带表明未知物结构中含有羰基，波数较低，可能是共轭羰基。

3100～3000cm⁻¹除苯环的 $\nu_{=CH}$ 以外，还有不饱和碳氢伸缩振动吸收带。1620cm⁻¹吸收带可能是 $\nu_{C=C}$，因与其他双键共轭，使吸收带向低波数移动。970cm⁻¹强吸收带为面外 $\delta_{=CH}$，表明双键上有反式二取代。

核磁共振氢谱：共有三组峰，自高场至低场为单峰、双峰和多重峰，谱线强度比 3∶1∶6。高场 δ_H＝2.25ppm 归属于甲基质子，低场 δ_H＝7.5～7.2ppm 归属于苯环上的五个质子和一个双键质子。$\delta_H = 6.67$、6.50ppm 的双峰由谱线强度可知为一个质子的贡献，两峰间隔 0.17ppm，而低场多重峰中 $\delta_H = 7.47$、7.30ppm 的两峰相隔也是 0.17ppm，因此这四个峰形成 AB 型谱形。测量所用 NMR 波谱仪是 100MHz 的，所以裂距为 17Hz，由此可推断双键上一定是反式二取代。

综合以上的分析，该未知物所含的结构单元有：

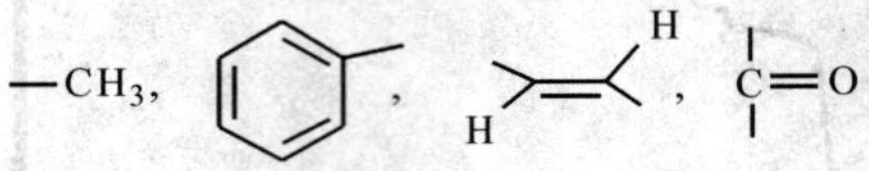

甲基不可能与一元取代苯连结，因为那样会使结构闭合。如果—CH$_3$ 与烯相连，那么甲基的 δ_H 应在 1.9~1.6ppm，与氢谱不符，予以否定。—CH$_3$ 与羰基相连，甲基的 δ_H 应在 2.6~2.1ppm，与氢谱（$\delta_H = 2.25$ppm）相符。

紫外光谱：$\lambda_{max} = 220$nm（$\log\varepsilon = 4.08$）为 $\pi\longrightarrow\pi^*$ 跃迁的 K 吸收带，表明分子结构中存在共轭双键；$\lambda_{max} = 287$nm（$\log\varepsilon = 4.36$）为苯环的吸收带，表明苯环与双键有共轭关系。因此未知物的结构为：

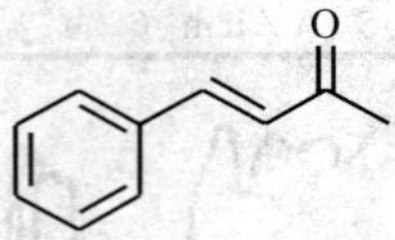

用质谱验证：

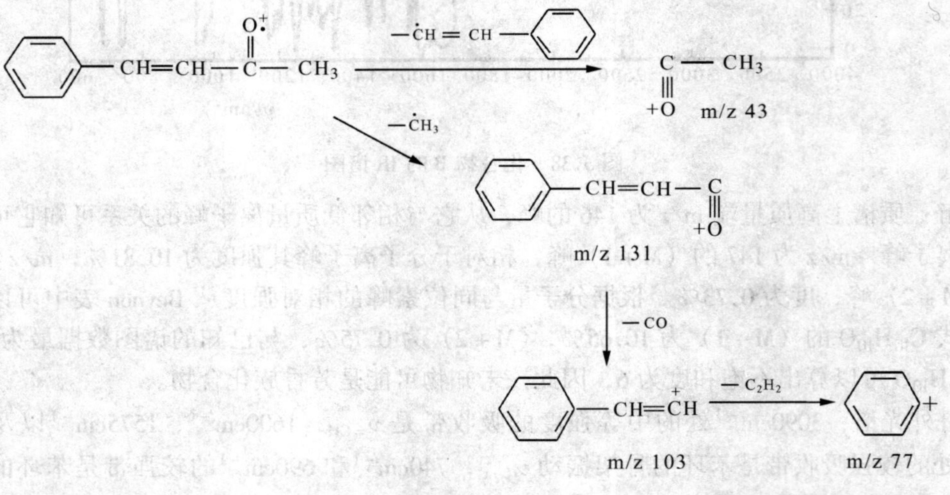

亚稳离子 m/z81.0，因 $81.0 = \dfrac{103^2}{131}$，证明了 m/z131 的离子裂解为 m/z103 的离子。质谱图上都有上述的碎片离子峰，因此结构式是正确的。

第二部分 综合实验

第四章 美沙拉秦的合成

一、实验目的

1. 通过美沙拉秦的合成，了解美沙拉秦药物合成的全部过程。
2. 学习硝化反应和还原反应的原理及基本操作。

二、实验原理

美沙拉秦（mesalazine）是原瑞士 Pharmacia AB 公司开发的抗结肠炎药。化学名是 5－氨基－2－羟基苯甲酸（5－amino－2－hydroxybenzoic acid）。美沙拉秦是一种灰白色结晶或结晶状粉末。微溶于冷水、乙醇。m. p. 280℃（dec.）。美沙拉秦为抗慢性结肠炎药——水杨酸偶氮磺胺吡啶 SASP（salicylazosulfapyridine）的活性成分，疗效与 SASP 相同，适应于因副作用和变态反应而不能使用 SASP 的患者，广泛用于治疗溃疡性结肠炎。化学结构式为：

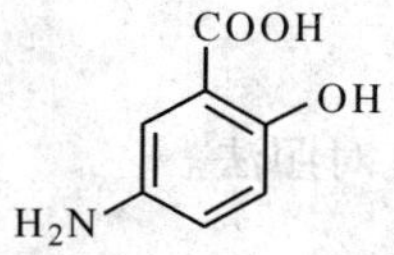

以水杨酸为原料的合成路线如下：

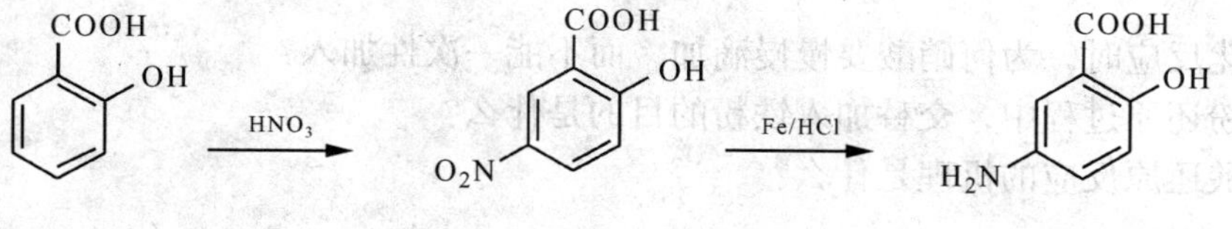

三、药品与仪器

水杨酸、硝酸、浓盐酸、铁粉、NaOH、保险粉、40%的硫酸、活性炭、氨水、冰、pH试纸、定性中速滤纸、双颈烧瓶、球型冷凝器、滴液漏斗、集热式磁力加热搅拌器、800mL烧杯、玻璃棒、抽滤瓶、布氏漏斗。

四、实验操作

实验12. 5－硝基－2－羟基苯甲酸的合成

在装有球型冷凝器的250 mL双颈烧瓶中，加入水杨酸69 g（0.5mol），水70 mL，搅拌升温至 70℃，用滴液漏斗滴加 70% 的硝酸 87.5 mL（1.4mol），滴加完毕，在 70℃继续搅拌 1h。反应完毕，搅拌下，将反应混和物倒入 700mL 冰水中，搅拌 1h，抽滤。残渣用 60 mL 水分成三次洗涤，得 5 - 硝基 - 2 - 羟基 - 苯甲酸粗产品。

将上述所得到的粗产品用 650mL 的水加热重结晶，冷却得到淡黄色晶体，抽滤、干燥、称重并计算产率并测定熔点。（纯品 mp227 ~ 230℃）

实验13．美沙拉秦的合成

合成：在装有冷凝器的 500mL 双颈烧瓶中，加入 250mL 水，升温至 70℃后，加入 17mL 的浓盐酸，14g（0.25mol）的铁粉，加热回流后，交替加入铁粉 38g（0.50mol）和 41g（0.22mol）的 5 - 硝基 - 2 - 羟基 - 苯甲酸，加毕，继续回流搅拌 1h。反应完毕，冷却后，搅拌下用 40% 的 NaOH 溶液调至碱性，抽滤，残渣用水洗，合并滤液和洗液，向其中加入保险粉 5.6g，搅拌反应 20min 后，抽滤，滤液在搅拌下用 40% 的硫酸溶液调至 pH = 2 ~ 3，析出灰色固体，过滤，干燥得 5 - 氨基 - 2 - 羟基 - 苯甲酸粗产品，称重，计算产率。

精制：向上述所得到的粗产品中加入 410mL 的水，18.5mL 的浓盐酸和 1g 的活性炭，加热回流数分钟后趁热过滤，冷却，滤液用 15% 的氨水调 pH 2 ~ 3，析出灰白色的固体，冷却过滤，水洗，干燥后得美沙拉秦精品。计算产率并测定熔点（纯品 m. p. 280 ℃，dec.）。

五、结构指认

1．红外吸收光谱法、标准物 TLC 对照法。
2．核磁共振光谱法。

六、思考题

1．硝化反应时，为何硝酸要慢慢滴加，而不能一次性加入？
2．铁粉还原过程中，交替加入铁粉的目的是什么？
3．铁酸还原反应的机理是什么？

第五章　苯佐卡因的合成

一、实验目的

1. 通过苯佐卡因的合成，了解药物合成的基本过程。
2. 掌握氧化、酯化和还原反应的原理及基本操作。

二、实验原理

苯佐卡因（benzocaine）和普鲁卡因是广泛使用的局部麻醉药，外用为撒布剂，用于手术后创伤止痛、溃疡痛等。苯佐卡因化学名为对氨基苯甲酸乙酯，是白色粉末，熔点 90 ℃。普鲁卡因为白色针状晶体，熔点 155～156℃，常制成针剂使用。最早的局部麻醉药是从南美洲生长的古柯植物中提取的古柯碱。古柯碱又称可卡因，是一种容易引起人上瘾的毒品。在搞清了古柯碱的药理和结构之后，人们已经合成出了数以千计的有效代用品，苯佐卡因和普鲁卡因就是其中最有代表性的两个。古柯碱、苯佐卡因和普鲁卡因化学结构式为：

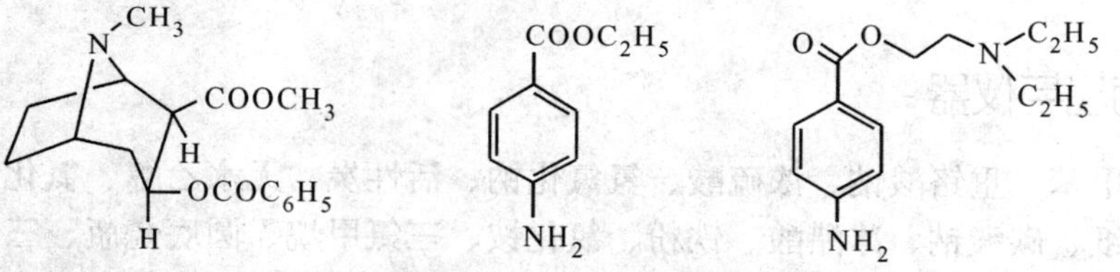

古柯碱 (cocaine)　　苯佐卡因 (benzocaine)　　普鲁卡因 (procaine)

对众多具有麻醉作用的合成化合物的构效关系研究表明，具有麻醉作用的化合物分子的一端含有必不可少的苯甲酰基，另一端是仲胺或叔胺，中间插入不同数目的烷氧（氮、硫等）基团。

苯环部分通常为芳香酸酯，它与麻醉剂在人体内的解毒有着密切的关系，而氨基有助于使此类化合物形成溶于水的盐酸盐，以制成注射液。

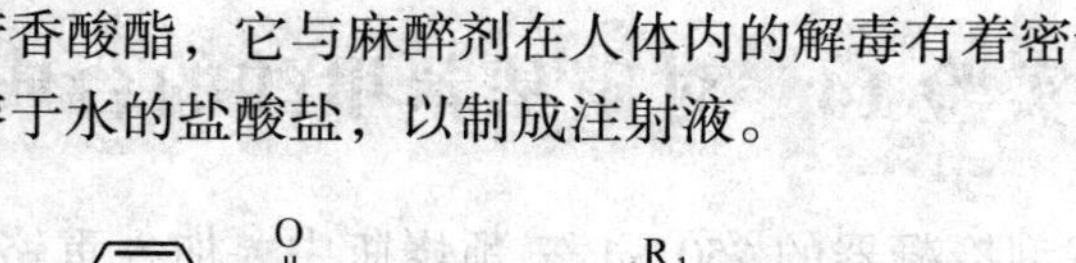

合成出的苯佐卡因与 N，N-二乙基乙醇胺发生酯交换反应即可得到普鲁卡因。

苯佐卡因为白色结晶性粉末，味微苦而麻；易溶于乙醇，微溶于水。其合成路线

如下:

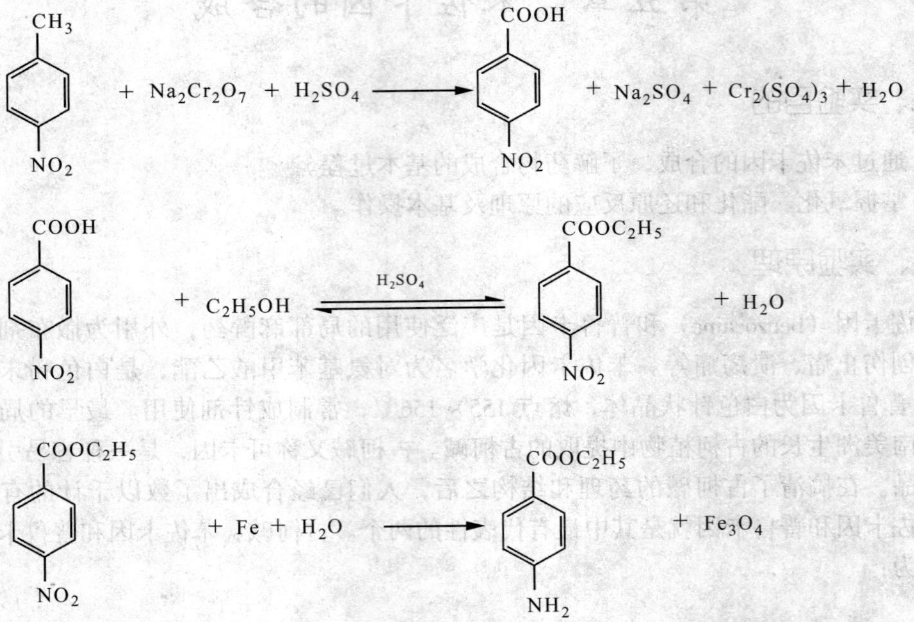

$$\underset{NO_2}{\underset{|}{C_6H_4}}\text{—}CH_3 + Na_2Cr_2O_7 + H_2SO_4 \longrightarrow \underset{NO_2}{\underset{|}{C_6H_4}}\text{—}COOH + Na_2SO_4 + Cr_2(SO_4)_3 + H_2O$$

$$\underset{NO_2}{\underset{|}{C_6H_4}}\text{—}COOH + C_2H_5OH \underset{}{\overset{H_2SO_4}{\rightleftharpoons}} \underset{NO_2}{\underset{|}{C_6H_4}}\text{—}COOC_2H_5 + H_2O$$

$$\underset{NO_2}{\underset{|}{C_6H_4}}\text{—}COOC_2H_5 + Fe + H_2O \longrightarrow \underset{NH_2}{\underset{|}{C_6H_4}}\text{—}COOC_2H_5 + Fe_3O_4$$

三、药品与仪器

对硝基甲苯、重铬酸钠、浓硫酸、氢氧化钠、活性炭、无水乙醇、氯化钙、pH 试纸、定性中速滤纸、碳酸钠、冰醋酸、铁粉、氯化铵、三氯甲烷、圆底烧瓶、三颈烧瓶、球型冷凝器、滴液漏斗、集热式磁力加热搅拌器、烧杯、玻璃棒、干燥管、抽滤瓶、布氏漏斗、分液漏斗。

四、实验操作

实验 14．对硝基苯甲酸的合成

在装有搅拌棒和球型冷凝器的 250 mL 三颈烧瓶中，加入重铬酸钠（含两个结晶水）23.6 g，水 50 mL，开动搅拌，待重铬酸钠溶解后，加入对硝基甲苯 8 g，用滴液漏斗滴加 32 mL 浓硫酸。滴加完毕，直火加热，保持反应液微沸 60～90 min（反应中，球型冷凝器中可能有白色针状的对硝基甲苯析出，可适当关小冷凝水，使其熔融）。冷却后，将反应液倾入 80 mL 冷水中，抽滤。残渣用 45 mL 水分成三次洗涤。将滤渣转移到烧杯中，加入 5% 硫酸 35 mL，在沸水浴上加热 10 min，并不时搅拌，冷却后抽滤，滤渣溶于温热的 5% 氢氧化钠溶液 70 mL 中，在 50℃左右抽滤，滤液加入活性炭 0.5 g 脱色（5～10 min），趁热抽滤。冷却，在充分搅拌下，将滤液慢慢倒入 15% 硫酸 50 mL 中，抽滤，洗涤，干燥得本品，计算收率。

实验15．对硝基苯甲酸乙酯的合成

在干燥的 100 mL 圆底烧瓶中加入对硝基苯甲酸 6 g，无水乙醇 24 mL，逐渐加入浓硫酸 2 mL，振摇使混合均匀，装上附有氯化钙干燥管的球型冷凝器，油浴加热回流 80 min（油浴温度控制在 100～120℃）；稍冷，将反应液倾入到 100 mL 水中，抽滤；滤渣移至乳钵中，研细，加入 5% 碳酸钠溶液 10 mL（由 0.5 g 碳酸钠和 10 mL 水配成），研磨 5 min，测 pH（检查反应物是否呈碱性），抽滤，用少量水洗涤，干燥，计算收率。

实验16．苯佐卡因的合成

A 法：在装有搅拌棒及球型冷凝器的 250 mL 三颈烧瓶中，加入 35 mL 水，2.5 mL 冰醋酸和已经处理过的铁粉 8.6 g，开动搅拌，加热至 95～98℃ 反应 5 min，稍冷，加入对硝基苯甲酸乙酯 6 g 和 95% 乙醇 35 mL，在激烈搅拌下，回流反应 90 min。稍冷，在搅拌下，分次加入温热的碳酸钠饱和溶液（由碳酸钠 3 g 和水 30 mL 配成），搅拌片刻，立即抽滤（布氏漏斗需预热），滤液冷却后析出结晶，抽滤，产品用稀乙醇洗涤，干燥得粗品。

B 法：在装有搅拌棒及球型冷凝器的 100 mL 三颈烧瓶中，加入水 25 mL，氯化铵 0.7g，铁粉 4.3 g，直火加热至微沸，活化 5 min。稍冷，慢慢加入对硝基苯甲酸乙酯 5 g，充分激烈搅拌，回流反应 90 min。待反应液冷至 40℃左右，加入少量碳酸钠饱和溶液调至 pH 7～8，加入 30 mL 三氯甲烷，搅拌 3～5 min，抽滤；用 10 mL 三氯甲烷洗涤三颈烧瓶及滤渣，抽滤，合并滤液，倾入 100 mL 分液漏斗中，静置分层，弃去水层，三氯甲烷层用 5% 盐酸 90 mL 分三次萃取，合并萃取液（三氯甲烷回收），用 40% 氢氧化钠调至 pH = 8，析出结晶，抽滤，得苯佐卡因粗品，计算收率。

将粗品置于装有球形冷凝器的 100 mL 圆底烧瓶中，加入 10～15 倍（mL/g）50% 乙醇，在水浴上加热溶解。稍冷，加活性炭脱色（活性炭用量视粗品颜色而定），加热回流 20 min，趁热抽滤（布氏漏斗、抽滤瓶应预热）。将滤液趁热转移至烧杯中，自然冷却，待结晶完全析出后，抽滤，用少量 50% 乙醇洗涤两次，压干，干燥，测熔点，计算收率。

五、结构指认

1．红外吸收光谱法、标准物 TLC 对照法。
2．核磁共振光谱法。

六、注意事项

1．氧化反应一步在用 5% 氢氧化钠处理滤渣时，温度应保持在 50℃ 左右，若温度过低，对硝基苯甲酸钠会析出而被滤去。

2．酯化反应须在无水条件下进行，如有水进入反应系统中，收率将降低。无水操作的要点是：原料干燥无水；所用仪器、量具干燥无水；反应期间避免水进入反应瓶。

3．对硝基苯甲酸乙酯及少量未反应的对硝基苯甲酸均溶于乙醇，但均不溶于水。反应完毕，将反应液倾入水中，乙醇的浓度降低，对硝基苯甲酸乙酯及对硝基苯甲酸便会析出。这种分离产物的方法称为稀释法。

4．还原反应中，因铁粉相对密度大，沉于瓶底，必须将其搅拌起来，才能使反应顺利进行，故充分激烈搅拌是铁酸还原反应的重要因素。A 法中所用的铁粉需预处理，方法为：称取铁粉 10 g 置于烧杯中，加入 2% 盐酸 25 mL，在石棉网上加热至微沸，抽滤，水洗至 pH 5~6，烘干，备用。

七、思考题

1．氧化反应完毕，将对硝基苯甲酸从混合物中分离出来的原理是什么？

2．酯化反应为什么需要无水操作？

3．如何用对氨基苯甲酸合成局部麻醉药普鲁卡因（procaine）？

第六章 贝诺酯的合成

一、实验目的

1. 通过乙酰水杨酰氯的制备，了解氯化试剂的选择及操作中的注意事项。
2. 通过本实验了解拼合原理在化学结构修饰方面的应用。
3. 通过本实验了解 Schotten – Baumann 酯化反应原理。

二、实验原理

贝诺酯（benorilate）又名扑炎痛，为一种新型解热镇痛抗炎药，是由阿司匹林和扑热息痛经拼合原理制成，它既保留了原药的解热镇痛功能，又减小了原药的毒副作用，并有协同作用。适用于急、慢性风湿性关节炎，风湿痛，感冒发热，头痛及神经痛等。贝诺酯化学名为 2 – 乙酰氧基苯甲酰 – 乙酰氨基苯酯，化学结构式为：

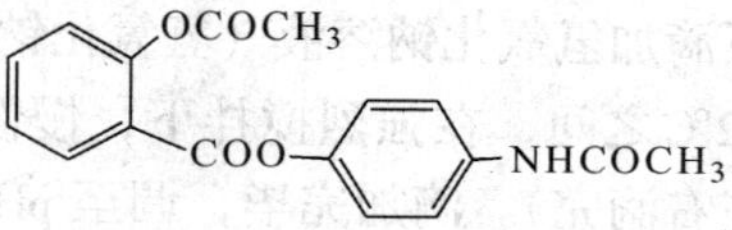

贝诺酯为白色结晶性粉末，无臭无味。m.p. 174 ~ 178℃，不溶于水，微溶于乙醇，溶于三氯甲烷、丙酮。合成路线如下：

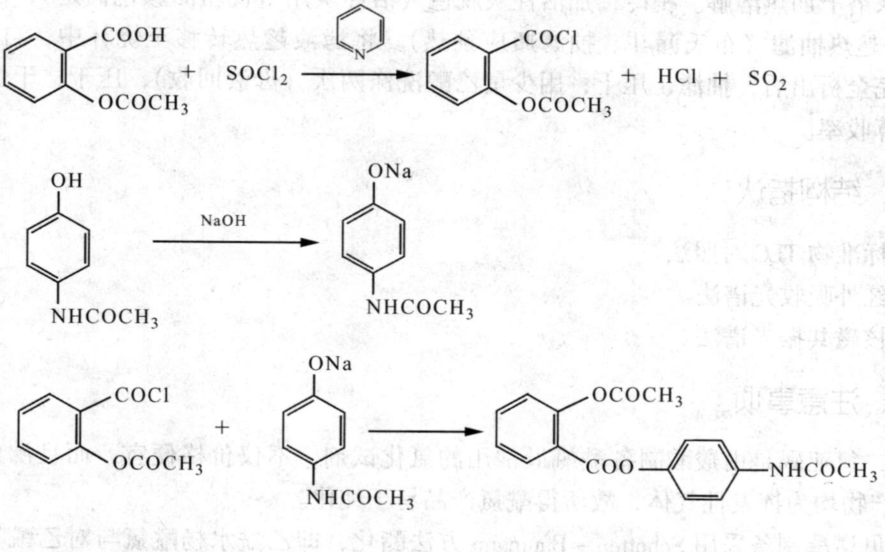

三、药品与仪器

吡啶、阿司匹林、氯化亚砜、氯化钙、丙酮、对乙酰氨基酚、氢氧化钠、pH 试纸、定性中速滤纸、乙醇、圆底烧瓶、三颈烧瓶、球型冷凝器、滴液漏斗、集热式磁力加热搅拌器、烧杯、玻璃棒、干燥管、抽滤瓶、布氏漏斗等。

四、实验操作

实验 17. 乙酰水杨酰氯的合成

在干燥的 100 mL 圆底烧瓶中，依次加入吡啶 2 滴，阿司匹林 10 g，氯化亚砜 5.5 mL，迅速按上球形冷凝器（顶端附有氯化钙干燥管，干燥管连有导气管，导气管另一端通到水池下水口）。置油浴上慢慢加热至 70℃（约 10～15 min），维持油浴温度在（70±2）℃反应 70 min，冷却，加入无水丙酮 10 mL，将反应液倾入干燥的 100 mL 滴液漏斗中，混匀，密闭备用。

实验 18. 贝诺酯的合成

在装有搅拌棒及温度计的 250 mL 三颈烧瓶中，加入对乙酰氨基酚 10 g，水 50 mL。冰水浴冷至 10℃左右，在搅拌下滴加氢氧化钠溶液（氢氧化钠 3.6 g 加 20 mL 水配成，用滴管滴加）。滴加完毕，在 8～12℃之间，在强烈搅拌下，慢慢滴加上次实验制得的乙酰水杨酰氯丙酮溶液（在 20 min 左右滴完）。滴加完毕，调至 pH≥10，控制温度在 8～12℃之间继续搅拌反应 60 min，抽滤，水洗至中性，得粗品，计算收率。

取粗品 5 g 置于装有球形冷凝器的 100 mL 圆底烧瓶中，加入 10 倍量（w/v）95% 乙醇，在水浴上加热溶解。稍冷，加活性炭脱色（活性炭用量视粗品颜色而定），加热回流 30 min，趁热抽滤（布氏漏斗、抽滤瓶应预热）。将滤液趁热转移至烧杯中，自然冷却，待结晶完全析出后，抽滤，压干；用少量乙醇洗涤两次（母液回收），压干，干燥，测熔点，计算收率。

五、结构指认

1. 标准物 TLC 对照法。
2. 红外吸收光谱法。
3. 核磁共振光谱法。

六、注意事项

1. 二氯亚砜是由羧酸制备酰氯最常用的氯化试剂，不仅价格便宜，而且沸点低，生成的副产物均为挥发性气体，故所得酰氯产品易于纯化。

2. 贝诺酯制备采用 Schotten - Baumann 方法酯化，即乙酰水杨酰氯与对乙酰氨基酚钠缩合酯化。由于对乙酰氨基酚的酚羟基与苯环共轭，加之苯环上又有吸电子的乙酰胺基，因此酚羟基上电子云密度较低，亲核反应性较弱；成盐后酚羟基氧原子电子云密度增高，有利于亲核反应；此外，酚钠成酯，还可避免生成氯化氢，使生成的酯键水解。

七、思考题

1. 乙酰水杨酰氯的制备，操作上应注意哪些事项？

2. 贝诺酯的制备，为什么采用先制备对乙酰氨基酚钠，再与乙酰水杨酰氯进行酯化，而不直接酯化？

第七章 巴比妥的合成

一、实验目的

1. 通过巴比妥的合成了解丙二酰脲缩环合成的一般方法。
2. 掌握无水操作技术。

二、实验原理

巴比妥类药物（barbiturates）为丙二酰脲的衍生物，由丙二酸二乙酯同尿素缩合而成，为长时间作用的催眠药。主要用于神经过度兴奋、狂躁或忧虑引起的失眠。巴比妥化学名为 5，5 – 二乙基巴比妥酸，化学结构式为：

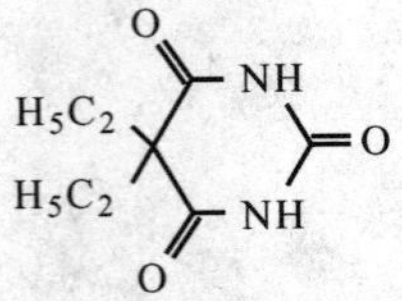

巴比妥为白色结晶或结晶性粉末，无臭，味微苦。m.p. 189 ~ 192℃。难溶于水，易溶于沸水及乙醇，溶于乙醚、三氯甲烷及丙酮。

合成路线如下：

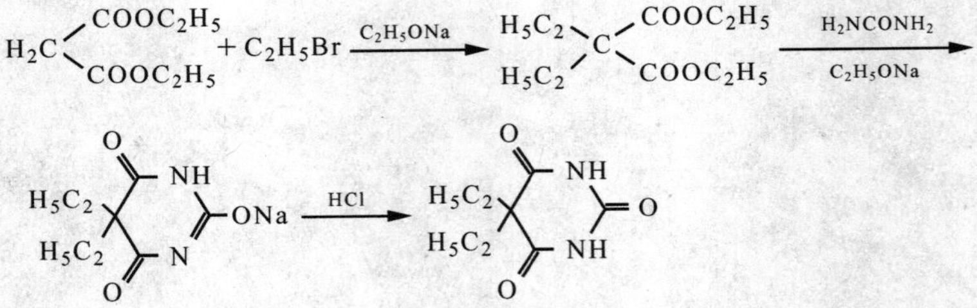

三、药品与仪器

无水乙醇、金属钠、邻苯二甲酸二乙酯、氯化钙、硫酸铜、丙二酸二乙酯、氢氧化钠、溴乙烷、乙醚、无水硫酸钠、尿素、稀盐酸、活性炭、定性中速滤纸、圆底烧瓶、三颈烧瓶、球型冷凝器、滴液漏斗、集热式磁力加热搅拌器、烧杯、玻璃棒、干燥管、抽滤瓶、布氏漏斗、分液漏斗、沙浴、锥形瓶、空气冷凝管。

四、实验操作

实验 19. 二乙基丙二酸二乙酯的合成

在装有搅拌器、滴液漏斗及球形冷凝器（顶端附有氯化钙干燥管）的 250 mL 三颈烧瓶中，加入制备的绝对无水乙醇 75 mL，分次加入金属钠 6 g。待反应缓慢时，开始搅拌，用油浴加热（油浴温度不超过 90℃），金属钠消失后，由滴液漏斗加入丙二酸二乙酯 18 mL，10～15 min 内加完，然后回流 15 min，当油浴温度降到 50℃ 以下时，慢慢滴加溴乙烷 20 mL，约 15 min 加完，然后继续回流 2.5 h。将回流装置改为蒸馏装置，蒸去乙醇（但不要蒸干），放冷，药渣用 40～45 mL 水溶解，转到分液漏斗中，分取酯层，水层以乙醚提取 3 次（每次用乙醚 20 mL），合并酯与醚提取液，再用 20 mL 水洗涤一次，醚液倾入 125 mL 锥形瓶内，加无水硫酸钠 5 g，放置。

将上一步制得的二乙基丙二酸二乙酯乙醚液，过滤，滤液蒸去乙醚。瓶内剩余液用装有空气冷凝管的蒸馏装置于沙浴上蒸馏，收集 218～222℃ 馏分（用预先称量的 50 mL 锥形瓶接收），称重，计算收率，密封贮存。

实验 20．巴比妥的合成

在装有搅拌、球型冷凝器（顶端附有氯化钙干燥管），及温度计的 250 mL 三颈烧瓶中加入绝对无水乙醇 50 mL，分次加入金属钠 2.6 g，待反应缓慢时，开始搅拌。金属钠消失后，加入二乙基丙二酸二乙酯 10 g，尿素 4.4 g，加完后，随即使反应器内温度升至 80～82℃。停止搅拌，保温反应 80 min（反应正常时，停止搅拌 5～10 min 后，料液中有小气泡逸出，并逐渐呈微沸状态，有时较激烈）。反应毕，将回流装置改为蒸馏装置。在搅拌下慢慢蒸去乙醇，至常压不易蒸出时，再减压蒸馏尽。残渣用 80 mL 水溶解，倾入盛有 18 mL 稀盐酸（$V_{盐酸} : V_{水} = 1 : 1$）的 250 mL 烧杯中，调 pH 3～4 之间，析出结晶，抽滤，得粗品。

粗品称重，置于 150 mL 锥形瓶中，用水（16mL/g）加热使溶，加入活性炭少许，脱色 15min 趁热抽滤，滤液冷至室温，析出白色结晶，抽滤，水洗，烘干，测熔点，计算收率。

五、结构指认

1．标准物 TLC 对照法。
2．红外吸收光谱法。
3．核磁共振光谱法。

六、注意事项

1．绝对无水乙醇的制备　在装有球形冷凝器（顶端附氯化钙干燥管）的 250 mL 圆底烧瓶中加入无水乙醇 180 mL，金属钠 2 g，加几粒沸石，加热回流 30 min，加入邻苯二甲酸二乙酯 6 mL，再回流 10 min。将回流装置改为蒸馏装置，蒸去前馏分。用干燥圆底烧瓶作为接受器，蒸馏至几乎无液滴流出为止。量其体积，计算回收率，密封贮存。

检验乙醇是否有水分，常用的方法是：取一支干燥试管，加入制得的绝对无水乙醇 1 mL，随即加入少量无水硫酸铜粉末。如乙醇中含水分，则无水硫酸铜变为蓝色硫酸铜。

2．制备绝对无水乙醇所用的无水乙醇，水分不能超过 0.5%，否则反应相当困难。

3．本实验中所用仪器均需彻底干燥。由于无水乙醇有很强的吸水性，故操作及存放时，必须防止水分侵入。

4．取用金属钠时需用镊子，先用滤纸吸去沾附的油后，用小刀切去表面的氧化层，再切成小条。切下来的钠屑应放回原瓶中，切勿与滤纸一起投入废物缸内，并严禁金属钠与水接触，以免引起燃烧爆炸事故。

5．加入邻苯二甲酸二乙酯的目的是利用它和氢氧化钠进行如下反应：

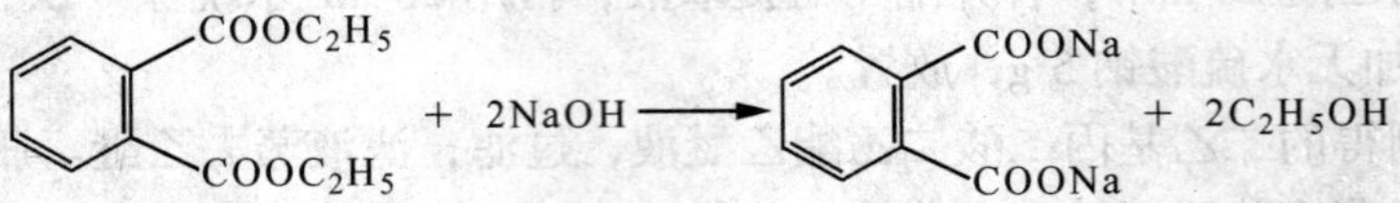

$$
\begin{array}{c}
\text{COOC}_2\text{H}_5 \\
\text{COOC}_2\text{H}_5
\end{array}
+ 2\text{NaOH} \longrightarrow
\begin{array}{c}
\text{COONa} \\
\text{COONa}
\end{array}
+ 2\text{C}_2\text{H}_5\text{OH}
$$

因此避免了乙醇和氢氧化钠生成的乙醇钠再和水作用，这样制得的乙醇可达到极高的纯度。

6．溴乙烷的用量，也要随室温而变。当室温30℃左右时，应加28 mL溴乙烷，滴加溴乙烷的时间应适当延长，若室温在30℃以下，可按本实验投料。

7．等到反应器内的温度降到50℃以下，再慢慢滴加溴乙烷，以避免溴乙烷的挥发及生成乙醚的副反应。

$$\text{C}_2\text{H}_5\text{ONa} + \text{C}_2\text{H}_5\text{Br} \longrightarrow \text{C}_2\text{H}_5\text{OC}_2\text{H}_5 + \text{NaBr}$$

8．沙浴传热慢，因此沙要铺得薄，也可用减压蒸馏的方法。

9．尿素需在60℃干燥4 h。

10．蒸乙醇不宜快，至少要用80 min，反应才能顺利进行。

七、思考题

1．制备无水试剂时应注意什么问题？为什么在加热回流和蒸馏时冷凝管的顶端和接受器支管上要装置氯化钙干燥管？

2．固体产物常用何种方法精制，液体产物又如何精制？

3．本实验用水洗涤提取液的目的是什么？

第八章 二氢吡啶钙离子拮抗剂的合成

一、实验目的

1. 了解硝化反应的种类、特点及操作条件。
2. 学习硝化剂的种类和不同应用范围。
3. 学习环合反应的种类、特点及操作条件。

二、实验原理

二氢吡啶钙离子拮抗剂具有很强的扩血管作用，适用于冠脉痉挛、高血压、心肌梗死等症。本品化学名为 1,4 – 二氢 – 2,6 – 二甲基 – 4 – （2 – 硝基苯基）– 吡啶 – 3,5 – 二羧酸二乙酯，化学结构式为：

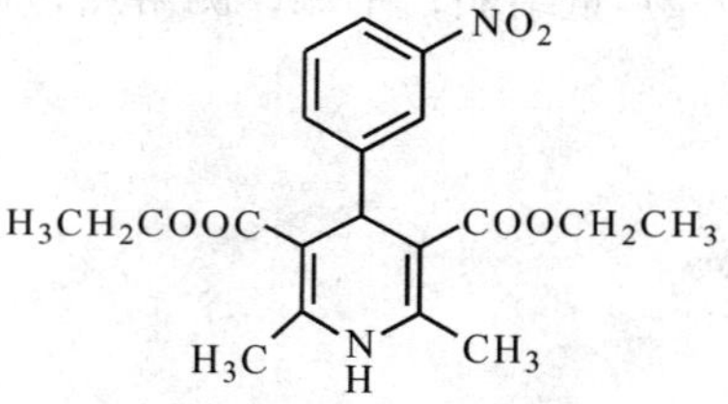

本品为黄色无臭无味的结晶粉末，m. p. 162～164℃，无吸湿性，极易溶于丙酮、二氯甲烷、三氯甲烷，溶于乙酸乙酯，微溶于甲醇、乙醇，几乎不溶于水。

合成路线如下：

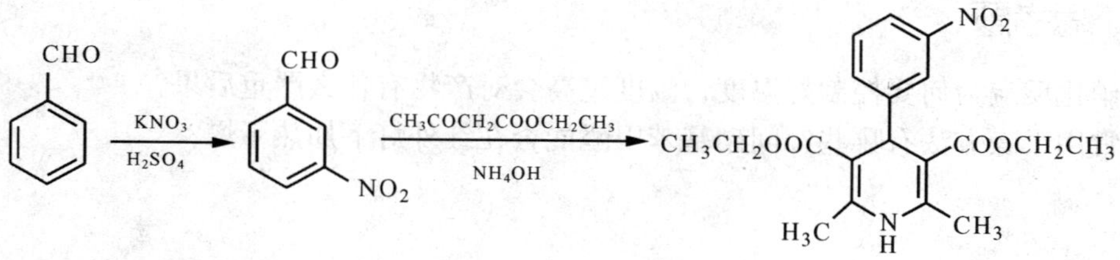

三、药品与仪器

硝酸钾、浓硫酸、苯甲醛、碳酸钠、乙酰乙酸乙酯、甲醇氨饱和溶液、定性中速滤纸、圆底烧瓶、三颈烧瓶、球型冷凝器、滴液漏斗、集热式磁力加热搅拌器、烧杯、玻璃棒、抽滤瓶、布氏漏斗、冰盐浴、沸石、研钵。

四、实验操作

实验 21. 间硝基苯甲醛的合成

在装有搅拌棒、温度计和滴液漏斗的 250 mL 三颈烧瓶中，将 11 g 硝酸钾溶于 40 mL

浓硫酸中。用冰盐浴冷至 0℃ 以下，在强烈搅拌下，慢慢滴加苯甲醛 10 g（在 60~90 min 左右滴完），滴加过程中控制反应温度在 0~2℃ 之间。滴加完毕，控制反应温度在 0~5℃ 之间继续反应 90 min。将反应物慢慢倾入约 200 mL 冰水中，边倒边搅拌，析出黄色固体，抽滤。滤渣移至研钵中，研细，加入 5% 碳酸钠溶液 20 mL（由 1 g 碳酸钠加 20 mL 水配成）研磨 5 min，抽滤，用冰水洗涤 7~8 次，压干，得间硝基苯甲醛，自然干燥，测熔点（m. p. 56~58℃），称重，计算收率。

实验 22. 二氢吡啶钙离子拮抗剂的合成

在装有球型冷凝器 100 mL 圆底烧瓶中，依次加入间硝基苯甲醛 5 g、乙酰乙酸乙酯 9 mL、甲醇氨饱和溶液 30 mL 及沸石一粒，油浴加热回流 5 h，然后改为蒸馏装置，蒸出甲醇至有结晶析出为止，抽滤，结晶用 95% 乙醇 20 mL 洗涤，压干，得黄色结晶性粉末，干燥，称重，计算收率。

粗品以 95% 乙醇（5 mL / g）重结晶，干燥，测熔点，称重，计算收率。

五、结构指认

1. 红外吸收光谱法。
2. 标准物 TLC 对照法。
3. 核磁共振光谱法。

六、注意事项

甲醇氨饱和溶液应新鲜配制，也可用过量的浓氨水和甲醇混和溶液代替。

七、思考题

1. 硝化反应为何要控制好温度，温度过高会对产物有什么严重后果？
2. 常用干燥方法有哪些？间硝基苯甲醛能否在红外灯下加热干燥？

第九章　地巴唑的合成

一、实验目的

1. 熟悉杂环药物的合成方法。
2. 掌握脱水反应原理及操作技术。

二、实验原理

地巴唑（dibazole）为降压药，对血管平滑肌有直接松弛作用，使血压略有下降。可用于轻度的高血压和脑血管痉挛等。地巴唑化学名为 α - 苄基苯并咪唑盐酸盐，化学结构式为：

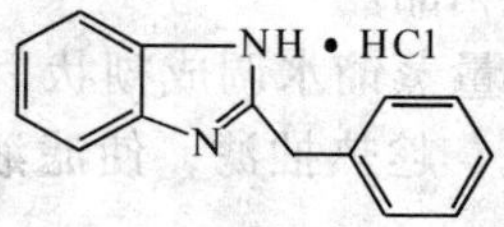

地巴唑为白色结晶性粉末，无臭。m. p. 182 ~ 186℃，几乎不溶于三氯甲烷和苯，略溶于热水或乙醇。

合成路线如下：

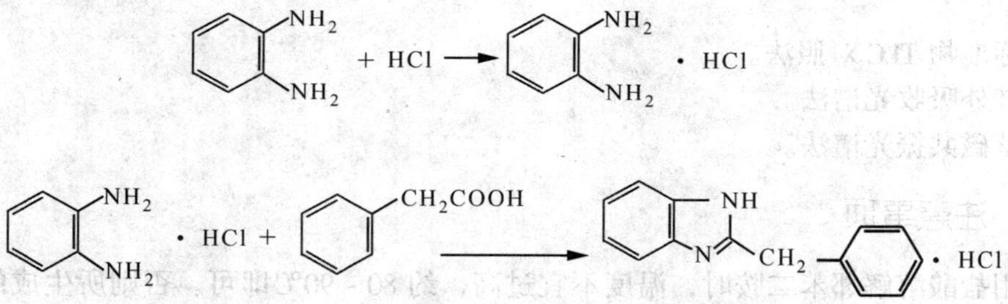

三、药品与仪器

邻苯二胺、浓盐酸、活性炭、苯乙酸、氢氧化钠、pH 试纸、定性中速滤纸、三颈烧瓶、球型冷凝器、温度计、集热式磁力加热搅拌器、烧杯、玻璃棒、抽滤瓶、布氏漏斗。

四、实验操作

实验 23. 邻苯二胺盐酸盐的合成

将浓盐酸 11.2 mL 稀释至 17.4 mL，取其一半量加入 50 mL 烧杯中，盖上表面皿，于石棉网上加热至近沸。一次加入邻苯二胺用玻璃棒搅拌，使固体溶解，然后加入余下的盐酸和活性炭 1 g，搅匀，趁热抽滤。滤液冷却后，析出结晶，抽滤，结晶用少量乙醇洗三次，抽干，干燥，得白色或粉红色针状结晶，即为邻苯二胺单盐酸盐。测熔点，计算收率。

实验 24. 地巴唑的合成

在装有搅拌器、温度计和蒸馏装置的 60 mL 三颈烧瓶中，加入苯乙酸适量（苯乙酸与邻苯二胺单盐酸盐的摩尔比为 1.06:1），沙浴加热，使内温达 99~100℃。待苯乙酸熔化后，在搅拌下加入邻苯二胺单盐酸盐（将上一步产品全部投料）。升温至 150℃ 开始脱水，然后慢慢升温，于 160~240℃ 反应 3 h（大部分时间控制在 200℃ 左右）。反应结束后，使反应液冷却到 150℃ 以下，趁热慢慢向反应液中加入 4 倍量的沸水（按邻苯二胺单盐酸盐计算），搅拌溶解，加活性炭脱色，趁热抽滤，将滤液立即转移到烧杯中，搅拌，冷却，结晶（防止结成大块）抽滤，结晶用少量水洗三次，得地巴唑盐酸盐粗品。

取约为地巴唑盐酸盐湿粗品 5.5 倍量的水，加入烧杯中，加热煮沸，投入地巴唑盐酸盐粗品，加热溶解后，用 10% 氢氧化钠调节到 pH9，冷却，抽滤，结晶用少量蒸馏水洗至中性，抽干，即得地巴唑盐酸盐精品。

将地巴唑盐酸盐湿品用 1.5 倍量蒸馏水调成糊状，加热，抽滤，结晶用盐酸调节 pH 4~5，使完全溶解。加活性炭脱色，趁热抽滤，使滤液冷却，析出结晶，用蒸馏水洗三次，得地巴唑盐粗品。

将地巴唑盐粗品用二倍量蒸馏水加热溶解，加活性炭脱色，趁热抽滤，滤液冷却，析出结晶。抽滤，用蒸馏水洗三次，抽干，干燥，测熔点，计算收率。

五、结构指认

1. 标准物 TLC 对照法。
2. 红外吸收光谱法。
3. 核磁共振光谱法。

六、注意事项

1. 用盐酸溶解邻苯二胺时，温度不宜过高，约 80~90℃ 即可，否则所生成的邻苯二胺单盐酸盐颜色变深。由于邻苯二胺单盐酸盐在水中溶解度较大，故所用仪器应尽量干燥。邻苯二胺单盐酸盐制好后，应先在空气中吹去大部分溶剂，然后再于红外灯下干燥。否则，产品长时间在红外灯下照射，易被氧化成浅红色。

2. 在环合反应过程中，气味较大，可将出气口导至水槽，温度上升速度视蒸出水的速度而定。开始由 160℃ 逐渐升至 200℃，较长时间维持在 200℃ 左右，最后半小时升至 240℃，但不得超过 240℃，否则邻苯二胺被破坏，产生黑色树脂状物，产率明显下降。在加入沸水前，反应液须冷却到 150℃ 以下，以防反应瓶破裂。

3. 在精制地巴唑盐酸盐时，先用 10% 氢氧化钠调节到 pH9，结晶后再用少量蒸馏水洗至中性，目的是除去未反应的苯乙酸。

七、思考题

1. 在邻苯二胺单盐酸盐制备中，取其一半量盐酸加热近沸，此时为什么温度不宜过高？
2. 环合反应温度太高有何不利？为什么？

第十章 奥沙普秦的合成

一、实验目的

1. 合成丁二酸酐，掌握酸酐的一般制备方法。
2. 掌握无水操作的一般技术。
3. 合成奥沙普秦，理解该反应机理。

二、实验原理

奥沙普秦（oxaprozin）的化学名为 4,5 – 二苯基 – 2 – 噁唑丙酸（4,5 – diphenyl – 2 – oxazole propanoic acid），是白色结晶粉末，溶于苯、热甲醇，不溶于水、乙酸。m. p. 164～165℃。奥沙普秦为消炎镇痛药。可抑制环氧合酶、酯氧合酶的产生。镇痛、解热、消炎活性强，疗效优于阿司匹林、吲哚美辛等。本品具有口服吸收迅速且完全、作用持久、消化道副作用小等特点。结构式如下：

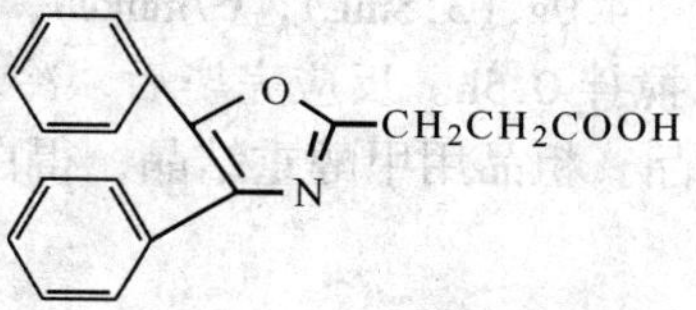

合成路线如下：

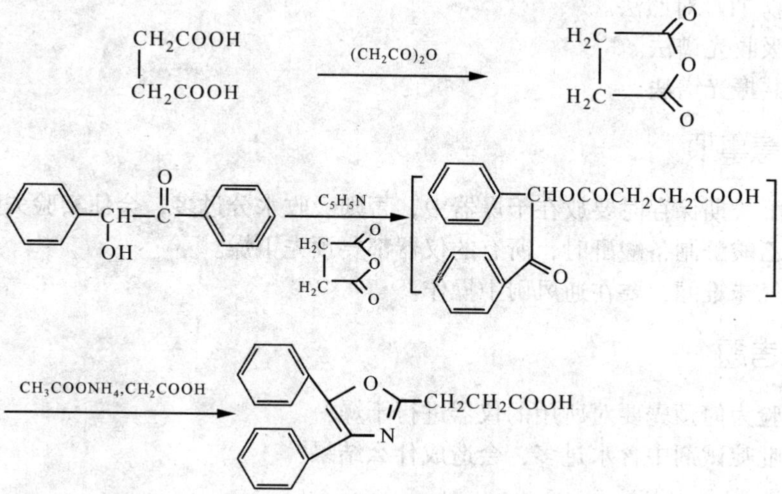

三、药品与仪器

丁二酸、乙酸酐、乙醚、二苯乙醇酮、吡啶、乙酸铵、冰醋酸、甲醇、氯化钙、定性中速滤纸、三颈烧瓶、圆底烧瓶、球型冷凝器、集热式磁力加热搅拌器、油浴、烧杯、玻璃棒、抽滤瓶、布氏漏斗、干燥管等。

四、实验操作

实验 25. 丁二酸酐的合成

在干燥的 100mL 圆底烧瓶中，加入丁二酸（2.5g，21.2mmol）和乙酸酐 4.53g（4.2mL，44.4mmol），装上球形冷凝管和干燥管后，加热搅拌回流 1h。反应完毕后，倒入干燥烧杯中，放置 0.5h，冷却后析出晶体，过滤后收集晶体，干燥，得粗品。用 2mL 乙醚洗涤，得白色柱状结晶，干燥后称重计算反应产率。

实验 26. 奥沙普秦的合成

在干燥的 100mL 三颈烧瓶中，加入丁二酸酐（1.2g，12mmol）、二苯乙醇酮（1.8g，8.5mmol）、吡啶 [1.0g（1mL），13mmol]，中间装上球形冷凝管，两侧用磨口塞子塞住，冷凝管上端加上装有无水氯化钙的干燥管，加热到 90～95℃后继续搅拌 1h 后，加入乙酸铵 [1.2g，15.5mmol]、冰醋酸 [4.0g（3.8mL），67mmol]，继续在 90～95℃搅拌 1.5h。再加水（5～10mL），于 90～95℃搅拌 0.5h。反应完毕后，冷却至室温，反应瓶中析出晶体，过滤，收集固体后干燥，得粗品。粗品用甲醇重结晶，得白色结晶，干燥后称重计算反应产率。

五、结构指认

1. 标准物 TLC 对照法。
2. 红外吸收光谱法。
3. 核磁共振光谱法。

六、注意事项

1. 乙酸酐长期保存时要放在干燥器中，否则吸收水分过多，会使实验失败。
2. 在用乙酸酐制备酸酐时，所有的仪器都要预先干燥。
3. 吡啶气味难闻，要在通风厨中操作。

七、思考题

1. 本实验为何预先要对所用的仪器进行干燥？
2. 如果吡啶试剂中含水过多，会造成什么结果？

第十一章 氯苯扎利二钠的合成

一、实验目的

1. 掌握高锰酸钾作为氧化剂的氧化条件。
2. 学习 Ullmann 反应制备二苯胺类化合物的一般方法及偶联反应原理。
3. 掌握热过滤、酸碱性调节，掌握活性炭脱色等基本操作。
4. 掌握有机羧酸成盐的方法和操作。

二、实验原理

氯苯扎利二钠（lobenzarit disodium），化学名为 2 - ［（2 - 羧基苯基）氨基］ - 4 - 氯 - 苯甲酸二钠（2 - ［（2 - carboxy phenyl）amino］ - 4 - chloro - benzoic acid disodium）。是一种无臭、稍有咸味的白色粉末。可溶于水，难溶于甲醇。m.p. 约 388℃（dec.）。氯苯扎利二钠是一种消炎镇痛药，为免疫调节剂，它可促进 T 细胞的调节作用，通过纠正免疫异常而发挥抗风湿作用，可用于治疗类风湿性关节炎。结构式为：

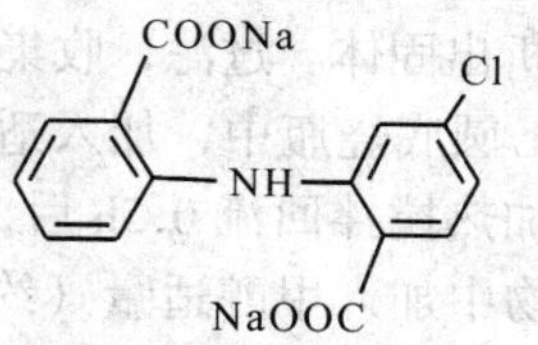

合成路线如下：

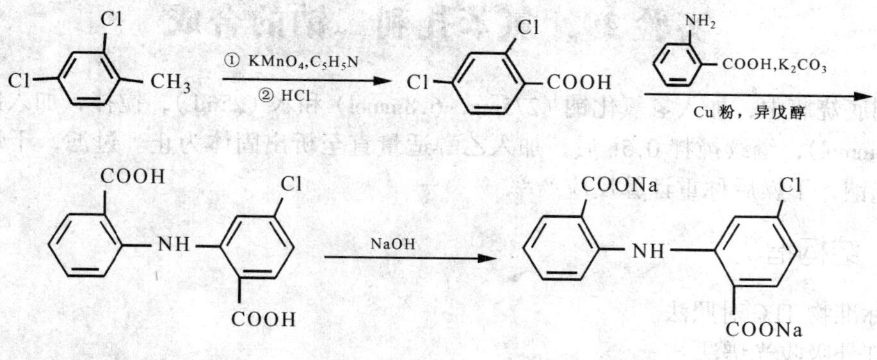

三、药品与仪器

吡啶、2,4 - 二氯甲苯、高锰酸钾、盐酸、异戊醇、邻氨基苯甲酸、无水碳酸钾、铜粉、碘、四氢呋喃、活性炭、甲醇、氢氧化钠、定性中速滤纸、三颈烧瓶、茄形反应瓶、球型冷凝器、集热式磁力加热搅拌器、油浴、烧杯、玻璃棒、抽滤瓶、布氏漏斗等。

四、实验操作

实验 27. 2,4 – 二氯苯甲酸的合成

在 100mL 三颈反应瓶内，加入 55％ 吡啶水溶液 36mL、2,4 – 二氯甲苯 2.5g（2mL，15.5mmol），于搅拌下缓慢加入高锰酸钾（4.9g，31mmol），加入完毕后，装上球形冷凝管于 70℃继续搅拌 1.5h。常压蒸馏回收吡啶，补加水适量（约 20mL），加热搅拌，趁热过滤，滤饼用热水洗涤，合并滤液和洗液，用稀盐酸调至 pH2～3，析出固体，过滤，滤饼水洗，干燥，得结晶，干燥后称重计算反应产率。

实验 28. 氯苯扎利的合成

在干燥的 100mL 茄形反应瓶中，加入异戊醇 30mL、2,4 – 二氯苯甲酸（1.4g，7.3mmol）、邻氨基苯甲酸（2.0g，14.6mmol）、无水碳酸钾（2.0g，14.6mmol）、铜粉（51mg，10mol％，0.73mmol）和少许碘（约 10mg），装上球形冷凝管后加热搅拌回流 2.5h，反应完毕，冷却至室温，加水，过滤，滤液常压蒸馏回收尽异戊醇后，冷却至 0～5℃，用 6mol/L 盐酸调节 pH 至 2～3，析出固体。过滤，收集固体。

将所得固体加至干燥的 100mL 圆底烧瓶中，加入适量四氢呋喃（约 30mL）溶解，加入活性炭适量，装上球形冷凝管加热搅拌回流 0.5h 后，冷却，过滤，将滤液常压蒸馏回收溶剂后冷却。向冷却后的剩余物中加入甲醇适量（约 20mL），加热回流 1h 后，冷却至室温，析出结晶，过滤，干燥，得氯苯扎利，干燥后称重计算反应产率。

实验 29. 氯苯扎利二钠的合成

在圆底烧瓶中，加入氢氧化钠（275mg，6.8mmol）和水（25mL），搅拌，加入氯苯扎利（1g，3.4mmol），继续搅拌 0.5h 后，加入乙醇适量直至析出固体为止。过滤，干燥，得氯苯扎利二钠，干燥后称重计算反应产率。

五、结构指认

1. 标准物 TLC 对照法。
2. 红外吸收光谱法。
3. 核磁共振光谱法。

六、注意事项

1. Ullmann 反应是合成二苯胺类化合物一般通用的方法，该反应用铜或碘化铜以及碳酸钾作为催化剂并在加热的条件下进行，反应操作容易，产率高，许多属于二苯胺类药物都是通过该反应制得，例如氯芬那酸（chlofenamic acid）、氟芬那酸（flufenamic acid）。

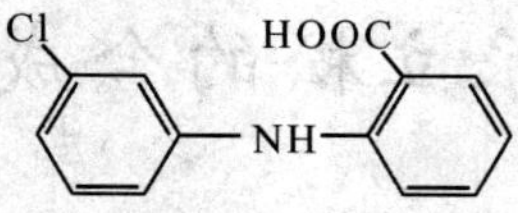

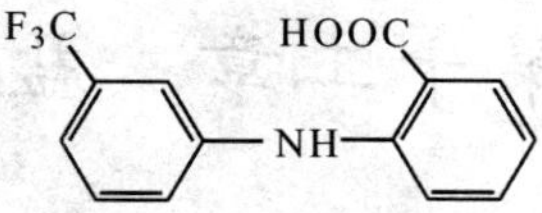

chlofenamic acid

flufenamic acid

2. 高锰酸钾在弱碱性条件下氧化时，产生的二氧化锰会吸附大量产物，因此，抽滤时要充分洗涤，否则会降低产率。

七、思考题

1. Ullmann 反应主要是用来合成什么类型化合物？

2. 解释 Ullmann 反应的催化机理？

3. 高锰酸钾用作氧化剂时，通常在什么条件下进行，高锰酸钾被还原成什么物质？

第十二章 盐酸乙哌立松的合成

一、实验目的

1. 掌握 Friedel – Crafts 酰化的原理、反应条件。
2. 学习无水试剂 $AlCl_3$ 的取用，以及密封保存方法。
3. 掌握分液漏斗、油泵的使用以及萃取、减压蒸馏操作方法和技术。
4. 掌握 Mannich 反应的原理和操作方法。
5. 熟练掌握重结晶的操作技术。

二、实验原理

盐酸乙哌立松（eperisone hydrochloride），化学名为 1 –（4 – 乙基苯基）– 2 – 甲基 – 3 – （1 – 哌啶基）– 1 – 丙酮盐酸盐 [1 –（4 – ethylphenyl）– 2 – methyl – 3 –（1 – piperidinyl）– 1 – propanone hydrochloride]。针状晶体，不溶于丙酮、异丙醇，m.p. 170 ~ 172℃。盐酸乙哌立松是一种肌肉松弛药，用于颈肩腕综合征、肩关节周炎以及肌痛症的肌紧张状态的改善，也可用于治疗脑血管障碍、痉挛性颈椎麻痹、颈椎病变、术后后遗症、脑性小儿麻痹、脊髓小脑变性症、脊髓血管障碍以及其他脑脊髓疾病的痉挛性麻痹。结构式为：

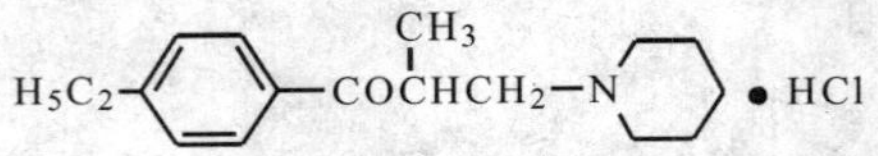

$$H_5C_2 \!-\!\!\bigcirc\!\!-\! \underset{\underset{\text{COCHCH}_2-N}{|}}{\overset{CH_3}{}} \!\bigcirc \cdot HCl$$

合成路线如下：

$$H_5C_2-\bigcirc \xrightarrow{CH_3CH_2COCl,AlCl_3} H_5C_2-\bigcirc-COCH_2CH_3 \xrightarrow[\substack{H_3C \\ H_3C}CHOH]{(HCHO)_n,\ \bigcirc NH \cdot HCl}$$

$$H_5C_2 \!-\!\!\bigcirc\!\!-\! \underset{\underset{\text{COCHCH}_2-N}{|}}{\overset{CH_3}{}} \!\bigcirc \cdot HCl$$

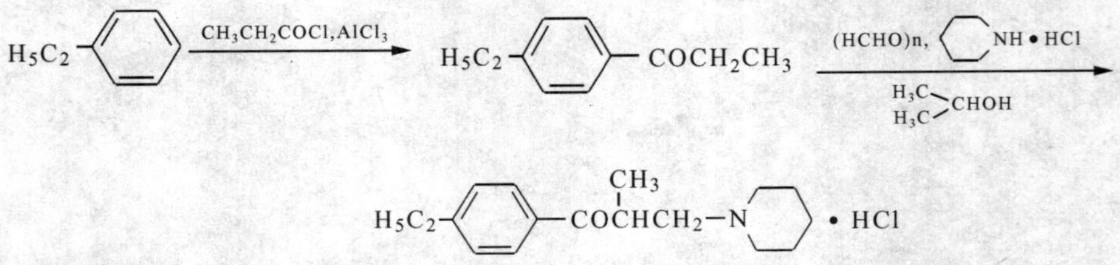

三、药品与仪器

无水三氯化铝、无水氯化钙、乙苯、丙酰氯、碳酸钠、氯化钠、异丙醇、4 – 乙基苯基丙酮、多聚甲醛、哌啶盐酸盐、丙酮、定性中速滤纸、双颈烧瓶、球型冷凝器、圆底烧瓶、蒸馏头、集热式磁力加热搅拌器、干燥管、油浴、烧杯、玻璃棒、抽滤瓶、布氏漏斗等。

四、实验操作

实验30. 对乙基苯丙酮的合成

在干燥 100mL 双颈烧瓶中，加入无水三氯化铝（6.9g，51.7mmol），乙苯 5g（5.8mL，

47mmol），中间装上球形冷凝管，冷凝管上端装有无水氯化钙的干燥管，冰浴冷却搅拌下，用恒压漏斗滴加丙酰氯 3.4g（3.2mL，36.7mmol），滴加完毕后，于室温搅拌 0.5h，再在 45～50℃搅拌 2h。反应完毕，冷却，倒入冰水（10mL）中，静置，再倒入分液漏斗，分出油层，油层在分液漏斗中依次用水（10mL）、碳酸钠溶液（10mL）、饱和氯化钠溶液（10mL）洗至 pH7，得黄色油状物，收集在单颈烧瓶中，装好减压蒸馏装置，油泵减压蒸馏出产品。

实验 31. 盐酸乙哌立松的合成

在 100mL 干燥圆底烧瓶中，加入异丙醇 5mL、4 - 乙基苯基丙酮 2g（12.3mmol）、多聚甲醛 0.48g（16mmol）、哌啶盐酸盐 1.8g（14.8mmol），加热搅拌回流 2h，停止加热，搅拌，冷却后有固体析出，再加入丙酮 15mL，过滤，固体用丙酮洗涤，干燥，得粗品。粗产物用异丙醇重结晶，得盐酸乙哌立松的针状结晶，干燥后称重计算反应产率。

五、结构指认

1. 标准物 TLC 对照法。
2. 红外吸收光谱法。
3. 核磁共振光谱法。

六、注意事项

1. Friedel - Crafts 酰化要在无水条件下操作，所用的仪器都要预先进行干燥。
2. 无水三氯化铝取用时要充分做好准备工作，取完后要立即盖上瓶盖，并用石蜡封好瓶口存放。

七、思考题

1. 无水三氯化铝能否在烘箱中通过敞口烘烤干燥？
2. Friedel - Crafts 酰化反应和 Friedel - Crafts 烷化反应有何异同之处？
3. 多聚甲醛与甲醛在性质以及储存上有何不同？

第十三章　奥扎格雷钠的合成

一、实验目的

1. 理解 Wittig 反应的原理，掌握现场制备 Wittig 试剂的反应条件和操作。
2. 学习和掌握硅胶柱色谱的分离原理和操作。
3. 理解自由基溴代反应的机理，掌握反应条件和操作方法。
4. 学习使用 NaH。
5. 熟练掌握酯类水解反应的一般条件。

二、实验原理

奥扎格雷钠（ozagrel sodium），化学名为（E）－3－（4－（（1H－咪唑－1 基）甲基苯基）丙烯酸钠［sodium（E）－3－（4－（（1H－imidazol－1－yl）methyl）phenyl）acrylate］，是一种无臭、味酸或苦味的白色结晶或结晶性粉末，易溶于水，稍易溶于甲醇，几乎不溶于无水乙醇、丙酮和乙醚。遇光稍不稳定，m.p. 214～217℃。奥扎格雷钠是一种抗凝血药，可强烈抑制血栓素（TX）合成酶，常用于治疗蛛网膜下腔出血术后脑血管痉挛、伴随血管痉挛的脑缺血症状。结构式为：

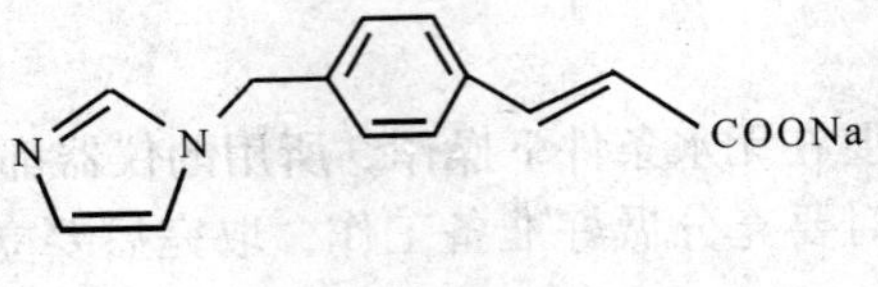

合成路线如下：

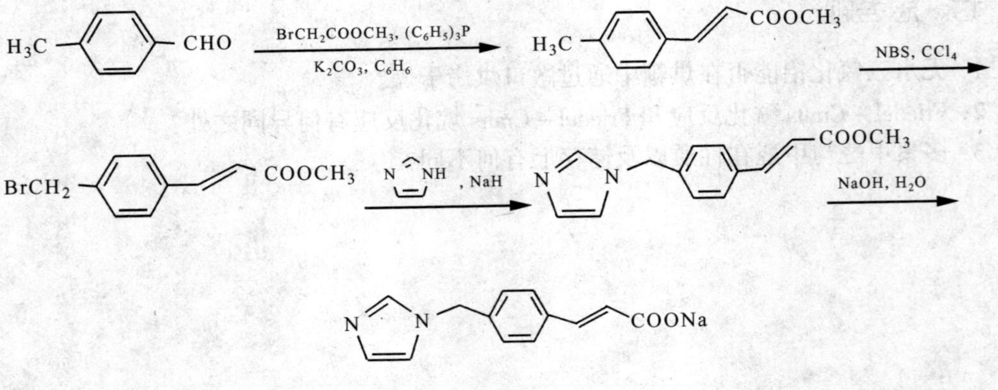

三、药品与仪器

三苯基膦、溴乙酸甲酯、对甲基苯甲醛、甲苯、碳酸钾、无水硫酸钠、NBS、DMF、过氧化苯甲酰、咪唑、四氯化碳、乙醚、石油醚、氢化钠、氢氧化钠、氯化钠、三氯甲烷、柱层析硅胶、定性中速滤纸、冷凝器、圆底烧瓶、蒸馏头、集热式磁力加热搅拌器、油浴、烧杯、玻璃棒、抽滤瓶、布氏漏斗、层析柱等。

四、实验操作

实验32. 3－（4－甲基苯基）－2－丙烯酸甲酯的合成

在圆底烧瓶中，加入三苯基膦 13.6g（52mmol）、溴乙酸甲酯 7.95g（52mmol）、对甲基苯甲醛 5g（4.9mL，41.6mmol）、甲苯 100mL，搅拌溶解后，再加入碳酸钾 28.7g（208mmol）和水 60mL 的溶液，于 50℃搅拌 3h。反应毕，倒入分液漏斗，分出有机层，将有机层水洗后用无水硫酸钠干燥。

过滤滤除干燥剂，滤液经常压蒸馏回收溶剂后，剩余物经硅胶柱（洗脱剂：甲苯）纯化，收集所需的组分，常压蒸馏回收溶剂后，析出固体，干燥，得 3－（4－甲基苯基）－2－丙烯酸甲酯，干燥后称重计算反应产率。

实验33. 3－（4－溴甲基苯基）－2－丙烯酸甲酯的合成

在干燥圆底烧瓶中，加入 3－（4－甲基苯基）－2－丙烯酸甲酯 2.5g（14.5mmol）、N－溴代丁二酰亚胺 3.0g（17.1mmol）、过氧化苯甲酰 0.33g（1.45mmol）、四氯化碳 25mL，加热搅拌回流 1.5h。停止加热，待反应液冷却至室温，过滤，滤液经常压蒸馏回收溶剂，残余物冷却后析出固体，得粗品。用乙醚－石油醚重结晶，得 3－（4－溴甲基苯基）－2－丙烯酸甲酯，干燥后称重计算反应产率。

实验34. 咪唑甲基苯基－2－丙烯酸甲酯的合成

在 100mL 干燥圆底烧瓶中，加入氢化钠 157mg（6.5mmol）、无水 N,N－二甲基甲酰胺 13mL，搅拌溶解后，于室温缓慢加入咪唑 445mg（6.5mmol），升温至 90℃搅拌 1h 后，再缓慢加入 3－（4－溴甲基苯基）－2－丙烯酸甲酯 1.5g（5.9mmol）和无水 N,N－二甲基甲酰胺 16mL 的溶液，于 90℃继续搅拌 1h。反应完毕，常压蒸馏回收溶剂，将油状剩余物溶于乙醚 20mL 中，用水（15mL）、饱和氯化钠溶液（15mL）洗涤，无水硫酸钠干燥。过滤，滤液经常压蒸馏回收溶剂后，得咪唑甲基苯基－2－丙烯酸甲酯，称重计算反应产率。

实验35. 奥扎格雷纳的合成

在 50mL 茄形反应瓶中，加入咪唑甲基苯基－2－丙烯酸甲酯 1.1g（4.7mmol），氢氧化钠 240mg（6mmol）和水 5mL 的溶液，室温搅拌 2h。反应完毕，加入三氯甲烷（5mL），倒入分液漏斗分液，水相再用三氯甲烷提取（5mL×2），回收三氯甲烷，水层常压蒸馏浓缩至干，析出白色粉末，过滤得奥扎格雷纳，干燥后称重计算反应产率。

五、结构指认

1. 标准物 TLC 对照法。
2. 红外吸收光谱法。
3. 核磁共振光谱法。

六、注意事项

1. Wittig 试剂与醛、酮的羰基发生亲核加成反应是制备烯烃最有用的方法。
2. 溴乙酸甲酯具有强烈刺激性，特别对眼睛的刺激性很大，操作时要戴防护眼镜，同时要在通风厨中进行。

七、思考题

1. 解释溴代反应和溴加成反应机理的异同点？
2. 在对液溴进行操作时要注意哪些操作事项？
3. 试解释 Wittig 反应机理。

第三部分 研 究 性 实 验

第十四章 药物合成路线设计

药物合成的目的是通过一定的合成反应，使原料分子中某一个或几个化学键断裂，同时形成一个或多个新的化学键，从而使原料分子发生转变以达到我们所需要的目标化合物（药物）。一个好的合成路线，不但要求各步反应合理，而且要求合成的步骤越少越好，产率越高越好，原料越便宜越好。借助于官能团的转化（形成、消除、变换），碳骨架的构建（碳链的增长、缩短、重组、闭合和打开）等手段，人们已经合成出许多结构复杂的天然产物。在复杂的目标化合物的合成中，通常采用 Corey（E. J. Corey, Harvard University。1990 年诺贝尔化学奖获得者）的逆合成分析法。逆合成分析法是以合成子概念和切断法为基础，从目标化合物出发，通过官能团转换或键的切断，去寻找一个又一个前体分子（合成子），直至前体分子为最易得的原料为止，这是完成合成设计的一条有效途径。逆合成法大致分为目标分子的分割、骨架的构建、合成路线的设计与选择三个步骤。

第一节 目标分子的分割

一、分割点的辨认

目标分子（target molecule, TM）的分割关键在于分割点的辨认。组成药物（靶分子）或中间体骨架的基本结构单元称合成基元，通常称为合成子（synthon），其稳定形式称做合成基元等价物。合成基元的结合点称为键合点（bonding site），键合点一般就是目标分子分割时的分割点。常用的分割点有：

1. 碳杂键或杂环中杂原子所在位置的碳原子及杂原子，如维生素 B_6 的吡啶环上 N 与 C 相联的位置。

2. 季碳原子与叔碳原子，以及少数仲碳原子，如维生素 B_6 中 C_2、C_3、C_4 均是。

3. 对称分子中的键合原子，包括初步切断后的键合原子。

4. 不饱和键，包括所在的碳原子或杂原子，如二苯基取代的乙烯键。

5. 共轭体系中的碳或杂原子，如查尔酮分子中的的 α，β - 不饱和酮。

6. 活性氢所在的碳原子，如各种活泼的甲基、亚甲基。

7. 杂原子共轭体系中远端所在的邻近碳原子，如对甲基吡啶环上之甲基。

8. 羰基化合物及其衍生物，如苯甲醛、二乙醇缩酮等中的羰基碳。

9. 炔羰化合物，如 2,3 - 丁炔二羧酸二甲酯。

10. 烯醇、烯酮、烯腈化合物，如丙烯腈（$CH_2 =\!\!= CH—CN$）。

11. 醚及环醚化合物，如环氧乙烷。

12. 内酯及内酰胺类化合物，如乙内酰脲等。

13. 硫醚及二硫醚化合物。

14. 磺酸及其衍生物，如硫酸二甲酯。

15. 双官能及其衍生物，1,2 - 、1,3 - 、1,4 - 等衍生物，如普鲁卡因侧链之二乙氨基乙醇。

16. 可能产生重排所在位置的原子，如 Baeyer - Villeger 氧化开裂反应。

17. 脂肪族硝基化合物、烯硝基化合物及其衍生物，如硝基甲烷、硝基乙酰乙酸乙酯。

18. 硅化合物，如氯化三甲基硅等。

19. 磷化合物，如 Wittig 试剂。

20. 环丙烷及其衍生物。

在药物分子中，常存在多种不同的键合点，必须认真区分，综合对待。

二、合理切断

切断之键通常是键合点所在的键，或在其两侧之键（碳碳键或碳杂键），根据原料及中间体而定，也可根据反应机理确定。切断可形成若干条合成路线，其中合成路线的优化问题构成合成战术。通常从以下各个角度考虑切断：

1. 考查分子是否存在对称性或近似对称性，尽量利用两个或多个相等或相近的分子片段来合成。通常在对称性键合原子处切断。

2. 借助于官能团相互变换进行切断，将所有官能团换为以氧为基础的官能团（如 —OH、 $-\overset{O}{\overset{\parallel}{C}}-$ 等），使基本骨架得以显示。链状的或环内的碳杂键应为切断之处。

3. 考查官能团之间关系，并与原料、中间体、反应机理、反应活性、位置取向、立体结构等相互配合来判断。

4. 不稳定基团所在处应先切断。

5. 环系中应首先切断战略键（关键键）。战略键指在切断该键后，所得到的前体中，所含的侧键数、手性中心数、桥环数以及环的总数为最小值。

6. 根据分子中的官能团，切断碳碳键时，最好先在分子中央切断，或在歧化点（仲或叔原子）切断；或将环与链切断，以便切断时有最大简化。

7. 从立体化学中心处切断，常为有利。如从手性中心处切开，构成简易中间体和原料。

8. 尽量切去更多的官能团，有可能时应尽量切去手性中心。

9. 切断时，所得到的片断尽可能是易于制取而价廉的中间体及原料。

10. 必要时，重复切断，以获得易于购置的起始原料。

11. 必要时，调整氧化数，以便利用已知反应和原料，掌握骨架的切断。

12. 必要时，添加额外官能团或致活基，以通过碳骨架接长或缩短法，利用活性好、选择性优的已知反应或原料。

上述方法是以键合点的辨认为基础，推导而得的一般性切断原则。这种方法可由人解析，也可借助一些计算机软件来判断。

第二节 骨架的构建

一般把组成目标分子中的基本碳链（包括环）称做该化合物分子的骨架。骨架中的结构信息应该包括分子大小、环的大小及数目、环与链的结合点、分歧点的种类和数目，以及对称性和重复利用性等。一般采用碳碳键形成的化学反应，以较小的合成基元构建目标分子的骨架。

构建骨架的主要方式有：

一、碳链的增长

1. 金属有机化合物与卤代烷的偶联反应。
2. 金属有机化合物与羰基、氰基的加成反应。
3. 金属有机化合物与环氧化合物的开环反应。
4. 各类缩合反应（参见附录12）。
5. 炔烃、芳环、酮、酯等的烷基化和酰基化反应。
6. 酮的双分子还原。
7. 酯的双分子还原。
8. 环加成反应。
9. 烯烃的羰基化反应。
10. 各类偶联反应（参见附录12）。

二、碳链的缩短

1. 一元羧酸的脱羧反应。
2. 二元羧酸的脱羧、脱水反应。
3. 烯、炔、酮、芳烃侧链，α–二醇和α–羟基醛以及酮的氧化断裂反应。
4. 甲基酮的卤仿反应。
5. 酰胺的 Hofmann 降解反应。
6. Curtius 重排反应。
7. Schmidt 重排反应。
8. Hunsdiecker 反应。
9. 环加成的逆反应。
10. β–二羰基化合物的酮式分解和酸式分解。
11. 酯缩合的逆反应。
12. 酯的裂解。
13. 黄原酸酯的裂解。
14. 四级铵盐的裂解（Hofmann 消除）。
15. 氧化胺的 Cope 消除反应。

三、碳架的重组

1. Wegner – Meerwein 重排。
2. Pinacol 重排。
3. 异丙苯氧化重排。
4. Bechmann 重排。
5. Favorskii 重排。
6. Baeyer – Villiger 氧化重排。
7. Hofmann 重排。
8. 联苯胺重排。
9. Benzilic acid 重排。
10. Claisen 重排。
11. Fries 重排。
12. Cope 重排。
13. Baker – Venkataraman 重排。
14. Henkel 重排。
15. Sommelet – Hauser 重排。
16. Stevens 重排。

四、环的闭合和打开

1. 丙二酸酯与 1,2 – 二卤代烷的烷基化反应。
2. 丙二酸酯与 1,3 – 二卤代烷的烷基化反应。
3. 丙二酸酯与 1,4 – 二卤代烷的烷基化反应。
4. 烯烃和卡宾的反应。
5. 烯烃的光催化二聚反应。
6. 狄克曼关环反应。
7. 1,3 – 偶极环加成反应。
8. Diels – Alder 反应。
9. 苯环、各种杂环的还原反应。
10. 酯的烷基化反应。
11. 分子内羟醛缩合反应。
12. 酮醇缩合反应。
13. 1,2 – , 1,3 – , 1,4 – , 1,5 – 双官能团的反应。
14. 过氧酸对烯烃的氧化。
15. Robinson 增环反应等。

第三节　合成路线的设计与选择

合成路线是通过合成基元（合成子）合理组合而完成的。对药物分子结构中分割点的剖析与合理的切断，再经过官能团的转化与骨架的构建，可获得不同的合成路线。在合成路线选择上，要尽量避免线性组合，应采用交叉组合，尽可能减少保护基的引入与消除，并根据总收率的高低、原材料的价格、反应条件的难易、三废处理情况等决定合成路线。下面是 Corey 在其逆合成分析法中提出的合成设计一般通则。

一、思考的一般通则

1. 不能孤立地解决合成问题中的各种因素，但将它们分别考虑，有助于简化合成问题。因此，在某个适当的阶段让它们相互补充，可以进一步完善整个设计方案。

2. 对于一个复杂的分子，可以有大量的、可行的合成路线。每一条路线都包括有多种反应的中间体，它们的合成比目标分子要简单些。每条路线的起始原料都应当是容易得到的。

3. 每一个可能的合成路线，都是基于对目标分子中的合成子的识别而倒推出来的。

4. 在选出最佳合成路线时，往往还有一些问题不够明确。但是，在审查各个合成设计方案时，应有明确（但不是绝对的）的标准，这样有助于筛去大量不合理的路线。

5. 在初步选择合成路线时应有以下几条明确的标准：

（1）在一系列反应中，希望各步反应的成功率都高。这意味着在每一步中要把可能产生的竞争性反应尽可能的减少，还要引入某些控制因素，防止副反应，并对后续反应中新增加的结构单元起着定位和导向作用。在这种条件下产生的效果可以保证从原料到产品的转化是高效率的。

（2）必须要有备用的有效路线，尤其是在个别步骤中出现问题时，需要有替换的方案。

（3）问题的解决方法要简单，在各个合成步骤之间要有令人满意的相关性，应想方设法使彼此之间能够做到相容、相互补充与相互简化。

6. 如有可能，对于构成合成路线的各步反应，要尽可能选用已知的方法。这样，对于反应机理和应用范围就有适当的理解，必要时也可以设计出一些新型反应来进行合成。

二、合成设计的一般通则

1. 简化合成问题。

2. 全面系统地辨认合成子。

3. 修饰合成子，找出合成等当体，即相当于合成子的试剂。

4. 引入控制因素。

5. 系统地分割合成子。

6. 列出可能的转化，从派生出来的中间体来合成原来的目标分子。

7. 对于每一步中的每一个中间体，都按照合成设计的一般通则的 1~6 点的提示，反复推敲。

8. 不断地产生新的中间体，一直推导出起点原料。

9. 排除不合逻辑之处。

10. 找出尚未解决的问题。

11. 按照上述的合成设计的一般通则的 1~10 各点反复分析，得出另外一些合成路线。

12．评估各条路线的优缺点。

实验 36．强心药米力农合成路线的设计与优化

基本内容与要求：

1．强心药米力农（milrinone）是一种磷酸二酯酶抑制剂。请使用 Internet、学术期刊和书籍等信息载体，独立查阅相关文献，以强心药米力农为目标化合物，设计目标化合物的合成路线，并比较设计的合成路线和文献报道的合成路线的优劣。

2．选择自行设计合成米力农方案中的第一步为研究对象，列出实验操作步骤。

3．上述操作步骤经指导教师论证其可行性后，列出所有的药品、试剂和设备清单，准备好仪器和药品，按照设计方案进行合成操作。

4．通过反应结果来比较各个方案的优缺点，并讨论反应的主要影响因素。

强心药米力农的结构式如下：

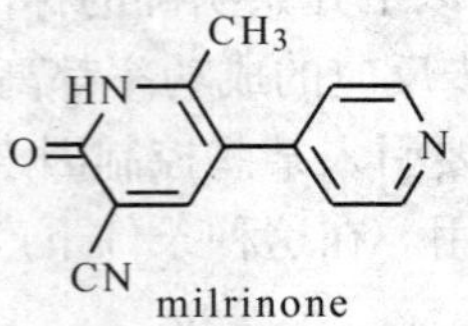

milrinone

实验 37．镇咳祛痰药呱西替柳合成路线的设计与优化

基本内容与要求：

1．按照药物合成研究的常规步骤，使用 Internet、学术期刊和书籍等信息手段，独立查阅相关文献，设计确定目标化合物镇咳祛痰药呱西替柳（guacetiasl）的合成路线。

2．对该药物合成中酚的酰化反应进行详细的探讨。

3．就该药物合成中酚的酰化反应设计好合成路线，经指导教师论证其可行性后，列出所有的药品、试剂和设备清单，准备好仪器和药品，按照设计方案进行合成操作。

4．通过反应结果比较各种酰化剂对酰化反应的影响，并比较各个方案的优缺点，讨论反应的主要影响因素。

镇咳祛痰药呱西替柳的结构式如下：

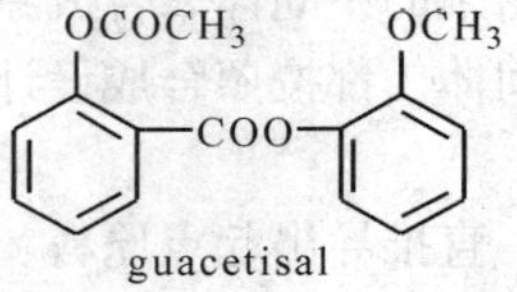

guacetisal

实验 38. 抗菌药硝呋肼合成路线的设计与优化

基本内容与要求：

1. 充分运用已学过的药学知识和技能，使用 Internet、学术期刊和书籍等信息载体，独立查阅相关文献，设计目标化合物硝呋肼（nifurzide）的合成路线，并比较设计的合成路线和文献报道的合成路线的优劣。

2. 选择硝呋肼化学合成中的关键中间体 5－硝基－2－噻吩甲酸乙酯为研究对象，探讨该中间体的各种可能合成路线。

3. 选择 5－硝基－2－噻吩甲酸乙酯最佳合成设计方案，经指导教师论证其可行性后，列出所有的药品、试剂和设备清单，准备好仪器和药品，按照设计方案进行合成操作。

4. 通过反应结果比较各个方案的优缺点，讨论反应的主要影响因素。

抗菌药硝呋肼的结构式如下：

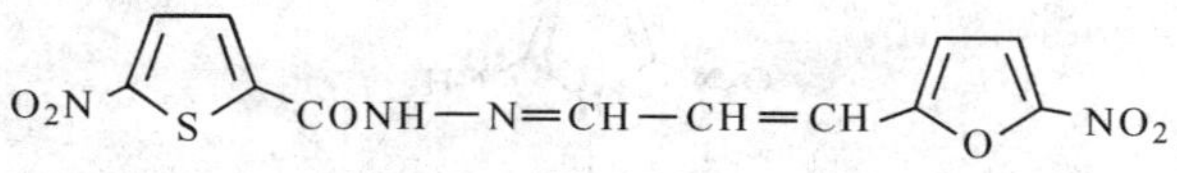

nifurzide

实验 39. 解热镇痛药非那西汀合成路线的设计与优化

基本内容与要求：

1. 运用所学的药学知识和技能，使用 Internet、学术期刊和书籍等信息载体，独立查阅相关文献，设计目标化合物非那西汀（phenacetin）的合成路线，并比较设计的合成路线和文献报道的合成路线的优劣。

2. 选择解热镇痛药非那西汀合成中的关键一步苯环上乙氧基化为研究对象，探讨苯环上乙氧基化的各种可能方法以及所需试剂，比较它们的优劣。

3. 在各种可能合成路线中，选择最佳合成设计方案，经指导教师论证其可行性后，列出所有的药品、试剂和设备清单，准备好仪器和药品，按照设计的方案进行合成操作。

4. 通过反应结果比较各个方案的优缺点，讨论反应的主要影响因素。

解热镇痛药非那西汀的结构式如下：

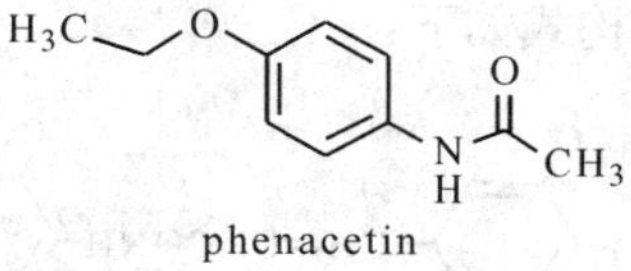

phenacetin

实验 40. 抗滴虫药塞克硝唑合成路线的设计与优化

基本内容与要求:

1. 运用所学的药学知识和技能,使用 Internet、学术期刊和书籍等信息载体,独立查阅相关文献,设计抗滴虫药塞克硝唑(secnidazole)的合成路线,并比较设计的合成路线和文献报道的合成路线的优劣。

2. 选择抗滴虫药塞克硝唑合成中的第一步,咪唑环的合成为研究对象,探讨咪唑环合成的各种可能方法,比较它们的优劣。

3. 在咪唑环合成的各种可能合成路线中,选择最佳合成设计方案,经指导教师论证其可行性后,列出所有的药品、试剂和设备清单,准备好仪器和药品,按照设计方案进行合成操作。

4. 通过反应结果比较各个方案的优缺点,讨论反应的主要影响因素。

抗滴虫药塞克硝唑的结构式如下:

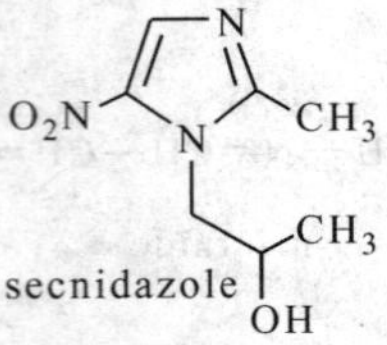

secnidazole

实验 41. 抗变态反应药曲尼司特合成路线的设计与优化

基本内容与要求:

1. 运用所学的药学知识和技能,使用 Internet、学术期刊和书籍等信息载体,独立查阅相关文献,设计抗变态反应药曲尼司特(tranilast)的合成路线,并比较设计的合成路线和文献报道的合成路线的优劣。

2. 选择第二步缩合反应为研究对象,探讨该步反应各种可能的合成方法,并比较这些方法的优劣。

3. 在各种可能的缩合反应合成路线中,选择最佳合成设计方案,经指导教师论证其可行性后,列出所有的药品、试剂和设备清单,准备好仪器和药品,按照设计方案进行合成操作。

4. 通过反应结果比较各个方案的优缺点,讨论反应的主要影响因素。

抗变态反应药曲尼司特的结构式如下:

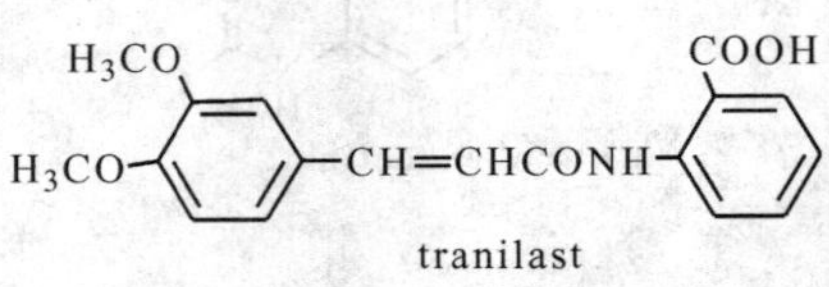

tranilast

第十五章 先导化合物（或药物）的结构修饰

为提高先导化合物（或已知药物）的生物活性，降低毒副作用，适应制剂要求，方便应用，可将先导化合物或已知药物的化学结构进行修饰。修饰方法根据目标化合物结构而定。保持先导化合物的基本结构不变，仅在某些功能基团上做一定的化学结构改变，称为化学结构修饰。

先导化合物一般可采用多种方法进行修饰优化，常用的有剖裂物，类似物，引入双键，合环和开环，大基团的引入、去除或置换，改变基团的电性，生物电子等排，前体药物设计，软药等。其中类似物、生物电子等排和前体药物设计应用较普遍。

第一节 先导化合物化学结构修饰的目的

先导化合物化学结构修饰的目的在于改善药物的转运与代谢过程，提高生物利用度；改善先导化合物理化性质和不良嗅味以及有利于先导化合物与受体或酶的相互作用，引起相应的生物化学和生物物理的转变。

一、使先导化合物在特定部位作用

一般情况下，先导化合物的作用强度与其血药浓度呈正比关系。为提高先导化合物的作用强度，就必须提高其血药浓度。将先导化合物的结构进行修饰，成为无生物活性的前药，当药物前体运转到作用部位时，转化为母体药物，发挥其药效。通过前药的方法来提高作用部位的母体药物浓度，使效力增加，这样能够降低药物的毒副作用。如癌细胞组织的特点是碱性磷酸酯酶、酰胺酶含量或活性高，pH 低。利用这些特点，设计了抗癌药的酯类和酰胺类前药。

二、提高先导化合物的稳定性

有些先导化合物不稳定，易氧化分解失效。如维生素 C 具烯二醇结构，还原性强，在存放过程中，极易受空气氧化而失效。经修饰为苯甲酸维生素 C 酯，活性与维生素 C 相等，稳定性提高，其水溶液也相当稳定。一些药物不经口服途径给药时，疗效显著，但口服给药时，则效果不好。原因之一是这些药物对胃酸不稳定，易被胃酸分解失效。如青霉素 G（penicillin G, benzylpenicillin）的缺点是不耐酸，因此口服效果差，不耐酶而引起耐药性和抗菌谱窄。设计了一些耐酸青霉素，如非奈西林（pheneticillin）、阿度西林（azidocillin），对胃酸稳定，可供口服，吸收性也有所改善。

三、改善先导化合物的溶解性

多种先导化合物在水中溶解度较低，溶解速度也较慢。将其制成适当的水溶性盐类，不仅溶解度增大，溶解速度也相应提高，更容易适应制剂要求。如苯妥英是一种弱酸性癫痫治疗药，一般是口服给药。癫痫发作时，需注射给药，但苯妥英水溶性低，其钠盐虽易溶于水，又碱性太强，易水解析出苯妥英使溶液混浊，而不适用于注射。将其分子引入

N – 磷酰氧甲基，制作成磷酸 – 3 – 羟基甲基苯妥英酯（phosphoric acid – 3 – hydroxymenthyl phenytoin ester），其二钠盐的水溶性比苯妥英高 4500 倍，能满足注射要求。

四、改善先导化合物的吸收性

先导化合物的吸收与脂水分配系数有关。如林可霉素的脂溶性差，脂水分配系数小，吸收不好。2 – *O* – 丁酰基林可霉素的脂水分配系数增大，吸收也改善，而且在体内的酶催化水解快，能达到药物修饰的效果。

五、延长药物作用时间

药物的转运和代谢快，作用时间较短。为了维持有效血浓度，必须反复给药，给治疗带来诸多不便。如对结构进行修饰，可使作用时间延长。如红霉素碱作用时间短，6h 给药一次，修饰为乳糖酸红霉素盐，则作用时间延长，8～12h 给药一次。作用时间短的药物，制成大分子盐，一般可使作用时间延长，而且对淋巴系统有高的亲和力，浓度高，对治疗有利。链霉素、新霉素、紫霉素的聚丙烯酸盐、磺化或磷酸化多聚糖醛酸盐等均有此效果。

六、降低先导化合物的毒副作用

有毒副作用的某些酸、碱性药物，修饰成适当的盐后，可以减轻毒副作用。特别是将碱性药物制成氨基酸盐或酸类维生素盐；将酸性药物制成胆碱盐。如阿司匹林临床应用极为广泛，但在大剂量口服时，对胃黏膜有刺激作用，甚至引起胃出血。为克服这一缺点，常做成盐、酯和酰胺。它们的疗效和阿司匹林相近，但对胃黏膜刺激性较小。又如硫酸双氢链霉素对第八对颅神经及肾脏有毒害，但维生素 C、泛酸和氨基酸双氢链霉素的急性毒性显著降低，并且溶解度增大。

七、消除药物的不良臭味

不少抗生素类药物有很强的苦味，用制剂学的矫味方法很难奏效。氯霉素、红霉素均有苦味，经成酯修饰为氯霉素棕榈酸酯、红霉素丙酸酯则不再有苦味。抗疟药奎宁也有苦味，成酯修饰为碳酸乙酯奎宁，则苦味消除。

八、发挥药物的配伍作用

组胺 H_1 受体拮抗剂具有使人困倦的副作用，与具兴奋作用的黄嘌呤类药物配伍制成盐后，H_1 受体拮抗剂的副作用可被黄嘌呤类药物的中枢兴奋作用对抗，发挥了药物的配伍作用，苯海拉明与 8 – 氯茶碱形成的茶苯拉明即为一例。

第二节　先导化合物的结构修饰与优化方法

先导化合物的结构修饰与优化的方法很多，以下介绍的是一些常用方法。

一、成盐修饰

具有酸、碱性的药物，常需制作成适当的盐类使用。同一种酸、碱性药物的不同盐类的特性难以预测，主要靠实践考察。选择的原则首先是生物有效性，兼顾原料来源、价格、结晶难易和收率，以及稳定性、吸潮性和流动性等。盐类的水解性，一般取决于酸性、碱性药物以及与其成盐的碱、酸试剂的解离常数，解离常数大的酸、碱形成的盐类的稳定性高。

1. 酸性药物成盐修饰

酸性药物成盐的类型，按其盐类的阳离子可分为两大类：①无机阳离子，包括钠、钾、锂、钙、锌、镁、铋、铝等，占盐类的 90% 左右。其中钾、钠、钙盐约占 80%。②有机阳离子，包括甲氨基葡萄糖、二乙醇胺、乙二胺、胆碱、普鲁卡因、氯普卡因、二苄乙二胺、三（羟甲基）氨基甲烷和 N – 苄基苯乙胺等与质子结合形成的阳离子。若按药物本身的结构分类，成盐修饰类型如下：

（1）含羧基类　含羧基的药物酸性较强，常制作成钾、钠或钙盐供用，也可制作成有机碱盐供临床。

（2）含酰亚胺基及酰脲基类　含酰亚胺基及酰脲基药物的酸性较含羧基的药物酸性低，一般制成钠盐供用。

（3）含磺酸基、磺酰胺基或磺酰亚胺基类　含磺酸基药物的酸性比羧基的强，一般制作成碱金属盐供用；含磺酰胺基的药物制作成其钠盐，水溶性增大，供配制液体制剂用；含磺酰亚胺基药物的酸性比含磺酰胺基药物的酸性强，也制成其钠盐供用，如眼科用药磺胺醋酰钠，制作成钠盐后水溶性增大。

（4）含酚羟基及烯醇基类　含酚羟基及烯醇基药物的酸性较弱，其碱金属盐类水溶液碱性过强，一般不宜制成盐类供药用。只对个别含羟基而结构又较为特殊的药，才可制成钠盐供用，如造影剂碘酞钠。烯醇的酸性也较弱，其碱金属盐的碱性过强，具有连烯二醇基团的药物的酸性较强，可作成钠盐供用，如维生素 C 与碳酸氢钠反应生成的维生素 C 钠，而且维生素 C 与碱性药物生成的盐，毒副作用一般比碱性药物的其他盐弱。

2. 碱性药物成盐修饰

碱性药物盐类品种很多。按其盐类的阴离子也分为两大类，即无机阴离子类和有机阴离子类。以无机阴离子类占多数。由于来源以及生理的原因，盐酸盐最多，氢卤酸盐占一半以上，硫酸盐也不少。有机阴离子一般是有机酸阴离子，常见的有枸橼酸、酒石酸、苯磺酸、泛酸、维生素 C 等的阴离子。碱性药物按结构来分类，成盐修饰类型有：

（1）含脂肪氨基类　含脂肪氨基药物的碱性较强，常需与无机酸或有机酸制作成盐类供药用，如硫酸庆大霉素、硫酸卡那霉素、盐酸土霉素和盐酸金刚烷胺。

（2）含芳香氨基类　含芳香氨基药物的碱性较弱，可与双羟萘酸形成不溶性盐，降低毒性，延长作用时间。

（3）含氮杂环类　含氮杂环的药物碱性较强，需制成盐类，如磷酸哌嗪、盐酸哌替啶和硫酸奎宁。噻啶和酚嘧啶，可与双羟萘酸形成不溶性盐，以适应特殊的要求。芳杂环胺的碱性较弱，仅与强酸成盐应用，如盐酸硫胺。含氮芳杂环药物也多与强酸成盐，如硝酸毛果芸香碱和盐酸左旋咪唑等。

（4）含肼基或胍基类　含肼基或胍基的碱性药物如双肼肽嗪和链霉素，可制作成硫酸盐。

（5）含季铵碱基类　含季铵碱基药物碱性很强，稳定性差，均需制成盐类，如盐酸小蘖碱和盐酸硫胺。

二、成酯、成酰胺修饰

酯类药物前体在体内转化为有生物活性的醇或酸而发挥作用。

1．含羧基药物的成酯修饰

（1）醇酯　常见的为甲醇和乙醇酯。如氟芬那酸（flufenamic acid）对皮肤有刺激性，丁酯化修饰成为氟灭酸丁酯，刺激性消失。布洛芬（ibuprofen）对胃肠道有刺激性，吡啶甲酯化形成布洛芬吡啶甲酯，对胃肠道刺激性改善。

（2）酚酯　布洛芬对胃肠道有刺激性，其愈创木酚酯则无刺激性。

2．含羧基药物的成酰胺修饰

成酰胺修饰应用不如成酯修饰广，常用的胺化剂有氨、二甲胺及苯胺等。如丙戊酸钠（valproate sodium）为抗癫痫药，对胃肠道有刺激性，吸收快，血浓度波动大。将其羧基修饰为酰胺基，形成丙戊酰胺（valpromide），毒性减小，吸收较慢，血浓度波动范围小。

3．含羟基药物的成酯修饰

（1）无机酸酯　磷酸和硫酸为多元酸，与含醇、酚羟基的药物酯化成单酯后，仍保持其亲水性。如硫酸 – 5 – 羟基黄酮酯，经过酯化后，水溶性增加。

（2）脂肪酸酯　从甲酸到十八酸都有应用，以乙酸最为普遍。除直链脂肪酸外，也有支链脂肪酸、取代脂肪酸。如维生素 A 稳定性不好，酯化形成二甲基棕榈酸维生素 A 酯，稳定性提高。苯丙酸 – 19 – 去甲基睾丸素和环戊烷基丙酸睾丸素的作用时间分别较其母体长。

（3）二羧酸单酯　用于酯化的二元羧酸有丁二酸、邻苯二甲酸和马来酸等，以丁二酸单酯最常见。由于结构中保留有亲水基团，可增大水溶性。二羧酸单酯除形成盐类增大水溶性外，也可与聚乙二醇形成混酯，带有亲水性聚乙氧基，也可使水溶性增大。二羧酸单酯也可与二酰基甘油酯化，改善其理化性质。酸性氨基酸单酯也有应用。

（4）芳酸酯　苯甲酸酯、对乙酰氨基苯甲酸酯和磺酸苯甲酸酯等。

4．含羧基药物与具羟基药物相互作用成酯修饰

利用含羧基药物与含羟基药物相互作用成酯配伍制作前药，在体内分解为两种母体药物，各自发挥其药理作用，并克服各自缺点。如贝诺酯为两种解热镇痛药乙酰水杨酸与对乙酰氨基酚所成的酯，毒副作用较两者为低。再如烟酸与肌醇为肝炎防治药，但吸收性均差，相互作用形成烟酸肌醇酯后，则吸收改善。

5．具氨基药物成酰胺修饰

氨基酸为常用的酰化剂，因其本身为食物成分，无毒性，最宜选用。不同氨基酸酰化形成的酰胺，溶解性和水解性不同，可根据需要进行选择。脂肪酸也是常用的酰化试剂，以低级脂肪酸应用最多，如甲酸和乙酸及丁二酸等。芳酸也是常用的酰化试剂，如苯甲酸、邻苯二甲酸等。

三、生物电子等排

化学上的电子等排（isosterism）是指化学结构不同的物质，由于外层电子有相同的数目和排布，而具有相似的物理性质。这一概念扩展到生物学上，发展成为生物电子等排（bioisosterism）。生物电子等排广义上是指一组化合物具有相似价电子数目和排布的原子、基团或结构片断，可以产生相似、相近或相反的生物活性。根据这个广义的概念，一价的卤素、巯基、氨基、羟基、烷基、甲氧基以及氢原子互为等排体，这些基团或原子之间可以互换；一价的羧基、磺酰氨基、磺酸基、羟肟酸基、磷酸基、磷酰氨基以及四氮唑基互为等排体，它们之间可以互换；二价的—O—，—S—，—NH—，—CH_2—等基团之间互为等排体，它们之间可以互换；三价的—N＝，—P＝，—CH＝等基团之间互为等排体。例如，降血糖药氨磺丁脲、甲磺丁脲和氯磺丙脲是一价电子等排体—NH_2，—CH_3，—Cl间相互取代的结果。

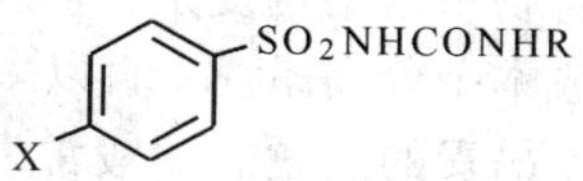

X	R	
NH_2	C_4H_9	氨磺丁脲
CH_3	C_4H_9	甲磺丁脲
Cl	C_3H_7	氯磺丙脲

又如 5 - 氟尿嘧啶是用 F 原子取代正常代谢物尿嘧啶结构中 5 位上的 H 原子，得到干扰 DNA 合成的抗肿瘤药物 5 - 氟尿嘧啶。F 与 H 外层电子数不同，但原子半径相近，属于非经典的电子等排体。

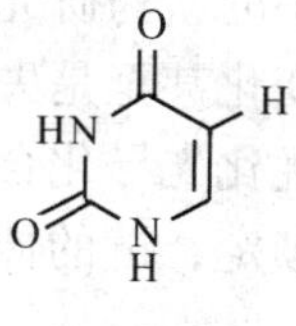

尿嘧啶 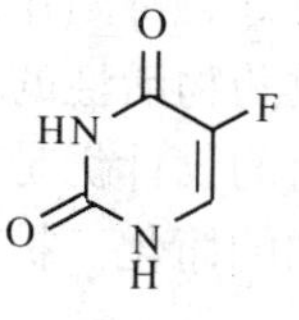   5- 氟尿嘧啶

四、应用前药原理

前体药物简称前药（prodrug），是一类体外活性较小或无活性，在体内经酶或非酶（化学因素）作用释放出活性物质（即原药，又称母药）以发挥药理作用的化合物。

进行前药设计时，根据修饰的目的，将原药与暂时转运基团（某种无毒的化合物）以共价键相连接形成前药。前药在体内到达作用部位后，在酶或非酶作用下，暂时转运基团可逆的断裂下来，释放出有活性的原药发挥药理作用。前药设计通常是利用原药分子中的羟基、羧基、氨基、羰基等基团与暂时转运基团形成酯、酰胺、亚胺等可被水解的共价键。通过设计合成前药，可以使药物在特定部位释放，提高药物的选择性，增强药效并降低毒性，改善药物的脂溶性和水溶性以提高生物利用度、延长药物的作用时间以及增加药物的化学稳定性等。

五、应用软药原理

软药（soft drug）是相对于硬药（hard drug）而言，与前药不同，软药本身有活性，是具有治疗作用的药物。软药在体内产生药理作用后，经预期方式和可控速率一步代谢转变为无活性、无毒代谢物，提高了药物的安全性和治疗指数。软药在体内容易被代谢失活，半衰期短。硬药是指不能被机体代谢、或不易被代谢、或要经过多步反应而失活的药物。

一般认为，药物的毒性是在代谢过程中形成有毒的活性代谢物所致，软药设计是在药物分子中有意引入一个特定的代谢敏感点（一般为易被水解的酯键），在体内呈现药理作用后，迅速经一步代谢成无活性的代谢物，避免了产生有毒的活性代谢物，因而提高了药物的安全性和治疗指数。

六、结构简化

一般从自然界得到的先导化合物不但结构复杂，而且资源十分有限。由于结构复杂，使得人工合成这些先导化合物的成本十分高昂。一直以来，人们致力于简化这些先导化合物的结构，以解决资源短缺和成本昂贵的问题。一般常采用母核剖裂法进行结构的简化。迄今为止有许多成功的例子，如降血脂药氟伐他汀的研发就是其中一例。该药是以桔青霉素为先导化合物，但由于桔青霉素中含有多个手性碳原子，全合成产率极低，因此合成成本高昂。后来依据该药的靶酶性质，结合构效关系，简化得到了人工代用品氟伐他汀，这种代用品具有结构简单、活性强、副作用小等特点。

七、设计类似物

类似物设计是指以现有药物或具有生物活性的化合物为先导化合物，对其结构进行局部修饰或改造，以获得疗效更好、毒副作用更小的新药研究方法。在设计类似物时，必须考虑到新加入的基团可能导致药物活性的显著变化甚至是失活，也有可能导致药物产生其他的效果。尽管如此，类似物的设计仍是目前优化先导化合物的主要方法。类似物的设计通常是利用基团的变化，结构的简化、扩展与锁定，链的伸缩，环的改变，以及生物电子导排体替换来实现的。

在类似物设计时，常依据相似相溶原理，当碳链增长或增加脂溶性基团时，可明显增加药物的脂溶性，从而改变药物在体内转运等性质。如巴比妥酸在生理条件下呈离子状态，脂溶性差。在其 C_5 位上引入两个烃基后，得到的物质脂溶性较好，可以更加有力地穿透血脑屏障起效。另一种修饰是对芳环上取代基进行改变。这种改变可以对芳环上的电子云分布产生影响，从而影响整个分子与相应受体的结合，有望从中找到最佳药物。

在药物分子中插入一些刚性的基团，如碳碳双键或三键被引入柔性分子中后，原来的药效团即可被固定在某一位置，形成刚性类似物，从而增强类似物的药理活性，这种方法又称结构锁定。成功的例子如在吗啡的 C_6 位与 C_{14} 位之间引入双键，制成比吗啡效力强两百倍的镇痛药埃托啡（etorphine）等。

改变原子之间的距离也是一种优化先导化合物的方法。一般在药物中都有若干个特定的与靶标结合的基团，称为药效团。这些药效团之间的距离对药物的效力有很大影响，通过改变它们之间的距离，也有可能获得作用效果更好的药物。

八、立体结构优化

药物对映异构体在药效上存在着显著的差异，其根本原因是生物体中的生物大分子存在着手征性。这些生物大分子，一般都是药物的作用靶点，因此，一对对映异构体进入人体以后，会被机体作为完全不同的物质处理，因而药效就具有显著的差异。有些药物的一种对映体有显著治疗作用，而另一种对映体几乎无作用。有些药物的一种对映体有显著治疗作用，而另一种对映体却具有严重的毒副作用。因此，对于外消旋体的药物，常采用旋光拆分，或不对称合成等方法来获得单一的旋光异构体。

实验 42．甲硝唑药物的结构修饰

甲硝唑（metronidazole）又名灭滴灵，为白色或淡黄色粉末，微溶于水和三氯甲烷，可溶于乙醇。熔点 159～163℃。甲硝唑具有强的杀灭滴虫作用，是治疗阴道滴虫病的首选药物，对肠道以及组织内阿米巴原虫也有杀灭作用。此外，甲硝唑还具有抗厌氧菌作用，可用于治疗由厌氧菌引起的产后盆腔炎、败血症、牙周炎等。甲硝唑的结构式如下：

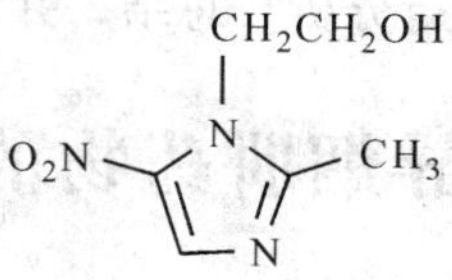

metronidazole

基本内容与要求：

1．使用 Internet、学术期刊和书籍等信息载体，独立查阅有关甲硝唑药物结构修饰方面的文献。

2．通过查阅文献，并运用所学的药学知识，以甲硝唑为先导化合物，采用成酯、成酰胺、成盐以及生物电子等排等药物修饰方法对甲硝唑的结构进行修饰和优化。

3．设计各种可能的修饰方案，并列出合成路线，选择其中最佳的结构修饰方案，经指导教师论证其可行性后，列出所有的药品、试剂和设备清单，准备好仪器和药品，按照设计方案进行合成操作。

4．对合成出来的化合物进行结构确认。

5．通过实验结果对该修饰方案进行分析、总结，并讨论相关反应的主要影响因素。

实验 43．假密环菌素 A 的结构修饰

假密环菌素 A（armillarisin A）为淡黄色或黄色晶体或结晶性粉末，几乎不溶于水，微溶于乙醇。熔点 253～255℃。假密环菌素 A 是从假密环菌（*Armillariella tabescens*）中分离提取出来的利胆活性成分，常用于治疗急性胆囊炎、慢性胃炎以及病毒性肝炎等症。假密环菌素 A 可以通过 3,5－二羟基苯甲醇为原料进行人工合成。假密环菌素 A 的结构式如下：

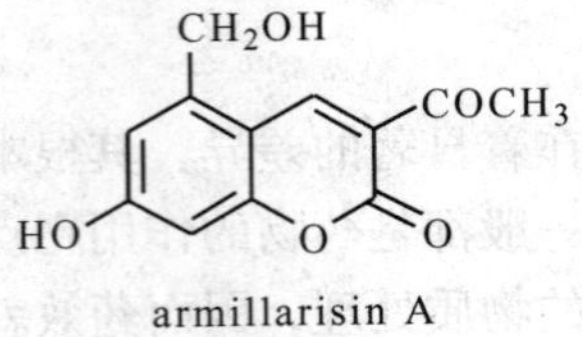

armillarisin A

基本内容与要求：

1．使用 Internet、学术期刊和书籍等信息载体，独立查阅有关假密环菌素 A 结构修饰方面的文献。

2．通过查阅文献，并运用所学的药学知识，以假密环菌素 A 为先导化合物，采用设计类似物的方法对其结构进行修饰和优化。希望获得水溶性好，抗炎活性更高的类似物。

3．设计各种可能的修饰方案，并列出合成路线，选择其中最佳的结构修饰方案，经指导教师论证其可行性后，列出所有的药品、试剂和设备清单，准备好仪器和药品，按照设计方案进行合成操作。

4．对合成出来的化合物进行结构确认。

5．由实验结果对该修饰方案进行分析、总结，并讨论相关反应的主要影响因素。

实验 44．异烟肼药物的结构修饰

异烟肼（isoniazid）为白色结晶性粉末，熔点 170～173℃，遇光不稳定会变质。易溶于水，可溶于乙醇，微溶或几乎不溶于醚中。主要用于各类结核病的治疗，对结核杆菌具有良好的抗菌作用。异烟肼的化学结构式如下：

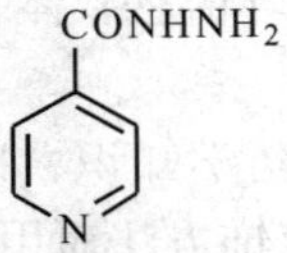

CONHNH₂

isoniazid

基本内容与要求：

1．使用 Internet、学术期刊和书籍等信息载体，独立查阅异烟肼药物结构修饰方面相关文献。

2．通过查阅文献，并运用所学的药学知识，以异烟肼为先导化合物，采用前药原理、生物电子等排原理以及其他方法对异烟肼结构进行修饰和优化。要求通过修饰后能显著提高该药物的稳定性和酯溶性。

3．设计各种可能的修饰方案，并列出合成路线，选择其中最佳的结构修饰方案，经指导教师论证其可行性后，列出所有的药品、试剂和设备清单，准备好仪器和药品，按照设计方案进行合成操作。

4．对合成出来的化合物进行结构确认。

5．通过实验结果对该修饰方案进行分析、总结，并讨论相关反应的主要影响因素。

实验 45. 芦荟大黄素的结构修饰

芦荟大黄素（aloe emodin）为橙色针状结晶，熔点 223～224℃。易溶于热乙醇、乙醚及苯中。芦荟大黄素为大黄的抗菌有效成分，对其敏感的细菌有葡萄球菌、链球菌及白喉、枯草、炭疽、副伤寒和痢疾等杆菌，其中对葡萄球菌和链球菌最为敏感。芦荟大黄素还具有抑制癌细胞的 DNA、RNA 和蛋白质的生物合成功能。芦荟大黄素的结构式如下：

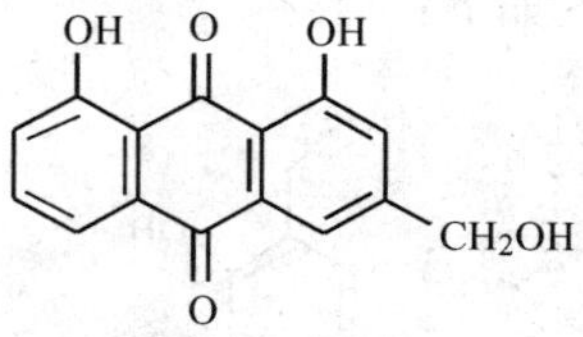

aloe emodin

基本内容与要求：

1. 使用 Internet、学术期刊和书籍等信息载体，独立查阅有关芦荟大黄素结构修饰方面的文献。

2. 通过查阅文献，并运用所学的药学知识，以芦荟大黄素为先导化合物，采用设计类似物的方法对其结构进行修饰和优化。希望获得抗菌活性更高的类似物。

3. 设计各种可能的修饰方案，并列出合成路线，选择其中最佳的结构修饰方案，经指导教师论证其可行性后，列出所有的药品、试剂和设备清单，准备好仪器和药品，按照设计方案进行合成操作。

4. 对合成出来的化合物进行结构确认。

5. 对该修饰方案进行分析、总结，并讨论反应的主要影响因素。

第十六章 天然产物的合成与结构修饰

实验46. 海洋天然产物龙胆醇的合成与结构修饰

海洋天然产物龙胆醇（gentisyl alcohol）是从海洋黑曲霉真菌中分离得到的苄醇类化合物（2,5-二羟基苄醇），其结构式如下：

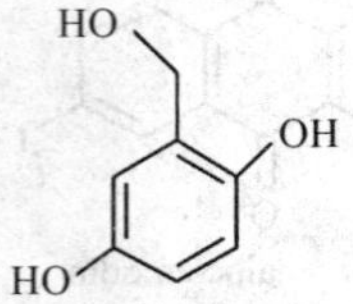

gentisyl alcohol

基本内容与要求：

1. 运用所学的药学知识和技能，使用 Internet、学术期刊和书籍等信息载体，独立查阅与龙胆醇相关的文献。

2. 通过查阅文献，给出该化合物的合成与结构修饰方案，要求经该方法修饰后能够获得一系列相关的化合物以便于构效关系的研究。

3. 设计各种可能合成路线，选择最佳合成设计方案，经指导教师论证其可行性后，列出所有的药品、试剂和设备清单，准备好仪器和药品，按照设计的方案进行合成操作。

4. 利用各种分析测试手段，对合成出来的化合物结构进行确认。

5. 讨论该方案中关键反应的主要影响因素。

实验47. 天然产物黑升麻酮酯的全合成与结构修饰

天然产物（cimiciphenone）是从升麻植物中分离得到的化合物 3-羟基-4-甲氧基-苯丙烯酸-3,4-二羟基苯基-2-氧代乙酯，其结构式如下：

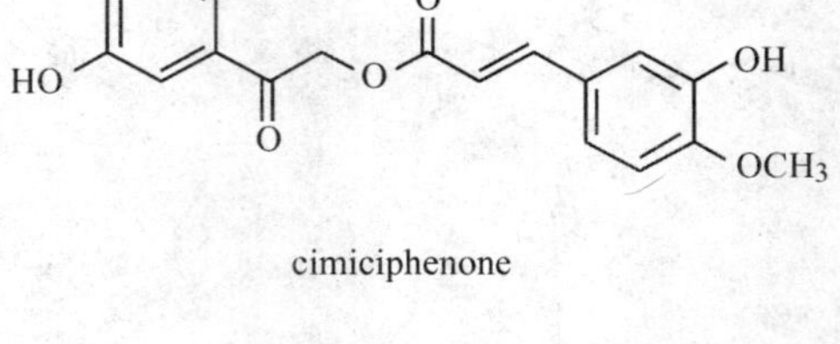

cimiciphenone

基本内容与要求：

1. 运用所学的药学知识和技能，使用 Internet、学术期刊和书籍等信息载体，独立查阅与黑升麻酮酯相关的文献。

2. 通过查阅文献，利用逆合成分析法通过对目标化合物（黑升麻酮酯）分子的分割和骨架的构建来设计目标化合物（黑升麻酮酯）的全合成路线。

3．对各种可能的全合成路线进行分析、比较，选择最佳合成设计方案，经指导教师论证其可行性后，列出所有的药品、试剂和设备清单，准备好仪器和药品，按照设计的方案进行合成操作。

4．利用各种分析测试手段，对合成出来的化合物结构进行确认。

5．讨论该方案中关键反应的主要影响因素。

实验48. 天然产物硬毛紫草素 A 的合成与结构修饰

天然产物硬毛紫草素 A（onosmin A）是从紫草科植物硬毛紫草中分离得到的化合物 2－（4－甲基苄氨基）苯甲酸，其结构式如下：

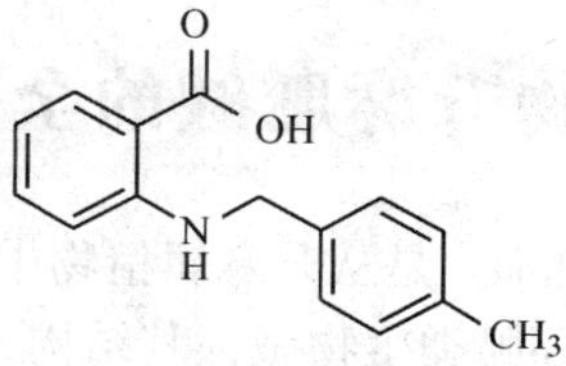

onosmin A

基本内容与要求：

1．运用所学的药学知识和技能，使用 Internet、学术期刊和书籍等信息载体，独立查阅与硬毛紫草素 A 相关的文献。

2．通过查阅文献，给出该化合物的合成与结构修饰方案，要求经该方法修饰后能够获得一系列相关的化合物以便于构效关系的研究，并尽可能多的为新化合物。

3．设计各种可能合成路线，选择最佳合成设计方案，经指导教师论证其可行性后，列出所有的药品、试剂和设备清单，准备好仪器和药品，按照设计的方案进行合成操作。

4．利用各种分析测试手段，对合成出来的化合物结构进行确认。

5．讨论该方案中关键反应的主要影响因素。

实验49. 天然产物高良姜醛的全合成与结构修饰

天然产物高良姜醛（galanganal）是从姜科植物大高良姜中分离得到的化合物 2－（4－羟基苯亚甲基）－5－（4－羟基苯基）－4－戊烯醛，其结构式如下：

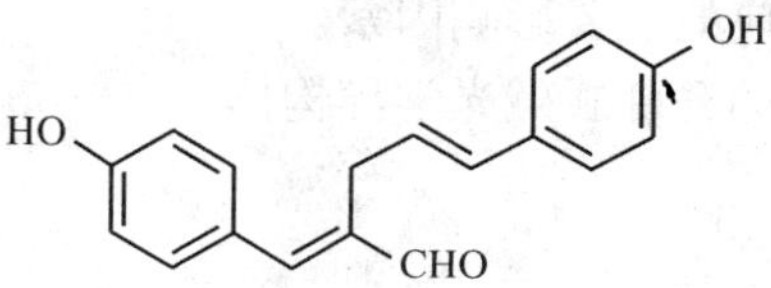

galanganal

基本内容与要求：

1．运用所学的药学知识和技能，使用 Internet、学术期刊和书籍等信息载体，独立查阅与高良姜醛相关的文献。

2．通过查阅文献，利用逆合成分析法通过对目标化合物高良姜醛分子的分割和骨架的构建来设计目标化合物高良姜醛的全合成路线。

3．对各种可能的全合成路线进行分析、比较，选择最佳合成设计方案，经指导教师论证其可行性后，列出所有的药品、试剂和设备清单，准备好仪器和药品，按照设计的方案进行合成操作。

4．利用各种分析测试手段，对合成出来的化合物结构进行确认。

5．讨论该方案中关键反应的主要影响因素。

实验50．天然产物升麻胍碱的全合成与结构修饰

天然产物升麻胍碱（cimipronidine）是从升麻属植物中分离得到的化合物 1－亚氨基氨甲基四氢吡咯－2－乙酸，是一种环胍类生物碱，其结构式如下：

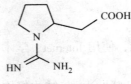

cimipronidine

基本内容与要求：

1．运用所学的药学知识和技能，使用 Internet、学术期刊和书籍等信息载体，独立查阅与升麻胍碱相关的文献。

2．通过查阅文献，利用逆合成分析法，通过对目标化合物升麻胍碱分子的分割和骨架的构建来设计目标化合物升麻胍碱的全合成路线。

3．对各种可能的全合成路线进行分析、比较，选择最佳合成设计方案，经指导教师论证其可行性后，列出所有的药品、试剂和设备清单，准备好仪器和药品，按照设计的方案进行合成操作。

4．利用各种分析测试手段，对合成出来的化合物结构进行确认。

5．讨论该方案中关键反应的主要影响因素。

6．讨论如何才能获得纯的升麻胍碱光学异构体？

附 录

附录 1 原子量表（$^{12}C = 12.00$）

中文名	英文名	符号	原子量	中文名	英文名	符号	原子量
氢	Hydrogen	H	1.00794（7）	硒	Selenium	Se	78.96（3）
氦	Helium	He	4.002602（2）	溴	Bromine	Br	79.904（1）
锂	Lithium	Li	4.941（2）	锶	Strontium	Sr	87.62（1）
硼	Boron	B	10.811（5）	锆	Zirconium	Zr	91.224（1）
碳	Carbon	C	12.011（1）	钼	Molybdenium	Mo	95.94（1）
氮	Nitrogen	N	14.00674（7）	钯	Palladium	Pd	106.42（1）
氧	Oxygen	O	15.9994（3）	银	Silver（Argentum）	Ag	107.8682（2）
氟	Fluorine	F	18.9984032（9）	镉	Cadmium	Cd	112.411（8）
钠	Sodium（Natrium）	Na	22.989768（6）	铟	Indium	In	114.818（3）
镁	Magnesium	Mg	24.3050（6）	锡	Tin（Stannum）	Sn	118.710（7）
铝	Aluminium	Al	26.981539（5）	锑	Antimony（Stibium）	Sd	121.757（3）
硅	Silicon	Si	28.0855（3）	碘	Iodine	I	126.90447（3）
磷	Phosphorus	P	30.973762（4）	碲	Tellurium	Te	127.60（3）
硫	Sulfur	S	32.066（6）	氙	Xenon	Xe	131.29（2）
氯	Chlorine	Cl	35.4527（9）	钡	Barium	Ba	137.327（7）
钾	Potassium（Kalium）	K	39.0983（1）	镧	Lanthanum	La	138.9055（2）
钙	Calcium	Ca	40.078（4）	铈	Cerium	Ce	140.115（4）
钛	Titanium	Ti	47.88（3）	钬	Holmium	Ho	164.93032（3）
钒	Vanadium	V	50.9415（1）	镱	Ytterbium	Yb	173.04（3）
铬	Chromium	Cr	51.9961（6）	钨	Tungsten（Wolfram）	W	183.84（1）
锰	Manganese	Mn	54.93805（1）	铂	Platinum	Pt	195.08（3）
铁	Iron（Ferrum）	Fe	55.847（3）	金	Gold（Aurum）	Au	196.96654（3）
钴	Cobalt	Co	58.93320（1）	汞	Mercury（Hydrargyrum）	Hg	200.59（3）
镍	Nickel	Ni	58.6934（2）	铅	Lead（Plumbum）	Pb	207.2（1）
铜	Copper	Cu	63.546（3）	铋	Bismuth	Bi	208.98037（3）
锌	Zinc	Zn	65.39（2）	钍	Thorium	Th	232.0381（1）
镓	Gallium	Ga	69.723（1）	铀	Uranium	U	238.0289（1）
砷	Arsenic	As	74.92159（2）				

注：原子量末位数的准确度加注在其后括号内。

附录2　水的蒸气压力和相对密度表（0～35℃）

温度（℃）	相对密度 d	蒸气压力（mmHg）[①]	温度（℃）	相对密度 d	蒸气压力（mmHg）
0	0.99987	4.58	18	0.99862	15.38
1	0.99993	4.92	19	0.99843	16.37
2	0.99997	5.29	20	0.99823	17.41
3	0.99999	5.68	21	0.99802	18.50
4	1.00000	6.09	22	0.99780	19.66
5	0.99999	6.53	23	0.99757	29.88
6	0.99997	7.00	24	0.99733	22.18
7	0.99993	7.49	25	0.99708	23.54
8	0.99988	8.02	26	0.99682	24.99
9	0.99981	8.58	27	9.88655	26.50
10	0.99973	9.18	28	0.99627	28.10
11	0.99963	9.81	29	0.99597	29.78
12	0.99952	10.48	30	0.99568	31.55
13	0.99940	11.19	31	0.99537	33.42
14	0.99927	11.94	32	0.99505	35.37
15	0.99913	12.73	33	0.99473	37.43
16	0.99997	13.56	34	0.99440	39.59
17	0.99980	14.45	35	0.99406	41.85

注：①1mmHg = 133.3224Pa，下同。

附录3　常用有机溶剂的纯化

　　药物合成中，常根据反应的特点和要求，选用适当规格的有机溶剂。有机溶剂有工业纯、化学纯和分析纯等各种规格。某些有机反应对溶剂要求较高，即使微量杂质或水分的存在，也会对反应速率、产率和纯度带来一定的影响，甚至使反应失败。此外，有时合成中需要大量的纯度较高的有机溶剂时，也常用工业级的普通溶剂自行精制后供实验室用，以节约成本。因此，对溶剂进行纯化处理是药物合成中经常要做的事情之一，了解有机溶剂的性质及纯化方法是药物合成实验中应掌握的基本操作技能。

　　1. 烷烃类　石油醚为轻质石油产品，是分子量较低的烃类混合物。有 30～60℃、60～90℃、90～120℃等沸程规格的石油醚。戊烷的沸点 36℃，己烷沸点 69℃，环己烷沸点 80.7℃。

　　纯化时首先用浓硫酸洗涤几次，除去烯烃；然后水洗，用无水 CaCl₂ 干燥；滤除 CaCl₂ 后蒸馏，收集前馏分之后的流出物；贮藏于带塞的棕色试剂瓶中。

　　2. 苯类　苯的沸点 80.1℃，甲苯的沸点 110.6℃，邻二甲苯的沸点 144.5℃，间二甲苯的沸点 139℃，对二甲苯的沸点 138.3℃。

　　纯化时首先用 CaCl₂ 干燥，滤除 CaCl₂ 后进行分馏，弃去前面大约 5%～10% 的前馏分。收集相应沸程以内的馏分贮藏于带塞的试剂瓶中。

来自于焦化行业的苯中常夹杂着微量的噻吩，有时需要除去微量的噻吩，制备无水无噻吩的苯的操作如下：

在分液漏斗内将普通苯及相当于苯体积15%的浓硫酸一起充分摇荡，静置，弃去底层的硫酸，再加入新的浓硫酸摇荡，静置。这样重复操作直至酸层呈现无水或淡黄色，且检验无噻吩为止。分去硫酸，苯层依次用水、10%碳酸钠溶液、水洗涤，再用无水氯化钙干燥，过滤，蒸馏，收集80℃的馏分。若要高度干燥，可再加入钠丝进一步去水。

噻吩的检验：取5滴苯于小试管中，加入5滴浓硫酸及1~2滴1%的吲哚醌-浓硫酸溶液，振荡片刻。如呈墨绿色或蓝色，表示有噻吩存在。

3. 卤代烷类 二氯甲烷沸点40℃，三氯甲烷沸点61.2℃，四氯化碳沸点76.8℃，1,2-二氯乙烷的沸点83.5℃。

纯化时首先用水洗，然后 $CaCl_2$ 干燥，蒸馏，弃去前面5%的潮湿前馏分。进一步的干燥和提纯时，加入 P_2O_5 重蒸。

在小量和特殊的情况下可通过氧化铝（碱性，一级活性）直接蒸入反应瓶。贮藏于带塞的棕色试剂瓶中，长期贮藏的三氯甲烷，应放在密闭的棕色试剂瓶中，装满，并保存于黑暗处。注意：三氯甲烷等卤代烃绝对不能用金属钠干燥，否则会发生爆炸。

4. 醚类 乙醚沸点34.5℃，二异丙基醚的沸点是68.5℃。

普通乙醚中常含有一定量的水、乙醇以及在放置过程中被氧化形成的少量过氧化物等杂质，不仅影响反应的进行，且易发生危险。因此，在实验中常需自行纯化。制备无水乙醚时首先要检验有无过氧化物存在。检验方法是，取1mL乙醚与等体积的2%碘化钾溶液，加入几滴稀盐酸一起振摇，若能使淀粉溶液呈紫色或蓝色，即证明有过氧化物存在。除去过氧化物可在分液漏斗中加入普通乙醚和相当与乙醚体积1/5的新配制的硫酸亚铁溶液，剧烈摇动后分去水溶液。然后，按照下述操作进行精制。

在250mL干燥的锥形瓶中，放置100mL除去过氧化物的普通乙醚和4~5g无水氯化钙，间隙振摇，放置24h，这样可除去大部分水和乙醇。水浴蒸馏，收集34~35℃馏分，在收集瓶中压入钠丝，然后用带有氯化钙干燥管的软木塞塞住，或者在木塞中插入一端拉成毛细管的玻璃管。这样可使产生的气体逸出，并可防止潮气侵入，放置24h以上。待乙醚中残留的痕量水和乙醇转化为氢氧化钠和乙醇钠后，进行蒸馏，收集需要的馏分。但是这种乙醚中还是含有少量的水和氧。若要制备无水无氧乙醚，则将这种乙醚放在制备无水无氧溶剂的装置中，加入金属钠和二苯酮在干燥氮气保护下加热回流，至下面圆底烧瓶中的液体呈深蓝黑色时，说明乙醚中的水和氧都已除掉，此时蒸馏收集无水无氧乙醚。

【注】（1）硫酸亚铁溶液的配制 向110mL水中加入6mL浓硫酸，然后加入60g硫酸亚铁。硫酸亚铁溶液久置后容易氧化变质，因此需在使用前临时配制。

（2）乙醚沸点低，极易挥发，严禁用明火加热。可用事先准备好的热水浴加热，或者用变压器调节的封闭式电热锅加热。尾气出口通水槽，以免乙醚蒸气散发到空气中。由于乙醚蒸气比空气重（约为空气的2.5倍），容易聚焦在桌面附近或低洼处。当空气中含有1.85%~36.5%的乙醚蒸气时，遇火即会发生燃烧爆炸，因此在使用和蒸馏过程中必须严格遵守操作规程。

5. 环醚类 四氢呋喃的沸点为65.5℃，二氧六环的沸点为84℃。初步纯化时加入

KOH 放置过夜，倾泻出环醚，然后进行过氧化物试验。如呈阳性，则加入最多 0.4% 重量的 NaBH$_4$ 搅拌过夜（为何不能同乙醚一样用新配制的硫酸亚铁水溶液洗涤除去过氧化物?），加入 CaH$_2$ 蒸馏，注意不能蒸干。进一步的干燥和提纯可在氮气保护下加入金属钾蒸馏；少量的可通过氧化铝（碱性，一级活性）直接进入反应瓶。纯化后的环醚盛于干燥的塑料瓶中，加入碱性的活性氧化铝，并用氢气保护；长期贮藏时，必须加以密封。

6. 二硫化碳　沸点 46.5℃。提纯时加入少量 P$_2$O$_5$，使用水浴蒸气加热，蒸馏收集。进一步的干燥和提纯可加入少量汞，振荡，再加入 P$_2$O$_5$ 重蒸。二硫化碳极易着火，注意不要大量贮藏于实验室内！

7. 低级酯类　醋酸乙酯沸点 77.1℃，醋酸甲酯的沸点为 57℃，其他沸点低于 100℃ 的酯的提纯相同。一般提纯可用活性硫酸钙和（或）无水碳酸钾干燥，倾泻除去干燥剂后，小心地蒸馏。对于醋酸乙酯和醋酸甲酯的进一步干燥和提纯时，加入最多 5% 重量的醋酐后分馏。也可以与 P$_2$O$_5$ 一起回流除水，收集的馏分中加入 5Å 分子筛，密闭保存。

8. 乙腈　沸点 81.5℃。一般提纯可顺次以 MgSO$_4$ 和无水 K$_2$CO$_3$ 干燥，倾泻；加入 CaH$_2$，蒸馏。进一步的干燥、提纯是每升加入 20g 的 P$_2$O$_5$ 一起回流 4h，然后常压分馏。收集的馏分加入孔径为（0.2nm）2Å 活性分子筛，保存于小瓶中，并注明日期。

9. 酮类　丙酮的沸点 56.2℃。2 - 丁酮的沸点为 79.5℃。一般提纯可初步蒸馏，收集相应的馏分，然后用无水硫酸钙干燥，除去干燥剂后，重蒸。进一步的干燥和提纯时，如用于氧化反应，需加入足够数量的 KMnO$_4$ 回流，直到紫色不褪为止，除去还原性物质。如对水分要求严格，需要和 P$_2$O$_5$（10g/L）一起回流 2h 除水，常压蒸馏，收集的馏分中加入新活化的孔径为（0.3nm）3Å 分子筛。

10. 甲醇　沸点为 64.5℃。对于工业级产品，采用简单蒸馏后使用。进一步的干燥和提纯是经过预干燥后加入 CaH$_2$ 重蒸，直接蒸入反应瓶。收集的馏分贮藏于试剂瓶中，加入新活化的孔径为（0.3nm）3Å 分子筛。

11. 乙醇　沸点为 78.3℃。市售的无水乙醇一般只能达到 99.5% 的纯度，在许多反应中需要纯度更高的绝对无水乙醇，经常需自己制备，通常工业用的 95.5% 的乙醇不能直接用蒸馏法制取无水乙醇，因 95.5% 乙醇和 4.5% 的水形成恒沸点混合物，要把水除去，第一步是加入氧化钙（生石灰）煮沸回流，使乙醇中的水与生石灰作用生成氢氧化钙，然后再将无水乙醇蒸出。这样得到的无水乙醇，纯度最高约 99.5%，纯度更高的无水乙醇可用金属镁或金属钠进行处理。

（1）95.5% 的乙醇初步脱水制取 99.5% 的乙醇　在 250mL 的圆底烧瓶中，放入 45g 生石灰、100mL 工业乙醇，装上回流冷凝管，在水浴上回流 2~3h，然后改装为蒸馏装置，进行蒸馏，收集产品 70~80mL。

（2）用 99.5% 的乙醇制取绝对无水乙醇（绝对无水甲醇制法相同）　用金属镁制取，反应按下式进行：

$$2C_2H_5OH + Mg \longrightarrow (C_2H_5O)_2Mg + H_2$$

乙醇中的水分，即与乙醇镁作用形成氧化镁和乙醇。

$$(C_2H_5O)_2Mg + H_2O \longrightarrow 2C_2H_5OH + MgO$$

在 250mL 的圆底烧瓶中，放入 0.8g 剪碎了的干燥纯净的镁条，加入 7~8mL 99.5% 乙醇，装上回流冷凝管，并在冷凝管上端附加一只无水氯化钙干燥管（以上所用所有的仪器都必须是干燥的）。在沸水浴上或用火直接加热使其达微沸，移去热源，立刻加入几滴碘甲烷和几粒碘片（此时注意不要振荡），倾刻即在碘粒附近发生作用，最后可以达到相当剧烈的程度。有时作用太慢则需加热，如果在加碘之后，作用仍不开始，则可再加入数粒碘（一般地讲，乙醇和镁的作用是缓慢的，如所用乙醇含水量超过 0.5% 则作用尤其困难）。待全部镁已经作用完毕后，加入 100mL 99.5% 乙醇和几粒沸石。回流 1h，蒸馏，产物收集于试剂瓶中，用橡皮塞塞住，这样制备的乙醇纯度超过 99.99%。无水乙醇的沸点为 78.32℃。

12. 异丙醇　沸点：82.5℃。一般提纯采用分馏法，蒸去恒沸物（沸点 80.3℃）之后收集正沸物；对恒沸物的处理与 95% 乙醇相同。进一步的干燥和提纯是经过预干燥后加入 CaH_2 重蒸，直接蒸入反应瓶。收集的馏分加入新活化的 3Å 分子筛，贮藏于试剂瓶中。

13. 正丙醇　沸点为 97.2℃。同异丙醇。

14. 叔丁醇　沸点：82.5℃。纯化方法与异丙醇相同。贮藏时在冷天最好保存于温暖处，以免固化。

15. 乙二醇　沸点为 198℃，68 ~ 70℃（533.2Pa），较高级的二元醇的沸点在 108 ~ 110℃（3732.4Pa）之间。一般提纯采用减压分馏，弃去 5% ~ 10% 的前馏分。注意，其蒸发潜热很大。进一步的干燥和提纯是溶入 1% 重量的金属钠，重新蒸馏。贮藏密闭的试剂瓶中，但冷天保存于温暖处，以免固化。

16. 硝基甲烷　沸点为 101.3℃，硝基乙烷 115℃。一般提纯加入 $CaCl_2$ 干燥，倾泻，然后分馏。进一步的干燥和提纯可加入孔径为（0.4nm）4Å 分子筛，重蒸。

17. 甲酸　沸点为 101℃。一般提纯可采用减压蒸馏。加入邻苯二甲酸酐，回流后重蒸能获得进一步干燥。与水恒沸物的沸点 107℃，含水 22.5%。进一步的干燥和提纯是将经过纯化后的试剂慢慢冷冻，再让其温热，熔化总量的 10% ~ 20%，倾出这部分液体，使用剩下的液体与无水硫酸铜一起在常压下蒸馏。

18. 乙酸　沸点 118℃。一般提纯是将市售的乙酸放入冰箱中慢慢冷冻，倾出残留的液体，使用剩下的试剂。也可以加入 P_2O_5 回流除水。常压蒸馏。

19. 吡啶　沸点为 115.5℃。一般提纯可加入 KOH 放置过夜，倾泻除去干燥剂后蒸馏。进一步的干燥和提纯：加入 CaO、BaO 或活性很强的碱性氧化铝，重新蒸馏。收集的馏分加入孔径为（0.5nm）5Å 分子筛密封保存，并注明日期。

20. N,N – 二甲基甲酰胺　沸点为 153℃。N,N – 二甲基乙酰胺的沸点为 166℃。N – 甲基吡咯烷酮的沸点为 202℃。一般提纯可采用减压分馏，弃去前面和最后的 10% 的馏分。进一步的干燥和提纯是加入 CaO、BaO 或氧化铝（碱性，一级活性）搅拌过夜，再次减压蒸馏。加入新活化的孔径为（0.5nm）5Å 分子筛，贮藏于小瓶中，并注明日期。

21. 二甲基亚砜　沸点是 190℃。市售试剂级二甲亚砜含水量 1%，通常先减压蒸馏，然后用孔径为（0.4nm）4Å 型分子筛干燥；或用氢化钙粉末搅拌 4 ~ 8h，蒸馏收集 64 ~ 65℃/553Pa（4mmHg）、75 ~ 76℃/1.6kPa（12mmHg）或 85 ~ 87℃/2.7kPa（20mmHg）馏分。蒸馏时，温度不宜高于 90℃，否则会发生歧化反应，生成二甲砜和二甲硫醚。二甲基亚砜与某些物质混合时可能发生爆炸，例如，氢化钠、高碘酸或高氯酸镁等，应予以注意。精制后放入分子筛待用。

22. 六甲基磷酰三胺　沸点为 235℃。用硫酸钙、硫酸镁、氧化钡、硅胶或分子筛干燥，然后减压蒸馏，收集 76℃/4.7kPa（36mmHg）的馏分。如其中含有水较多时，可加入 1/10 体积的苯，在常压及 80℃以下和苯一起共沸蒸出，然后用硫酸镁或氧化钡干燥，再进行减压蒸馏。精制后的 N,N – 二甲基甲酰胺最好放入分子筛后保存。

23．乙酸酐　每升乙酸酐中加入 20g 无水乙酸钠，一起回流 2h，常压蒸馏。

24．硫酸二甲酯　可在水泵减压下蒸馏纯化，bp_{15}：75 ~ 76℃。硫酸二乙酯处理方法相同。注意：硫酸二甲酯剧毒，在通风厨中操作和使用。

附录 4　常用冷却剂和最低冷却温度

冷却剂种类	最低冷却温度（℃）
冰	0
100g C_2H_5OH/100g 碎冰	− 15
25g NH_4Cl/100g 碎冰	− 15
（40g NaCl + 20g NH_4Cl）/100g 碎冰	− 26
33g NaCl /100g 碎冰	− 20
（13g $NaNO_3$ + 37g NH_4Cl）/100g 碎冰	− 30
33g K_2CO_3/100g 碎冰	− 46
143g $CaCl_2 \cdot 6H_2O$ /100g 碎冰	− 35
150g $CaCl_2$/100g 碎冰	− 49
四氧化碳/干冰	− 23
三氯甲烷/干冰	− 63
乙醇/干冰	− 72
乙醚/干冰	− 77
丙酮/干冰	− 78
三氯甲烷/液氮	− 63
甲醇/液氮	− 98
正戊烷/液氮	− 131
液氮	− 196

注：配置冷却剂要用碎冰，盐要预先冷却到 0℃。

附录 5　常用干燥剂及使用方法

1．中性干燥剂

（1）K_2SO_4（Na_2SO_4、$MgSO_4$、$CaSO_4$）　这些无水盐类干燥剂几乎能够干燥全部溶剂。Na_2SO_4 在 33℃以上，$MgSO_4$ 在 48℃以上释放出结晶水，因此不适合在这些温度以上使用。这些干燥剂吸水后分别生成 $K_2SO_4 \cdot 1/2H_2O$，$Na_2SO_4 \cdot 10H_2O$，$MgSO_4 \cdot 7H_2O$ 和 $CaSO_4 \cdot 1/2H_2O$。其中 Na_2SO_4 脱水容量大，但脱水速度慢；$MgSO_4$ 脱水容量大，脱水速度比 Na_2SO_4 快；$CaSO_4$ 脱水容量虽小，但脱水力强，速度快。加在待干燥液体中。$CaSO_4$ 在 235℃加热 2 ~ 3h 后可以再生。

（2）$CuSO_4$　适用于干燥乙醇、苯、乙醚等。由于能和甲醇反应，所以不能用于甲醇干燥。无水 $CuSO_4$ 吸水后生成 $CuSO_4 \cdot 5H_2O$。无水物 $CuSO_4$ 呈白色，吸水后生成结晶水合物呈蓝色，因此常用于鉴定溶剂中是否含水。使用时加入加到待干燥液体中，充分摇荡后，放置过夜，倾倒出液体，蒸馏。

(3) $CaCl_2$　适用于干燥烃类、卤代烃、醚类、中性气体等，不适用于干燥醇、胺、氨基酸、酰胺、酮、酯、酸等。在 30℃ 以下无水 $CaCl_2$ 吸水后变成 $CaCl_2 \cdot 6H_2O$，脱水容量大，但吸水速度慢，易潮解性。使用时加入到待干燥液体中，充分摇荡后，放置过夜，倾倒出液体，蒸馏。也常在干燥器、干燥管中使用。

(4) 分子筛　适用于干燥卤代烃、醚类、THF、二噁烷、丙酮、DMF、DMSO 等。适用 pH5～11 范围，对强酸、碱性物质不稳定。分子筛是通过结晶空隙吸水。分子筛根据孔径不同而有多种规格，要根据溶剂的种类进行选择使用。使用时预先加入到待干燥溶剂中。在 350℃ 下加热 3h 可以活化再生。

(5) 硅胶　几乎可用于全部固体和气体物质。脱水硅胶吸水后变为 $SiO_2 \cdot x\,H_2O$。变色硅胶中加入了 Co^{2+} 盐离子，无水时显蓝色，吸水后粉红色，用于指示系统是否含水以及硅胶是否已经失去吸水能力。大多数情况下加入到干燥器、干燥管中使用。120℃ 以上加热 2～3h 可以再生。

(6) 活性氧化铝　适用于干燥烃、醚类、三氯甲烷、苯、吡啶等。通过吸附来脱水。同时能除去醚类中的过氧化物，处理方便，吸水力大。常做成填充柱，让溶剂通过而脱水。175℃ 以上加热 6～8h 可以再生。

2. 酸性干燥剂

(1) 浓 H_2SO_4　适用于干燥液溴、中性气体和一些酸性气体。不能用于干燥醇、酚、酮、乙烯等，因为它们能够与浓硫酸发生反应。浓硫酸吸水速度快，吸水容量大，但吸水后随着浓度降低，干燥能力急剧下降。最常用于干燥气体，可加到干燥瓶中，让气体通过浓硫酸干燥。注意事项：浓硫酸相对密度大，在移动和使用中要小心。

(2) P_2O_5　适用于干燥烃、卤烃、酸酐、腈、中性气体等。不能用于干燥碱性物质、酮、醇、胺、酰胺、卤化氢等。吸水速度快，吸水能力最大。吸水后在表面上形成偏磷酸膜时，效率下降。一般加到干燥皿、干燥管中使用，常放在干燥器里用于固体的干燥。

3. 碱性干燥剂

(1) KOH 和 NaOH　适用于干燥胺类等碱性物质、中性或碱性气体。不能用于干燥酸、醛、酮、醇、酯等。KOH 和 NaOH 脱水速度快，脱水能力大。在空气中易潮解，常加到液体、干燥皿、干燥管中使用。

(2) Na_2CO_3 和 K_2CO_3　适用于干燥胺类等碱性物质以及醇、酮、酯、腈等。不能用于干燥酸性物质。吸水后生成 $K_2CO_3 \cdot 2H_2O$。常加到液体中作预干燥使用。可加热脱水活化。

(3) CaO　适用于干燥胺类等碱性物质以及醇类物质等。不能用于干燥酸性物质。氧化钙吸水后变成 $Ca(OH)_2$，脱水速度小，但便宜易得，可大量使用，同时能吸收 CO_2。常加到液体、干燥皿、干燥管中使用。

4. 活泼金属及金属氢化物干燥剂

(1) Mg　适用于干燥醇类。制备无水 CH_3OH 时，首先除去 Mg 条表面氧化物，然后剪成碎片，将 CH_3OH 和 Mg 条一起加热回流，然后蒸馏出 CH_3OH。注意事项：不要蒸馏到干涸。

（2）Na 适用于干燥烷烃、芳烃、醚类。用于卤代烃时，有爆炸的危险！不适用于卤代烃、醇、酯、酸、醛、酮、胺类的干燥。干燥原理是与水反应，生成 NaOH 和氢气，干燥能力高，但在表面易覆盖 NaOH 而使反应速度变慢，脱水能力较小。使用时切成薄片或压成丝状，放入待干燥液体中。对 THF 和（C_2H_5）$_2$O 也可加入 Ph_2CO 和 Na 回流再进行蒸馏。注意事项：金属 Na 与水接触会燃烧，蒸馏时不要蒸干，用过的 Na 要用乙醇分解破坏。

（3）CaH_2 适用于干燥烃类、卤代烃、叔丁醇、二氧六环、THE、DMSO、吡啶等。不能用于醛、酮、羧酸类的干燥。干燥原理是与水反应生成 Ca（OH）$_2$ 和氢气，干燥能力高，脱水容量大，处理方便，适用范围广。使用时向待干燥的液体中加入 CaH_2，在 Ar 和 N_2 气流中蒸馏，或者将粒状的 CaH_2 加到液体中进行干燥。注意事项：CaH_2 和水反应产生 H_2，保存和处理时要注意。

（4）$LiAlH_4$ 适用于干燥醚类。易和酸、胺、硫醇、乙炔等含活泼氢的化合物及酮、酯、酰氯、酰胺、腈、硝基化合物、环氧化物、二硫化物、烯丙醇反应，因此不能用于干燥这些物质。干燥原理是与水反应生成 LiOH、Al（OH）$_3$ 和 H_2 同时能分解待干燥物中的醇、羰基化合物、过氧化物。使用时向待干燥的液体中加入 $LiAlH_4$，在 Ar 或 N_2 气流中蒸馏。注意事项：$LiAlH_4$ 在 125℃时分解，蒸馏时不要蒸干，过量的 $LiAlH_4$ 用氯化铵水溶液或乙酸乙酯分解。

附录 6 常用有机溶剂的物理常数

溶剂	沸点℃ 760mmHg[①]	熔点℃	分子量	相对密度 20℃	介电常数	溶解度 g/100gH$_2$O	和水共沸混合物		闪点 （℃）
							bp	%H$_2$O	
乙醚	35	−116	74	0.71	4.3	6.0	34	2	−45
戊烷	36	−130	72	0.63	1.8	不溶	35	1	−40
二氧甲烷	40	−95	85	1.33	8.9	1.30	39	2	无
二硫化碳	46	−111	86	1.26	2.6	0.29	44	2	−30
丙酮	56	−95	58	0.79	20.7	∞	−	−	−18
三氯甲烷	61	−64	119	1.49	4.8	0.82	56	3	−
甲醇	65	−98	32	0.79	32.7	∞	−	−	12
四氢呋喃	66	−109	72	0.89	7.6	∞	65	4	−14
己烷	69	−95	86	0.66	1.9	不溶	62	6	−26
三氟醋酸	72	−15	114	1.49	39.5	∞	105	21	无
四氧化碳	77	−23	154	1.59	2.2	0.08	66	4	无
醋酸乙酯	77	−84	88	0.90	6.0	8.1	71	8	−4
乙醇	78	−114	46	0.79	24.6	∞	78	4	13
环己烷	81	6.5	84	0.78	1.9	0.01	70	9	−17
苯	80	5.5	78	0.88	2.3	0.18	69	9	−11
甘油	290	18	92	1.26	42.5	∞	无	−	177

溶剂	沸点℃ 760mmHg①	熔点℃	分子量	相对密度 20℃	介电常数	溶解度 g/100gH₂O	和水共沸混合物		闪点（℃）
							bp	%H₂O	
乙腈	82	−44	41	0.78	37.5	∞	77	16	6
异丙醇	82	−88	60	0.79	19.9	∞	80	12	12
正丁醇	82	26	74	0.78	12.5	∞	80	12	11
乙二醇二甲醚	83	−58	90	0.86	7.2	∞	77	10	1
三乙胺	90	−115	101	0.73	2.4	∞	75	10	−7
丙醇	97	−126	60	0.80	20.3	∞	88	28	25
硝基苯	211	6	123	1.20	34.8	0.19	99	88	88
甲酸	101	8	46	1.22	58.5	∞	107	26	−
硝基甲烷	101	−29	61	1.14	35.9	11.1	84	24	−41
1,4−二氧己环	101	12	88	1.03	2.2	∞	88	18	12
甲苯	111	−95	92	0.87	2.4	0.05	85	20	4
吡啶	115	−42	79	0.98	12.4	∞	94	42	23
正丁醇	118	−89	74	0.81	17.5	7.45	93	43	29
醋酸	118	17	60	1.05	6.2	∞	无	−	40
吗啡	129	−3	87	1.00	7.4	∞	无	−	38
醋酐	140	−73	102	1.08	20.7	反应	−	−	53
二甲基甲酰胺	153	−60	73	0.95	36.7	∞	无	−	67
二甲基亚砜	189	18	78	1.10	46.7	25.3	无	−	95

注：①溶解度为25℃时的数值。溶解度 < 0.01 时看作不溶解。

附录7 常见化学物质的毒性和易燃性

药物合成实验每天都要接触大量的化学药品，其中很多药品是剧毒、易燃和易爆的。因此在使用和保管工作中，必须严格遵守操作规程，了解这些危险品的性质。根据危险品的分类，一般把化学药品分为有毒、易燃和易爆三类。

一、有毒化学品

日常工作中接触的化学品，只有少数属于剧毒品，但很多药品如果长期接触或接触量过大，会产生急性或亚急性中毒。对有毒化学品要加强防护措施，尽量避免不必要的伤害。

1．有毒气体

氯气、氟气、氟化氢、氯化氢、二氧化硫、光气、氨、一氧化碳等均为窒息性或具有刺激性气体，而氢氰酸属于剧毒气体。如遇这些气体，或反应过程中产生的这些气体，都应在通风橱中进行，而且应安装气体吸收装置。遇气体中毒，应立即到空气流通处，静卧，给氧，严重者应及时送到医院治疗。

2．有毒无机药品

（1）氰化物　毒性极强，无论气体还是固体，吸入都可造成中毒甚至死亡。氰化物要有专人保管，领用时要严格登记。在保存过程中，氰化物（如氰化钾）能吸收空气中的水气及二氧化碳，变成氰氢酸。因此，氰化物必须密封保存。取用时必须有防护措施，带上厚口罩，防护目镜及手套。切不要让氰化物沾到皮肤上，工作服沾污后要及时清洗更换。

（2）汞　汞的蒸气极易造成急性中毒或慢性中毒。使用时须注意室内通风。一旦打翻盛汞容器，应用水泵减压收集，较小颗粒可用硫粉、锌粉或三氯化铁溶液消除。

（3）液溴　极易造成皮肤烧伤，溴蒸气可刺激黏膜组织，严重者可造成双目失明。取用时须在通风橱内进行，皮肤烧伤立即用乙醇洗涤或用甘油按摩，然后涂以凡士林。

（4）黄磷　极毒。切不可用手直接取用，否则易引起烫伤。

（5）强酸强碱　硝酸、硫酸、盐酸、氢氧化钾、氢氧化钠极易烧伤皮肤。吸入强酸烟雾，会刺激呼吸道。应注意避免皮肤直接接触这些物质。

3．有毒有机药品

（1）致癌物　常见致癌物分以下三类：① 烷基化试剂，如硫酸二甲酯、对甲苯磺酸甲酯、N – 甲基 – N – 亚硝基脲、亚硝基二苯胺、偶氮乙烷等；② 芳胺类，如 2 – 萘胺，对 – N，N – 二甲硝基偶氮苯，4 – 乙酰氨基联苯，2 – 乙酰氨基苯酚等；③ 某些稠环芳烃类，如 3,4 – 苯并芘、9,10 – 二甲基 – 1,2 – 苯并蒽等。

（2）芳香族含氮化合物　苯胺、硝基苯及其衍生物，这类物质吸入或皮肤吸收引起慢性中毒和贫血，刺激皮肤引起湿疹。化合物中硝基基团愈多毒性愈大。

（3）苯酚　会灼伤皮肤，引发坏死或皮炎，如有皮肤沾染应立即用温水及稀乙醇溶液清洗。

（4）生物碱　绝大多数生物碱具有毒性，有些接触少量即可中毒，甚至死亡。

（5）有机溶剂　均为脂溶性液体，且挥发性强，对皮肤有刺激作用。一些溶剂还会对肝脏及中枢神经有损坏（如卤仿、苯、甲苯等）。甲醇对视神经特别有害。一般使用大量溶剂时应在通风橱中进行，绝不能使用溶剂洗手。

二、易然化学品

1．可燃气体

氨、乙胺、氯乙烷、乙烯、煤气、氢气、氧气、硫化氢、甲烷、氯甲烷等。

2．易燃液体

汽油、乙醚、乙醛、二硫化碳、石油醚、苯、甲苯、二甲苯、丙酮、乙酸乙酯、甲醇、苯胺、乙醇等。

3．易燃固体

红磷、镁、铝粉等。黄磷为自燃固体。

除此外，大部分有机溶剂都是易燃物质，使用时要特别引起注意。

（1）易燃溶剂不要集中存放，少量存放时应密塞，放置在通风避光处，远离火源、电源及暖气等，对橡皮有腐蚀作用的溶剂不能使用胶塞。

（2）低沸点的可燃溶剂不能直接加热，必须用水浴。沸点较高的可用油浴或电热套加热。

（3）蒸馏易燃液体时，应防止局部过热，瓶内液体不得超过 1/3 ~ 2/3 容积的量。加热中不能中途加入沸石或活性炭，以免造成爆沸，液体冲出着火。

（4）用过的溶剂必须回收，不得直接倒入下水道。

（5）易燃物如黄磷在空气中能自燃，故必须保存在水中，金属钠、钾遇水易着火，故应保存在煤油中或液体石蜡中。

三、易爆炸化学品

某些易燃有机溶剂，在室温时即具有较大的蒸气压。当空气中混杂易燃有机溶剂达到某一极限时，遇有明火会发生爆炸。

某些易燃溶剂蒸气爆炸极限

名称	沸点（℃）	闪燃点（℃）	爆炸范围（体积分，%）
乙醚	34.5	-45	1.85～36.5
丙酮	56.2	-17.5	2.55～12.80
苯	80.1	-11	1.43～7.10
乙醇	78.5	12	3.28～18.95
甲醇	64.9	11	6.72～36.50

某些气体与空气混合成一定比例时，遇到火焰会发生爆炸。如 H_2 在空气中含量 4%～74%（体积分数），遇到火焰会发生爆炸；CO 在空气中含量 12.5%～74.2%（体积分数），遇到火焰会发生爆炸；NH_3 在空气中含量 15%～27%（体积分数），遇到火焰会发生爆炸；CH_4 在空气中含量 45%～13.1%（体积分数），遇到火焰会发生爆炸等等。

某些有机物，不但其蒸气能与空气中混合形成爆炸物，而且在光或氧的作用下可生成过氧化物，当加热这些化合物时，也可能会发生爆炸。如乙醚、二氧六环、四氢呋喃等，均可产生过氧化物，而引起爆炸。因此，在任何情况下使用时应首先检验是否存在过氧化物，如有过氧化物，应将其处理后再使用。

某些药品，如果相遇混合，会发生爆炸。如高锰酸钾与甘油混合；高锰酸钾与乙醇混合；高氯酸＋乙醇或其他有机物；硝酸＋镁或碘化氢；硝酸铵＋酯类或其他有机物；硝酸＋锌粉＋水；硝酸盐＋氯化亚锡；过氧化物＋铝＋水；金属钠或钾＋水等等。氧化物在与有机物接触时，极易引起爆炸。因此，在使用浓硝酸、高氯酸以及强氧化剂时，必须特别注意。这些氧化物与有机物接触是十分危险的。

有些化学品会自行爆炸。如硝酸铵、浓高氯酸、雷酸汞、三硝基甲苯等。

在使用可能发生爆炸的化学药品时，必须做好个人防护，带面罩或防护眼镜，在防爆玻璃通风橱中进行操作，同时设法减少药品用量或浓度，进行小量实验。切记：对不了解性质的药品，切勿冒然进行实验！

附录 8 二元共沸混合物

二 组 分 ＼ 一 组 分	101.325kPa（760mmHg）时的沸点（℃）		质量分数（%）	
	单组分沸点	共沸物沸点	第一组分（%）	第二组分（%）
水	100			
甲苯	110.8	84.1	19.6	81.4
苯	80.2	69.3	8.9	91.1
乙酸乙酯	77.1	70.4	8.2	91.8
正丁酸丁酯	125	90.2	26.7	73.3
异丁酸丁酯	117.2	87.5	19.5	80.5
苯甲酸乙酯	212.4	99.4	84.0	16.0
2–戊酮	102.25	82.9	13.5	86.5
乙醇	78.4	78.1	4.5	95.5
正丁醇	117.8	92.4	38	62
异丁醇	108.0	90.0	33.2	66.8
仲丁醇	99.5	88.5	32.1	67.9
叔丁醇	82.8	79.9	11.7	88.3
苄醇	205.2	99.9	91	9
烯丙醇	97.0	88.2	27.1	72.9
甲酸	100.8	107.3（最高）	22.5	77.5
硝酸	86.0	120.5（最高）	32	68
氢碘酸	−34	127（最高）	43	57
氢溴酸	−67	126（最高）	52.5	47.5
氢氟酸	−84	110（最高）	79.76	20.24
乙醚	34.5	34.2	1.3	98.7
丁醛	75.7	68	6	94
三聚乙醛	115	91.4	30	70
乙酸乙酯	77.1			
二硫化碳	46.3	46.1	7.3	92.7
己烷	69			
苯	80.2	68.8	95	5
三氯甲烷	61.2	60.0	28	72
丙酮	56.5			
二硫化碳	46.3	39.2	34	66
异丙醚	69.0	54.2	61	39
三氯甲烷	61.2	65.5	20	80
四氯化碳	76.8			
乙酸乙酯	77.1	74.8	57	43
环己烷	80.8			
苯	80.2	77.8	45	55

注：有边框者为第一组分

附录9 惰性气体脱水脱氧

在药物合成中，有时会遇到一些对空气里的氧气以及水敏感的化合物或化学反应，这时常常使用惰性气体作为保护气。常用的惰性气体有氮气、氩气和氦气。一般作为合成反应的保护气，市售的惰性气体纯度已经能够满足要求。但作为保护气来保护少量敏感性化合物时，惰性气体常常需要进行脱水、脱氧，纯化处理。

一、惰性气体脱氧

惰性气体脱氧的方法有干法与湿法脱氧两种。

1．湿法脱氧

此法是将适当的脱氧剂配置成溶液（常为水溶液），将需净化的气体鼓泡通过这种溶液。本法的优点是能充分利用脱氧试剂，脱氧的速度较快，缺点则是气流被溶剂的蒸气所污染，需做进一步的脱水处理。常用的脱氧溶液有：硫酸亚铬水溶液（0.4mol/L 铬矾和 0.05mol/L 硫酸的新鲜溶液内加少许汞齐化的锌组成）；连二亚硫酸钠水溶液（48g 硫代硫酸钠，40% KOH 及 12g 蒽醌 β–磺酸溶于 300mL 水中）；蒽醌 β–磺酸钠水溶液（用 1.5mol/L NaOH 溶液配成2%的蒽醌 β–磺酸钠溶液，再加少量金属锌）。有些脱氧剂在脱氧过程中会产生一些气体，如亚铬盐溶液会放出氢，渗入惰性气体中，这在某些反应中是不能容许的。对于亚铬盐和蒽醌 β–磺酸钠溶液，可利用汞齐化的锌加以处理而再生。当不在使用时，应将溶液和锌分开，以减少锌的损耗。

2．干法脱氧

干法脱氧是让惰性气体通过活性金属或金属氧化物所构成的脱氧剂床。为了获得良好的反应速度，常将脱氧剂加热。实验室中最常用的金属是铜粉。10～20 目的铜粉于 600℃下能有效地脱氧。一旦表面层被氧化剂所覆盖，脱氧速度会急剧下降。若将金属制成多孔的小粒或制成细粉状，则脱氧活性将显著提高。另一类实验室常用的脱氧剂是氧化锰，其脱氧反应是：$6MnO + O_2 \rightarrow 2Mn_3O_4$。锰在某些情况下还能形成更高价的氧化物。直径 6mm 的 MnO 颗粒在 150℃下有很好的脱氧能力，对于含氧量符合一般要求的惰性气体，经此条件下脱氧，其含量可低至 2×10^{-6}。该柱使用后也可在 350℃下用氢还原再生。除以上脱氧剂外，重要的干法脱氧剂还有：Na–K 合金、CoO 等。

二、惰性气体脱水

除去惰性气体中的水分常用低温冷凝法、压缩气体法以及利用干燥剂脱水。在实验室里通常使用干燥剂来脱水，常用干燥剂及其使用方法参见附录。

三、湿气和氧的检测

如何确定惰性气体是否需净化处理，除了需要考虑参与反应的敏感物质以外，还要根据惰性气体的保存条件、贮存的时间长短以及实际检测的结果来确定。下面是检测惰性气体中湿气和氧的几种简单而又实用的方法：

（1）$TiCl_4$ 在露点高于 –60℃的惰性气体中会发烟，借此可检查气体中的水蒸气含量需处理。

（2）1.5mol/L 的 $Zn(C_2H_5)_2$ 庚烷溶液如在惰性气体中发烟，表明该惰性气体中含氧量超过 5×10^{-6}。

(3) 测定碱金属或钠－钾合金的新鲜表面在惰性气体中形成明显的氧化膜所需的时间，该法对于 10^{-6} 水平氧的含量也是敏感的。

附录 10　各种基团的红外特征吸收峰

波数	归属	官能团	强度	峰形	备注
4000～3030：					
3676～3584	O—H 伸	醇、酚（游离）	变	尖	
3650～3496	O—H 伸	肟	变		
3595～3425	O—H 伸	醇、酚（分子内氢键）	变	宽	
3550～3500	O—H 伸	羧酸（游离）	中		
3550～3450	O—H 伸	醇、酚（二聚体）	变	尖	
3550～3205	C＝O 伸缩倍频	酮	弱		
3540～3380	N—H 伸	伯酰胺（游离）	强	双，尖	
3500～3300	N—H 伸	伯胺、仲胺（游离）	变	双	
3460～3435	N—H 伸	仲酰胺（游离）	强	单	
3360～3220	N＝O 伸缩倍频	亚硝酸酯	中		
3440～3420	N—H 伸	仲酰胺（游离）	强		
3440～3400	N—H 伸	吡咯	中		
3400～3300	N—H 伸	亚胺	变		
3400～3230	O—H 伸	醇、酚（多聚体）	强	宽	
3400～3200	NH_2 伸	氨基酸	中	双	
3400～3095	N—H 伸	缔合的胺、亚胺	中		
3390～3255	N—H 伸	酰胺酸	中		
3380～3150	NH_3^+ 伸	胺盐	强	多	
3360～3180	N—H 伸	伯酰胺	中	双	
3330～3270	N—H 伸	仲酰胺	中		
3310～3300	C—H 伸	炔	中		
3300～2500	O—H 伸	羧酸（氢键缔合）	弱	宽	
3200～1700	O—H 伸	螯合的醇、酚	弱	宽	
3175～3135	N—H 伸	仲酰胺（缔合的）	中		
3150～3050	C—H 伸	乙烯基醚	弱		
3130～3030	NH_3^+ 伸	氨基酸钠盐，氨盐	中		
3130～3100	O—H 伸	草酚酮	变		
3100～3070	N—H 伸	酰胺（缔合的）	弱		
3095～3075	RC—H 伸	烯（CHR＝CH_2）	中		
3085～3075	C—H 伸	环丙烷	变		
3085～3030	C—H 伸	芳环	弱	多	
3075～3020	C—H 伸	吡啶、喹啉	强		

波数	归属	官能团	强度	峰形	备注
3060 ~ 3010	C—H 伸	嘧啶、嘌呤	强		
3050 ~ 2995	OC—H 伸	醚、环氧化物	弱		
3040 ~ 3010	=C—H 伸	烯	中	多	
3030 ~ 2500	NH₃⁺ 伸	氨基酸盐酸盐	弱—中	多	
3000 ~ 2100:					
2975 ~ 2950	C—H 伸	烷（—CH₃）	中		
2940 ~ 2915	C—H 伸	烷（—CH₂—）	中		
2905 ~ 2875	C—H 伸	烷（—CH—）	中		
2900 ~ 2800	H—C=O	醛的费米（Fermi）共振	中—强		
2880 ~ 2860	C—H 伸	烷（—CH₃）	中		
2880 ~ 2650	C—H 伸	醛（—CHO）	弱—中		
2870 ~ 2845	C—H 伸	烷（—CH₂—）	中		
2835 ~ 2815	C—H 伸	醚（—O—CH₃）	中		
2830 ~ 2825	C—H 伸	乙缩醛	中		
2825 ~ 2760	C—H 伸	胺（N—CH₃）	中—强		
2780 ~ 2400	O—D 伸	氘代醇和酚	变		
2780 ~ 2700	C—H 伸	醚（—O—CH₂—O—）	变		
2760 ~ 2530	NH₃⁺ 伸	氨基酸两性离子	弱		
2700 ~ 2600	NH₂⁺ 伸	仲胺盐	强		
2700 ~ 2560	O—H 伸	有机磷化合物	弱	宽	
2640 ~ 2360	NH₂⁺ 伸	氨基酸	弱		
2640 ~ 2200	B—H	含硼化合物	强		
2600 ~ 2400	N—H 伸	氘代胺和亚胺	变		
2590 ~ 2550	S—H 伸	有机硫化物	弱		
2500 ~ 2325	NH⁺ 伸	胺盐（C=NH⁺）	强		
2440 ~ 2275	P—H 伸	有机磷化物	中		
2280 ~ 2260	N=N⁺ 伸	重氮盐	中—强		
2280 ~ 2080	Si—H 伸	有机硅化物	变		
2275 ~ 2240	N—C—O 伸	异氰酸盐（酯）	变		
2260 ~ 2240	C≡N 伸	饱和腈	弱—中		
2240 ~ 2220	C≡N 伸	芳腈	中—强		
2235 ~ 2215	C≡N 伸	非环 α, β - 不饱和腈	强	尖	
2220 ~ 1600	B—H 伸	硼化物	变	多	
2200 ~ 1800	NH⁺ 伸	叔胺盐	弱—中		
2185 ~ 2120	C≡N 伸	异腈	强		
2170 ~ 2130	SCN	硫腈	中	尖	

波数	归属	官能团	强度	峰形	备注
2150～2110	N⁺＝C—伸	离子	强		
2160～2120	—N₃ 伸	叠氮化物	强		
2155～2150	N＝C＝N 伸	碳化二亚胺	强		
2140～2100	C≡C 伸	炔（RC≡CH）	弱		
2140～2080	NH₃⁺	氨基酸盐	弱		倍频，合频峰
2100～2080	C—D 伸	氘代烷	弱		
2000～1725：					
1970～1950	C＝C＝C 伸	累积双烯（C＝C＝C）	中		不对称伸缩
1945～1935	C＝O 伸	氨基酸	弱		
1870～1830	C＝O 伸	五元环酸酐	强		
1850～1810	C＝O 伸	酸酐（共轭五元环）	强		
1850～1800	C—H 弯	烯烃（CHR＝CH₂）	中		倍频
1840～1800	C＝O 伸	非环酐酸	强		
1820～1810	C＝O 伸	酰基环氧化物	强		
1820～1780	C＝O 伸	共轭非环酸酐	强		
1815～1785	C＝O 伸	酰卤	强		
1805～1780	C＝O 伸	芳酰过氧化物，酯，内酯	强		
1800～1780	C＝O 伸	（R—CO—O）₂	强		
1800～1780	C—H 弯	烯烃（CR₁R₂＝CH₂）	中		倍频
1800～1770	C＝O 伸	共轭酰卤	强		
1800～1770	C＝O 伸	乙烯基，酚酯	强		
1800～1760	C＝O 伸	酸酐（五元环）	强		
1795～1740	C＝O 伸	酸酐（共轭五元环）	强		
1790～1720	C＝O 伸	脲，酰胺 I 带	强		
1785～1755	C＝O 伸	过氧酸酐	强		
1780～1770	C＝O 伸	稠环 β 内酰胺，酰胺 I 带	强		
1780～1760	C＝O 伸	酮，四元环饱和 γ 内酯	强		
1780～1740	C＝O 伸	非环酰酐	强		
1760～1730	C＝O 伸	β - 内酰胺	强		
1760～1720	C＝O 伸	共轭非环酸酐	强		
1755～1740	C＝O 伸	α - 酮酯，α - 二酯	强		
1755～1730	C＝O 伸	α - 氨基酸盐酸盐	强		
1755～1720	C＝O 伸	二羧基，α - 氨基酸	强		
1750～1740	C＝O 伸	酮（五元环）	强		

波数	归属	官能团	强度	峰形	备注
1750 ~ 1735	C＝O 伸	γ - 酮酯，二酯，β - 酮酯等	强		
1750 ~ 1735	C＝O 伸	饱和脂肪酸酯，α - 内酯	强		
1745 ~ 1725	C＝O 伸	—CO—O—CH₂—CO—	强		
1750 ~ 1700	C＝O 伸	稠环 γ - 内酯胺	强		
1740 ~ 1720	C＝O 伸	饱和脂肪醛	强		
1740 ~ 1715	C＝O 伸	α - 卤代羧酸	强		
1735 ~ 1700	C＝O 伸	氨基甲酸酯	强		
1730 ~ 1715	C＝O 伸	α，β 不饱和酯，芳基酯	强		
1730 ~ 1700	C＝O 伸	氨基酸盐酸盐	强		
1730 ~ 1700	C＝O 伸	二羧基氨基酸	强		
1725 ~ 1705	C＝O 伸	—CO—CH₂—CH₂—CO—	强		
1725 ~ 1700	C＝O 伸	饱和脂肪酸（二聚物）	强		
1725 ~ 1650：					
1725 ~ 1695	C＝O 伸	α - 氨基酸	强		
1720 ~ 1700	C＝O 伸	酮（六元环）	强		
1715 ~ 1700	C＝O 伸	酮（七元环）	强		
1715 ~ 1695	C＝O 伸	芳醛	强		
1715 ~ 1680	C＝O 伸	α，β - 不饱和酸	强		
1710 ~ 1690	C＝O 伸	氨基甲酸酯的酰胺 I 带	强		
1710 ~ 1670	C＝O 伸	CO—NH—CO 的酰胺 I 带	强		
1705 ~ 1685	C＝O 伸	α，β - 不饱和醛	强		
1705 ~ 1700	C＝O 伸	γ - 内酰胺的酰胺 I 带	强		
1700 ~ 1680	C＝O 伸	芳羧基（二聚），芳酮	强		
1700 ~ 1665	C＝O 伸	仲酰胺的酰胺 I 带	强		
1695 ~ 1660	C＝O 伸	α，β - 不饱和非环或六元酮	强		
1695 ~ 1690	C＝O 伸	伯酰胺的酰胺 I 带	强		
1690 ~ 1670	C＝C 伸	烯烃（CR₁R₂＝CR₃R₄）	弱		
1690 ~ 1670	C＝O 伸	邻羟基（氨基）苯甲酸酯	强		
1690 ~ 1655	C＝O 伸	醌（两个 CO 在同一环上）	强		
1690 ~ 1635	C＝N 伸	肟，嘧嗪，噁唑啉	变		
1685 ~ 1680	C＝O 伸	大环内酯	强		
1680 ~ 1660	C＝O 伸	共轭多烯醛	强		
1680 ~ 1650	C＝O 伸	分子内氢键羧酸	强		
1680 ~ 1650	N＝O 伸	亚硝酸酯	变		
1680 ~ 1630	C＝O 伸	仲酰胺的酰胺 I 带	强		
1680 ~ 1620	C＝C 伸	非共轭烯	变		

波数	归属	官能团	强度	峰形	备注
1675～1665	C＝C 伸	烯（CR$_1$R$_2$＝CHR$_3$）	变		
1675～1670	C＝S 伸	硫羰基	强		
1670～1660	C＝O 伸	交叉共轭二烯酮	强		
1670～1645	C＝O 伸	共轭醛（分子内氢键）	强		
1670～1630	C＝O 伸	叔酰胺的酰胺 I 带	强		
1665～1635	C＝C 伸	烯（CHR$_1$＝CHR$_2$ 顺式）	变		
1665～1630	C＝N 伸	肟，噁嗪	变		
1664～1660	C＝O 伸	脲的酰胺 I 带	强		
1660～1640	C＝C 伸	烯（CR$_1$R$_2$＝CH$_2$）	变		
1660～1610	NH$_2^+$ 弯	含 NH$_2$ 的氨基酸	弱		
1660～1580	C＝C 伸	与 —C＝O 或 —C＝C— 共轭的烯	强		
1660～1480	C＝N 伸	噻唑	变		
1655～1635	C＝O 伸	螯合的烯醇，β-酮酯	强		
1655～1635	C＝O 伸	醌（两个羰基在两个环）	强		
1655～1610	C＝O 伸	成氢键的羰基	强		
1655～1610	NO$_2$ 伸	硝酸酯	强		
1650～1590	NH 变 + CN 伸	伯酰胺的酰胺 II 带	强		
1650～1510:					
1650～1580	C＝N 伸	吡啶，喹啉	中		
1650—1580	NH 变	伯胺	中—强		
1650～1550	NH 变	仲胺	弱		
1645～1640	C＝C 伸	烯（CHR＝CH$_2$）	变		
1640～1605	NH$_2$ 伸	烷基硝基胍	强		
1640～1535	C＝O 伸	酮—CO—CH$_2$—CO	强	双	
1630～1575	N＝N 伸	重氮化合物	变		
1630～1625	C＝C 伸	烯，与烯共轭的苯环	强		
1625～1610	N＝O 伸	亚硝酸酯	变		
1625～1575	C＝C 面内弯	环氧化合物	变		
1620～1600	C＝O 伸	唑酚酮	强		
1620～1590	NH 变 + CN 伸	伯酰胺的酰胺 II 带	强		
1620～1560	N＝N 伸	亚硝基化合物（α-卤化物）	强		
1620～1560	NH$_2^+$ 变	胺盐	中—强		
1610～1590	NH$_3^+$ 变	氨基酸盐酸盐	弱		
1610～1550	—COO$^-$	羧基盐离子	特强		不对称伸缩
1605～1590	NH$_3^+$ 变	胺盐	中		
1600～1575	NO$_2$ 伸	α,α-二卤代硝基化合物	强		

波数	归属	官能团	强度	峰形	备注
1600~1560	C=O 伸	氨基酸盐	强		
1590~1575	C=C 伸	芳环	变		
1590~1575	NO₂ 伸	硝基脲	强		
1585~1530	NO₂ 伸	饱和硝胺	强		
1580~1570	NO₂ 伸	α-卤代硝基化合物	强		
1580~1550	C=C+C=N 伸	含氮杂环化合物	弱		
1580~1520	C=C+C=N 伸	嘧啶，嘌呤	中		
1570~1515	NH 变 + CN 伸	非环仲酰胺的酰胺Ⅱ带	强		
1570~1500	N—H 变	所有氨基酸的酰胺Ⅱ带	强		
1568~1560	C=C 伸	吡咯	变		
1565~1545	NO₂ 伸	伯、仲硝基化合物	强		
1560~1550	N=O 伸	脂肪族叔亚硝基化合物	强		
1550~1510	N=O 伸	芳香硝基化合物	强		
1550~1510	NH 变 + CN 伸	非环仲酰胺的酰胺Ⅱ带	强		
1550~1485	NH 变 + CN 伸	氨基酸的酰胺Ⅱ带	变		
1550~1485	NH₃⁺ 变	氨基酸盐酸盐	变		
1545~1530	NO₂ 伸	叔基化合物	强		
1530~1510	NO₂ 伸	α,β-不饱和硝基化合物	强		
1525~1475	C=C 面内弯	芳香环化合物	变		
1510~1480	C=C+C=N 伸	吡啶，喹啉	中		
1500~1255：					
1500~1480	C=C 伸	吡咯	变		
1500~1480	N=O 伸	芳香硝基化合物	强		
1500~1460	NH 变	胺盐	强		
1500~1440	N=O 伸	亚硝基胺（RNN=O）	强		
1485~1445	C—H 变	烷基（—CH₂—）	中		
1470~1430	C—H 变	烷基（—CH₃）	中		
1470~1467	C—H 变	烷基（—CH₂）	中		
1465~1460	C—H 变	烷基（—CH₃）	中		
1460~1455	C—H 变	脂环（—CH₂）	中		
1450~1440	C=C 伸	芳环	中		
1430~1400	C—H 变	酮，酯（α-甲撑）	变		
1430~1350	S=O 伸	亚硫酸酯	强		
1420~1410	C—H 变	烯（RCH=CH₂ 或 R₁R₂C=CH₂）	强		
1420~1390	O—H 变	醇	弱		
1410~1310	O—H 变	酚，叔醇	强		

波数	归属	官能团	强度	峰形	备注
1400~1300	—COO⁻	羧酸盐离子	强		对称伸缩
1400~1000	C—F 伸	含氟化合物	特强		常多于一个峰
1395~1385	C—H 变	特丁基烷	中	双	
1390~1360	CH₃ 变	偕二甲基，异丙基，特丁基	中	双	
1380~1370	C—H 变	烷基（CH₃）	强		
1380~1370	NO₂ 伸	脂肪族硝基化合物	强		
1370~1340	S＝O 伸	磺酰氯	强		
1370~1300	NO₂ 伸	芳香族硝基化合物	强		
1365~1350	C—H 变	特丁基	强		
1360~1310	C—N	芳香叔胺	强		
1350~1300	S＝O 伸	砜，磺胺酸	强		
1350~1280	C—N 伸	芳香仲胺	强		
1350~1260	O—H 变	伯、仲醇	强		
1345~1330	C—H 变	烷	弱		
1340~1250	C—N 伸	芳香伯胺	稍强		
1340~1180	—N₃ 伸	叠氮化物	弱		
1335~1310	S＝O 伸	硫化物	变		
1310~1295	C—H 变	烯（R₁CH＝CHR₂），反式	中		
1300~1250	O—NO₂	硝酸酯	强		
1275~1200	O—NO₂ 伸	共轭的醚	变		
1280~1200	C—O—C 伸	芳香酯	变		
1260~1200	C—O—Ar 伸	芳香醚	变		
1257~1232	C—O—C 伸	脂肪酯（CH₃COOR）	变		
1255~1200	骨架伸	特丁基	强	双	
1240~500：					
1240~1190	P—O 伸	芳香磷化合物	变		
1230~1150	S＝O 伸	亚硫酸酯	强		
1210~1150	S＝O 伸	磺酸	强		
1220~1020	C—N 伸	脂肪族胺	弱		
1210~1180	C—O 伸	酚	强		
1200~1050	C＝S 伸	硫化物	强		
1200~1190	C—O—C 伸	酯	变		
1185~1175	C—O—C 伸	甲酸酯	变		
1185~1165	S＝O 伸	磺酰氯	强		
1180~1140	S＝O 伸	磺酰胺	强		
1175~1140	骨架振动	偕二甲基	强		

波数	归属	官能团	强度	峰形	备注
1175～1155	C—O—C 伸	甲酯（R—COOCH₃）	变		
1175～1125	C—H 变	1,3 二取代或三取代苯	弱		
1160～1140	S＝O 伸	砜	强		
1160～1140	C—OH 伸	叔醇	强		
1070～1030	S＝O 伸	亚砜	强		
1100～1000	C＝C＝C 伸	累积双烯（C＝C＝C）	中—弱		对称伸缩
1060～1030	S＝O 伸	磺酸	强		
1075～1010	C—OH 伸	伯醇	变		
1050～990	P—O 伸	磷化物	变		
995～985	C—H 变	单取代烯（RCH＝CH₂）	强		
970～960	C—H 变	二取代烯（R₁CH＝CHR₂）反式	强		
915～905	C—H 变	单取代烯	强		
900～860	C—H 变	含 1 个孤立 H 的四或五取代苯	中		
895～885	C—H 变	偕二取代烯	强		
885～870	C—H 变	1,2,4—三取代苯，另一峰 852～805	中		
890～865	C—H 变	五取代苯	中		
870～800	C—H 变	含两个相邻 H 的取代苯环	变		
840～790	C—H 变	三取代烯	强		
810～750	C—H 变	含三个相邻 H 的取代苯环	变		
800～600	C—Cl 伸	氯化物	强		
770～735	C—H 变	含四个相邻 H 的取代苯环	变，强		
770～730	C—H 变	含五个相邻 H 的取代苯环	变，强		
720～690	C—H 变	取代烯（R₁CH＝CHR₂）顺式	强		
700～600	S＝O 伸	磺酸	强		
680～610	C—H 变	炔	强		
600～500	C—Br 伸	溴化物	强		
600～465	C—I 伸	碘化物	强		

强度表示：强—强吸收；中—中等吸收；弱—弱吸收；变—吸收强度变化。

峰形表示：尖—吸收峰尖；多—吸收峰为多重峰；双—吸收峰为双峰；宽—吸收峰为宽峰。

归属表示：伸—伸缩振动；变—变形振动；弯—弯曲振动。

附录 11 各种类型质子化学位移

质子类型	化学位移 δ_H	质子类型	化学位移 δ_H
01 活泼氢化学位移		Ar—CH—	~2.4
C＝C—OH（分子内氢键）	15~19	R_2N—CH—	~2.3
RSO_3H	11~12	S—CH—	~2.2
ArOH（分子内氢键）	10.5~16	Cl（Br，NO_2）—C—CH—	~1.6
RCOOH	10~13	—C—CH—	~1.4
RCONHAr，ArCONHAr	7.8~9.4	—O—C—CH—	~1.4
RC＝NOH	7.4~10.2	—COO—C—CH—	~1.4
R_1CONHR，ArCONHR	6.0~8.2	Ar（C＝C）—C—CH—	~1.1
$RCONH_2$，$ArCONH_2$	5.0~6.5	**05 亚甲基氢化学位移**	
ArOH	4.7~7.5	Cl—CH_2—Cl（O）	~5.4
H_2O	3.0~5.0	Cl—CH_2—Br	~5.2
ArSH	3.0~4.0	Br—CH_2Br	~4.8
$ArNH_2$，Ar_2NH，ArNHR	2.9~4.8	O—CH_2—O	4.4~4.8
RSH	0.9~2.5	—C—CH_2—NO_2（F，Cl，Br）	4.3~4.5
ROH	0.5~5.5	Cl—CH_2—C≡C	~4.1
RNH_2，RN_2H	0.4~3.5	O—CH_2—C≡C	4.0~4.9
02 烯氢化学位移		I—CH_2—I（Br）	3.8~3.9
＝CH—O—	~8.0	Ar—CH_2—Ar	3.7~3.9
Ar—H	~7.25	C—CH_2—O	3.4~4.4
—CH＝C—CO	~6.8	Ar—CH_2—N	3.2~4.4
—C＝CH—CO	~5.9	Br—CH_2—C＝C	3.7~4.4
H_aH_bC＝CH_c	5.9 H_c，于 b 处反式	C—CH_2—C≡C	2.2~2.6
H_aH_bC＝CH_c	5.0 H_aH_b	C—CH_2—C＝C	1.9~2.6
—C＝CH_2	~4.7	—C—CH_2—C—	1.0~2.0
环＝CH_2	~4.6	脂环上 CH_2	0.5~1.9
03 炔氢化学位移		**06 甲基氢化学位移**	
Ar—C≡CH	2.71~3.37	CH_3—O—C＝C	3.5~4.0
C＝C—C≡CH	2.60~3.10	CH_3—O—Ar	3.5~3.9
RO—CH_2—C≡CH	~2.50	CH_3—O—	3.2~3.9
HO—C—C≡CH	2.20~2.27	CH_3—O—C≡C	3.2~3.5
O＝C—C≡CH	2.13~3.28	CH_3—CO—CO—Ar	2.6~3.1
C≡C—C≡CH	1.75~2.42	CH_3—Ar	2.5~3.5
R—C≡CH	1.73~1.88	CH_3—X	2.3~4.5
RO—C≡CH	~1.30	CH_3—N	2.2~3.1
04 次甲基氢化学位移		CH_3—S—	2.1~2.8
ArCOOCH—	~4.1	CH_3—CO—（O，C，C＝C）	2.1~2.4
Ar—O—CH—	~3.8	CH_3—C≡N（C≡C）	2.1
RCOOCH—	~3.7	CH_3—C＝C（C＝O）	1.8~2.1
HO—CH—	~3.4	CH_3—C—O（S，X）	1.5~1.8
RO—CH—	~3.3	CH_3—C—N（CO，Ar）	1.2
Cl—CH—	~3.0	CH_3—C—C—	0.9
Br—CH—	~2.7	$(CH_3)_4Si$	0（标准）

附录 12　药物合成常用有机反应

一、烷烃
1．还原

$$RCH{=}CHR' \text{ 或 } RC{\equiv}CR' \xrightarrow{\text{H}_2/\text{Pt 或 Reney Ni}} RCH_2CH_2R'$$

$$RCOR' \xrightarrow{\text{Zn-Hg/HCl}} RCH_2R' \quad \text{Clemmensem 还原}$$

$$RCOR' \xrightarrow{\text{NH}_2\text{NH}_2/\triangle} RCH_2R' \quad \text{W-K- 黄鸣龙还原}$$

$$\underset{R}{\overset{OH}{\underset{\big|}{C}}}R' \xrightarrow[\text{2.H}_2/\text{Pt}]{\text{1. DCC / Cu}_2\text{Cl}_2} R{-}R'$$

$$RX \xrightarrow{\text{H}_2/\text{Pt 或 Reney Ni}} RH$$

$$RX \xrightarrow{\text{Zn-Hg/HCl}} RH \quad \text{Clemmensem 还原}$$

$$RX \xrightarrow{\text{LiAlH}_4 \text{或 NaBH}_4} RH$$

H$_3$CO—（萘基）—CH$_2$=C—COOH $\xrightarrow[\text{Ru-}(S)\text{-BINAP}]{\text{H}_2}$ H$_3$CO—（萘基）—CH(CH$_3$)—COOH

S- 萘普生 97%e.e

(*S*)-BINAP

2．偶联

$$2\,RX \xrightarrow{\text{Na}} R{-}R + 2\,NaCl \quad \text{Wurtz 反应}$$

$$2\,RCOONa \xrightarrow{\text{电解}} R{-}R + CO_2\uparrow \quad \text{Koble 电解偶联}$$

$$R_2CuLi \xrightarrow{\text{R'X}} R{-}R' + CuR + LiCl \quad \text{Corey-House 反应}$$

$$RMgX \xrightarrow{\text{R'X / Pd}} R{-}R' + MgX_2 \quad \text{Kumada 交叉偶联}$$

$$RZnX \xrightarrow{\text{R'X / Pd}} R{-}R' + ZnX_2 \quad \text{Negishi 交叉偶联}$$

$$RSn(R'')_3 \xrightarrow{\text{R'X / Pd}} R{-}R' + Sn(R'')_3X \quad \text{Stille 交叉偶联}$$

$$RB(R'')_2 \xrightarrow[\text{NaOC}_2\text{H}_5]{\text{R'X / Pd}} R{-}R' + BOC_2H_5(R'')_2 \quad \text{Suzuki 交叉偶联}$$

3．分解

$$RMgX \xrightarrow{\text{H}_2\text{O / H}^+} RH + Mg(OH)X$$

$$RCOR' \xrightarrow{h\nu} R{-}R' + CO \quad \text{Norrish I 型光解反应}$$

二、烯烃
1．还原

$$R{-}C{\equiv}C{-}R' \xrightarrow[\text{Lindlar Cat.}]{\text{H}_2} \underset{H}{\overset{R}{C}}{=}\underset{H}{\overset{R'}{C}} \qquad R{-}C{\equiv}C{-}R' \xrightarrow{\text{Na / NH}_3} \underset{H}{\overset{R}{C}}{=}\underset{R'}{\overset{H}{C}}$$

2．消除

$$RCHOHCH_2R' \xrightarrow{H_2SO_4} RCH=CHR' + H_2O$$

$$RCH_2CH_2X \xrightarrow{KOH/C_2H_5OH} RCH=CH_2 + KX + H_2O$$

$$RCHXCHXR' \xrightarrow{Zn/HAc} RCH=CHR' + ZnX_2$$

$$RCH_2CH_2OSO_2R' \xrightarrow{KOH/C_2H_5OH} RCH=CH_2 + R'SO_3K + H_2O$$

$$RCH_2CH_2OOCCH_3 \xrightarrow{\Delta} RCH=CH_2 \quad 乙酸酯热消除$$

$$RCH_2CH_2\overset{O}{\underset{}{N}}\diagdown \xrightarrow{\Delta} RCH=CH_2 + \diagup N-OH \quad \text{Cope 消除}$$

$$RCH_2CH_2\overset{+}{N}(CH_3)_3\overset{-}{OH} \xrightarrow{\Delta} RCH=CH_2 + NH(CH_3)_3 \quad \text{Hofmann 消除}$$

$$\underset{OC_2H_5}{RCHBrCHR'} \xrightarrow{Zn} RCH=CHR' + C_2H_5OZnBr \quad \text{Boord 反应}$$

Bamford-Stevens 反应

Shapiro 反应

3．偶联

$$R-X \xrightarrow[\text{/ Pd}]{\diagup Z} R\diagdown_{Z} \quad \begin{array}{l}(X=I,Br,Ts \ etc)\\(Z=H,R,Ar,CN,COOR,OR \ etc)Heck \ 偶联反应\end{array}$$

$$\underset{R_2}{\overset{R_1}{>}}O \xrightarrow{TiCl_3/LiAlH_4} \underset{R_2}{\overset{R_1}{>}}=\underset{R_2}{\overset{R_1}{<}} \quad \text{Mcmurry 偶联}$$

4．缩合

$$RCHO \xrightarrow[\text{Cat. (BINAP)}]{\diagup SnBu_3} R\overset{OH}{\diagup}\diagdown \quad \text{Keck 立体选择性烯丙基化}$$

$$\underset{O}{\overset{R}{>}}R_1 \xrightarrow{Ph_3P=\overset{R_3}{\underset{R_2}{<}}} \underset{R}{\overset{R_1}{>}}=\underset{R_3}{\overset{R_2}{<}} + Ph_3P=O \quad \text{Wittig 反应}$$

$$\underset{O}{\overset{R}{>}}R_1 \xrightarrow[NaH]{\overset{EtO}{\underset{EtO}{>}}\overset{O}{\overset{||}{P}}\overset{O}{\diagdown}OEt} \underset{R}{\overset{R_1}{>}}CHCOOEt + \overset{EtO}{\underset{EtO}{>}}\overset{O}{\overset{||}{P}}-ONa \quad \text{Wittig-Horner 反应}$$

$$\underset{O}{\overset{R}{>}}R_1 \xrightarrow[碱]{H_2C\overset{X}{\underset{Y}{<}}} \underset{R}{\overset{R_1}{>}}=\underset{Y}{\overset{X}{<}} \quad \begin{array}{l}(X,Y=CHO, COR, COOR, NO_2, CN \ etc)\\ \text{Knoevenagel 反应}\end{array}$$

三、炔烃

1. 消除

$$\underset{\substack{X \quad H}}{R-C=C-R'} \xrightarrow{\text{强碱/醇}} RC \equiv CR'$$

$$RCHXCH_2X \xrightarrow{\text{强碱/醇}} RC \equiv CH$$

$$RCX_2CH_2R' \xrightarrow{\text{强碱/醇}} RC \equiv CR'$$

$$RCX_2CX_2R' \xrightarrow{Zn} RC \equiv CR' + 2ZnX_2$$

$$RCHO \xrightarrow[Zn]{CBr_4, PPh_3} \underset{H}{\overset{R}{\diagup}}C=C\underset{Br}{\overset{Br}{\diagdown}} \xrightarrow{n\text{-BuLi}} RC \equiv CH \qquad \text{Corey-Fuchs 反应}$$

$$CH_2{=}CH_2 \xrightarrow{\text{高温}} HC \equiv CH$$

环氧四氢呋喃衍生物 $\xrightarrow[NH_4Cl]{NaNH_2/NH_3}$ HO—戊炔醇

$$C_6H_5COCOC_6H_5 \xrightarrow[\triangle]{(EtO)_3P} C_6H_5C \equiv CC_6H_5$$

$$\underset{\substack{R \quad R'}}{H_2NN{=}C{-}C{=}NNH_2} \xrightarrow{CuCl/O_2} R{-}C \equiv C{-}R' \qquad \alpha\text{-二酮双腙氧化裂解}$$

Ts—HN—N=... $\xrightarrow{\triangle}$ ... $+ N_2$ Eschemoser 反应

2. 偶联

$$RC \equiv CNa \xrightarrow{R'X} RC \equiv CR'$$

$$2RC \equiv CH \xrightarrow{CuCl/O_2} RC \equiv C{-}C \equiv CR \qquad \text{Glaser 氧化偶联}$$

$$RC \equiv CCu \xrightarrow[Py.]{Ar{-}X} RC \equiv CAr \qquad \text{Castro-Stephens 偶联}$$

$$RC \equiv CCu \xrightarrow{R'C \equiv CX} RC \equiv C{-}C \equiv CR' \qquad \text{Cadiot-Chodkiewicz 偶联}$$

$$(RC \equiv C)_3Al \xrightarrow{R'X} RC \equiv CR' + (RC \equiv C)_2AlX$$

$$RC \equiv CH \xrightarrow[\text{Cat. PdCl}_2(PPh_3)_2]{R'X} RC \equiv CR'$$

3. 重排

$$RCH_2C \equiv CH \underset{}{\overset{OH^-}{\rightleftharpoons}} RC \equiv CCH_3$$

$$ArCH_2SO_2CCl_2Ar \xrightarrow{OH^-} ArC \equiv CAr$$

$$RR'C{=}CN_2 \xrightarrow{-N_2} RC \equiv CR'$$

四、卤代烃

1. 卤代

$$ROH \xrightarrow{HX, SOCl_2或PCl_3} RX$$

$$RCHR' \xrightarrow{X_2} RCXR'$$

$$RCOCH_3 \xrightarrow{X_2} RCOCH_2X$$

(甲苯) $\xrightarrow[hv]{X_2}$ (苄基卤 CH_2X)

(甲苯) $\xrightarrow[FeBr_3]{X_2}$ (对位 X—CH_3) + (邻位 CH_3, X)

$$ROSO_2Ar \xrightarrow{NaI/丙酮} RI$$

$$(R'O)_3P \xrightarrow{RX} R'X + (R'O)_2\overset{R}{\underset{}{P}}=O \qquad \text{Arbuzov 反应}$$

(环己基) —$COCH_3$ $\xrightarrow[0\,^{\circ}C]{PCl_5}$ (环己基) —CCl_2CH_3 + $POCl_3$

$$Ar-\overset{+}{N_2}\,X^- \xrightarrow{Cu/HX} Ar-X \qquad \text{Gattermann 反应}$$

$$Ar-\overset{+}{N_2}\,X^- \xrightarrow{Cu_2X_2} Ar-X \qquad \text{Sandmeyer 反应}$$

$$Ar-\overset{+}{N_2}\,X^- \xrightarrow{HBF_4/\Delta} Ar-F \qquad \text{Schiemann 反应}$$

$$RCH_2COOH \xrightarrow{Br_2/P} RCHBrCOOH \qquad \text{Hell-Volhardt-Zelinsky 反应}$$

(环己烯) $\xrightarrow[CCl_4]{NBS/AIBN}$ (环己烯基—Br) Wohl-Ziegler 反应

2. 加成

$$H_2C{=}CH_2 \xrightarrow{X_2} XCH_2CH_2X$$

$$RCH{=}CH_2 \xrightarrow{HX} RCHXCH_3$$

$$RCH{=}CH_2 \xrightarrow[hv \text{ 或过氧化物}]{HBr} RCH_2CH_2Br \text{ 自由基加成}$$

$$R-C{\equiv}C-R' \xrightarrow{HX} \overset{R}{\underset{H}{C}}{=}\overset{Cl}{\underset{R'}{C}}$$

3. 交换

$$RCl\,(RBr) \xrightarrow{NaI/丙酮} RI + NaCl\,(NaBr) \qquad \text{Finkelstein 卤交换反应}$$

$$ClCH_2COOH \xrightarrow{NaI/丙酮} ICH_2COOH + NaCl$$

4. 其他

$$RCH_2COAg \xrightarrow{Br_2/\Delta} RX \qquad \text{Hunsdiecker 反应}$$

$$Ar + HCHO \xrightarrow{ZnCl_2/HCl} ArCH_2Cl \qquad \text{Blanc 氯甲基化}$$

五、醇

1. 水化

$$CH_3CH=CH_2 + H_2O \xrightarrow[\text{高温}]{H_3PO_4/\text{硅藻土}} CH_3\underset{OH}{CH}CH_3$$

epoxide $\xrightarrow{H_2O,\ H^+}$ diol (HO, OH)

2. 加成

$$R\text{—}CH=CH_2 + HCHO \xrightarrow{H_3O^+} R\underset{OH}{CH}\text{—}CH_2\text{—}OH \quad \text{Prins 反应}$$

$$RCH=CH_2 \xrightarrow[\text{2. NaBH}_4]{\text{1. Hg(OAc)}_2/\text{H}_2\text{O}} RC\underset{OH}{H}CH_3 \quad \text{羟汞化，Markovnikov 规则}$$

$$\xrightarrow[\text{2. H}_2\text{O}_2,\ \text{NaOH}]{\text{1. BH}_3} \quad \text{Brown 硼氢化反应，反 Markovnikov，顺式加成}$$

epoxide $\xrightarrow[\text{H}_2\text{O}]{RMgX} RCH_2CH_2OH$ R'COOR" $\xrightarrow[\text{H}_2\text{O}]{RMgX} R_2R'COH$

R"R'CO $\xrightarrow[\text{H}_2\text{O}]{RMgX} RR'R"COH$

3. 氧化还原

$$RCOOR' \xrightarrow{LiAlH_4} RCH_2OH \qquad \text{R'=H 或羟基}$$

$$RCOR' \xrightarrow{LiAlH_4\ \text{或 NaBH}_4} RCHOHR' \qquad \text{R'=H 或羟基}$$

epoxide $\xrightarrow{\text{Na/NH}_3\ \text{或 LiAlH}_4}$ alcohol (OH)

$$2\ ArCHO \xrightarrow{OH^-} ArCH_2OH + ArCOO^- \qquad \text{Cannizzaro 歧化反应}$$

$$RCOOR' \xrightarrow{\text{Na}/\text{C}_2\text{H}_5\text{OH}} RCH_2OH + R'OH \qquad \text{Bouveault-Blanc 还原}$$

$$RCOR' + CH_3\underset{OH}{CH}CH_3 \xrightarrow{Al(OCH(CH_3)_2)_3} RCHOHR' + CH_3COCH_3 \quad \text{Meerwein-Ponndorf 反应}$$

$$\xrightarrow{\text{NaBH}_4/\text{CeCl}_3} \quad \text{Luche 还原}$$

$$\xrightarrow[\text{2. H}_3\text{O}^+]{\text{1. I}_2/\text{AgOAc}} \text{HO\ \ OH} \quad \text{Woodward 顺式二羟基化反应}$$

$$\xrightarrow[\text{或 OsO}_4]{\text{KMnO}_4,\ \text{OH}^-} \underset{OH\ \ OH}{} \quad \text{顺式}$$

4. 缩合

$$R_2\underset{O}{C}CH_2R_1 + RCOR' \xrightarrow{OH^-} R_2\underset{O}{C}\underset{R_1}{\overset{R}{C}}\underset{}{\overset{R'\ OH}{C}} \quad \text{Aldol 缩合}$$

$$2\ ArCHO \xrightarrow{\text{Cat.}} Ar\underset{O}{C}\underset{OH}{\overset{Ar}{C}}H \quad \text{安息香缩合}$$

$$RCOR' + XCH_2COOEt \xrightarrow[\text{H}_3\text{O}^+]{\text{Zn}} R\overset{R'}{\underset{OH}{C}}CH_2COOEt \quad \text{Reformatsky 反应}$$

$$R_2\underset{O}{C}CH_2R_1 + 2HCHO \xrightarrow{OH^-} R_2\underset{OH}{C}\underset{R_1}{C}CH_2OH \quad \text{Tollens 反应}$$

5. 其他

$$ROCH_3 + HI \xrightarrow{\Delta} ROH + CH_3I \quad \text{Zeisel 甲氧基测定法}$$

$$RCOR + HC\equiv CR' \xrightarrow{OH^-} \underset{\underset{OH}{|}}{\overset{\overset{R}{|}}{C}}-C\equiv CR' \quad \text{Favorskii 反应}$$

六、醚

1. 烃化

$$2\,CH_3CH_2OH \xrightarrow[\Delta]{H_2SO_4} CH_3CH_2OCH_2CH_3$$

$$RCH_2Br + NaOR' \longrightarrow RCH_2OR' \quad \text{Williamson 合成法}$$

Ullmann 反应

$$ArONa + (CH_3)_2SO_4 \longrightarrow ArOCH_3$$

$$R'OH + R_3\overset{+}{O}BF_4^- \longrightarrow ROR'$$

$$ArONa + C_6H_5\overset{\oplus}{N}(CH_3)_3\overset{\ominus}{O}C_2H_5 \longrightarrow ArOCH_3$$

$$ROH + R'CHO + HX \longrightarrow R'CH(OR)X$$

$$ROH + CH_2N_2 \longrightarrow ROCH_3$$

$$ArOH + ROH \xrightarrow[Ph_3P]{DEAD} ArOR \quad (\text{DEAD: 偶氮二乙酸二乙酯}) \; \text{Mitsunobu 反应}$$

2. 加成

$$RCH_2OH + (CH_3)_2C\!=\!CH_2 \xrightarrow{\text{浓}H_2SO_4} RCH_2OC(CH_3)_3$$

$$R'CH\!=\!CH_2 + ROH \xrightarrow[2.\ NaBH_4]{1.\ (CF_3COO)_2Hg\,/\,THF} \underset{\underset{OR}{|}}{R'CHCH_3} \quad \text{烷氧汞化}$$

$$RCH\!=\!CH_2 + ClCH_2OCH_3 \xrightarrow{ZnCl_2} RCHClCH_2CH_2OCH_3$$

$$ROH + \underset{O}{R'CHCH_2} \xrightarrow{H^+} R'CHORCH_2OH$$

3. 还原

$$RCH(OR')_2 \xrightarrow{AlCl_3\,/\,LiAlH_4} RCH_2OR'$$

$$RCOR' + R''OH \xrightarrow[H^+]{H_2\,/\,Pt} RR'CHOR''$$

七、环氧化物

1. 缩合

$$\underset{\substack{X \ OH}}{RCHCHR'} \xrightarrow{OH^-} \underset{O}{RCHCHR'}$$

$$\underset{\substack{| \\ R}}{HO-CH-CH_2-OSO_2Ar} \xrightarrow{NaOCH_3 / CH_3OH} R-\triangle$$

$$RCOR' + XCH_2COOC_2H_5 \xrightarrow{C_2H_5ONa} \underset{\substack{R \\ R'}}{C}\triangle COOC_2H_5 \quad \text{Darzens 反应}$$

2. 氧化

$$C_6H_5CH{=}CH_2 \xrightarrow{RCOOOH} C_6H_5CH\text{—}CH_2$$

$$2\,ArCHO + ((CH_3)_2N)_3P \longrightarrow Ar\triangle Ar + ((CH_3)_2N)_3PO$$

3. 不对称环化

$$\underset{\substack{R_1}}{R}C{=}C\overset{R_2}{\underset{}{}}CH_2OH \xrightarrow[L\text{-}(+)\text{-}酒石酸二乙酯]{t\text{-}BuOOH,\ Ti(Oi\text{-}Pr)_4} \quad \text{Sharpless 不对称环氧化}$$

$$Ph\diagup\diagdown \xrightarrow[CH_3CN/ 果糖手性酮]{过硫酸氢钾\ pH=7\sim8} Ph\triangle \quad \text{Shi 不对称环氧化}$$

$$[D\text{-}果糖 \xrightarrow[2.\ PCC,\ rt]{1.\ 丙酮\ /\ HClO_4,0℃} \quad 果糖手性酮]$$

八、酚

1. 还原

$$(H_3C)_3C\text{—}\underset{O}{\overset{O}{\bigcirc}}\text{—}C(CH_3)_3 \xrightarrow{Zn / HAc} (H_3C)_3C\text{—}\bigcirc\text{—}C(CH_3)_3 \text{(OH)}$$

2. 氧化

$$\bigcirc\text{—}N(CH_3)_2 \xrightarrow[2.\ H_3O^+]{1.K_2S_2O_8/KOH} \bigcirc\overset{N(CH_3)_2}{\underset{OH}{}}$$

$$\bigcirc\text{—}CH_3 \xrightarrow{NaBrO_3/CF_3COOH} \bigcirc\overset{CH_3}{\underset{OH}{}}$$

$$\bigcirc_S\text{—}MgBr \xrightarrow[2.\ TsOH]{1.PhCOOOBu\text{-}t} \bigcirc_S\text{—}OH$$

$\xrightarrow[\text{2.KOH/H}_3\text{O}^+]{\text{1.CH}_3\text{COOOH/HAc}}$ Dakin 反应

3．水解

$$ArSO_3Na \xrightarrow[\text{2. H}_3\text{O}^+]{\text{1. KOH } \Delta} ArOH$$

$$ArN_2\overset{+}{C}l^- + H_2O \longrightarrow ArOH + HCl + N_2$$

$$ArOR \xrightarrow{HX} ArOH + RX \quad \text{Zeisel 法}$$

$\xrightarrow[\text{回流}]{\text{NaOH}}$

$\xrightarrow[\Delta]{\text{NaOH}}$

4．重排

$\xrightarrow{\text{高温}}$ Claisen 重排

$\xrightarrow{\text{AlCl}_3}$ Fries 重排

$$C_6H_5NHOH \xrightarrow[\Delta]{\text{H}_2\text{SO}_4} p\text{-}H_2NC_6H_4OH \quad \text{Bamberger 重排}$$

九、醛
1．氧化

$$RCH_2OH \xrightarrow[\text{or PDC}]{\text{CrO}_3 / \text{C}_5\text{H}_5\text{N}} RCHO \quad \text{Collins 氧化}$$

$$RCH_2OH \xrightarrow[\text{H}^+]{\text{DMSO/DCC}} RCHO \quad \text{Pfitzner-Moffatt 氧化}$$

$$RCH_2OH + CH_3COCH_3 \xrightarrow{[(CH_3)_3CO]_3Al} RCHO + CH_3CHOHCH_3 \quad \text{Oppenauer 氧化}$$

$$RCH_2OH \xrightarrow{\text{CuO/O}_2} RCHO$$

$$RCHOHCHOHR' \xrightarrow{\text{Pb(Ac)}_4 \text{ 或 HIO}_4} RCHO + R'CHO \quad \text{Criegee 邻二醇裂解}$$

$$RCH=R'R'' \xrightarrow[\text{2. Zn/H}_3\text{O}^+]{\text{1. O}_3} RCHO + R'R''CO$$

$$ArCH_2X \xrightarrow[\text{2. H}_3\text{O}^+]{\text{1.(CH}_2)_6\text{N}_4/\text{CHCl}_3} ArCHO \quad \text{Sommelet 反应}$$

$$ArCH_3 \xrightarrow{CrO_2Cl_2} ArCHO \quad \text{Etard 氧化}$$

$$ArCOCH_3 \xrightarrow{SeO_2} ArCOCHO$$

$$RCH{=}CH_2 \xrightarrow{Tl(NO_3)_2} RCH_2CHO$$

2. 还原

$$RCOCl + H_2 \xrightarrow[\text{喹啉-硫}]{Pd/BaSO_4} RCHO \quad \text{Rosenmund 还原}$$

$$RCOZ\ (Z{=}OR',\ OH,\ NR'_2) \xrightarrow{LiAlH_2(OC_2H_5)_2} RCHO$$

$$RCN \xrightarrow{LiAlH_2(OC_2H_5)_2} RCHO$$

$$RCN \xrightarrow[\text{2. } SnCl_2,\ H_3O^+]{\text{1. } HCl} RCHO \quad \text{Stephen 还原}$$

$$RCONHNHSO_2Ar \xrightarrow{B^-} RCHO \quad \text{Mcfadyen-Stevens反应}$$

3. 甲酰化

$$Ar\overset{+}{N_2}\overset{-}{X} + HC{=}NOH \xrightarrow[\text{2. } H_2O]{\text{1. } CuSO_4/Na_2SO_3} ArCHO$$

$$ArH + CO + HCl \xrightarrow{AlCl_3/Cu_2Cl_2} ArCHO \quad \text{Gattermann-Koch 反应}$$

$$ArH + HCON(CH_3)_2 \xrightarrow{POCl_3} ArCHO \quad \text{Vilsmeier 反应}$$

$$ArH + Cl_2CHOCH_3 \xrightarrow{TiCl_4} ArCHO \quad \text{Rieche 反应}$$

$$\text{苯酚} + CHCl_3 \xrightarrow{NaOH} HO{-}C_6H_4{-}CH_2OH + \text{邻羟基苯甲醛(CHO)} \quad \text{Reimer-Tiemann反应}$$

$$RX + Na_2Fe(CO)_4 \xrightarrow[\text{2. } HAc]{\text{1. } PPh_3} RCHO$$

$$RMgX \xrightarrow[\text{2. } H_3O^+]{\text{1. } DMF} RCHO \quad \text{Bouveault 醛合成}$$

4. 缩合

$$ArCHO + CH_3CHO \xrightarrow{NaOH/H_2O} ArCH{=}CHCHO \quad \text{Claisen-Schmidt 反应}$$

$$RCOCH_3 + HCOOC_2H_5 \xrightarrow{NaOC_2H_5} RCOCH_2CHO \quad \text{Claisen 反应}$$

$$RR'CO + (C_6H_5)_3P{=}CHOR'' \longrightarrow RR'C{=}CHOR'' \xrightarrow{H_3O^+} RR'CHCHO \quad \text{Wittig 反应}$$

5. 重排

$$R_2COHCH_2OH \xrightarrow{H^+} R_2CHCHO$$

$$\text{(烯丙基乙烯基醚)} \xrightarrow{\triangle} \text{(4-戊烯醛)} \quad \text{Claisen 重排}$$

十、酮

1．氧化

$$RR'CHOH \xrightarrow[\text{2. NEt}_3]{\text{1. NCS, CH}_3\text{SCH}_3} RR'CO \quad \text{Corey-Kim 氧化}$$

$$RR'CHOH \xrightarrow{\text{CrO}_3 / \text{C}_5\text{H}_5\text{N}} RR'CO \quad \text{Collins 氧化}$$

$$RR'CHOH \xrightarrow{\text{PCC 或 PDC}} RR'CO$$

$$RR'CHOH \xrightarrow[\text{H}^+]{\text{DCC / DMSO}} RR'CO \quad \text{Pfitzner-Moffatt 氧化}$$

$$ArCH_2CH_3 \xrightarrow[\text{Pb / PbO}_2 \text{ 电极}]{\text{Ce}^{+3} / \text{Ce}^{+2} / \text{H}_2\text{SO}_4} ArCOCH_3$$

$$RR'CHOH \xrightarrow[\text{2. Et}_3\text{N}]{\text{1. (COCl)}_2 / \text{DMSO} / \text{CH}_2\text{Cl}_2} RR'CO \quad \text{Swern 氧化}$$

$$RCH{=}CH_2 \xrightarrow[\text{PdCl}_2 / \text{CuCl}_2 / \text{H}_2\text{O}]{\text{O}_2} RCOCH_3 \quad \text{Wacker 氧化}$$

$$RR'CHOH + CH_3COCH_3 \xrightarrow{[(\text{CH}_3)_3\text{CO}]_3\text{Al}]} RR'CO + CH_3CHOHCH_3 \quad \text{Oppenauer 氧化}$$

$$RCH_2COR' \xrightarrow{\text{SeO}_2} RCOCOR' \quad \text{Riley 氧化}$$

$$RR'COHCOHR''R''' \xrightarrow{\text{Pb(Ac)}_4} RR'CO + R''R'''CO \quad \text{Criegee 邻二醇裂解}$$

2．还原

$$RCH{=}CR'NO_2 \xrightarrow{\text{Zn / F}_3\text{CCOOH}} RCH_2COR'$$

3．酰化

$$RMgX + R'COCl \xrightarrow[\text{2. H}_2\text{O}]{\text{1. THF}} RCOR'$$

$$RCH{=}CH_2 + R'COCl \xrightarrow[\text{2. Na}_2\text{CO}_3 / \text{H}_2\text{O}]{\text{1. AlCl}_3} RCH{=}CHCOR'$$

$$Ar + RCOCl \xrightarrow{\text{AlCl}_3} ArCOR \quad \text{Friedel-Crafts 酰基化反应}$$

$$CH_2(COOC_2H_5)_2 + R'COCl \xrightarrow[\text{2. H}_3\text{O}^+]{\text{1. Mg / C}_2\text{H}_5\text{ONa}} RCOCH_3$$

Houben-Hoesch 反应

4．缩合

$$RR'CHNO_2 \xrightarrow{\text{H}_2\text{SO}_4} RR'CO + N_2O + H_2O \quad \text{Nef 反应}$$

Michael 反应

Stetter 反应

5. 重排

$$RR'COHCOHR''R''' \underset{}{\overset{H^+}{\rightleftharpoons}} RCOCR'R''R''' \quad \text{Pinacol 重排}$$

Fries 重排

Baker-Venkataraman 重排

十一、羧酸

1. 水解

$$RCOX \xrightarrow{H_2O} RCOOH$$

$$(RCO)_2O \xrightarrow{H_2O} RCOOH$$

$$RCOOR' \xrightarrow[\text{或 } H_3O^+]{H_2O / OH^-} RCOOH$$

$$RCONH_2 \xrightarrow{Na_2O_2 / H_2O} RCOOH$$

$$RCONH_2 \xrightarrow{CuCl_2 / H_2O} RCOOH$$

$$RCN \xrightarrow[\text{或 } H_3O^+]{H_2O / OH^-} RCOOH$$

$$RCX_3 \xrightarrow{H_3O^+} RCOOH$$

$$RR'C(COOC_2H_5)_2 \xrightarrow[2. H_3O^+]{1. OH^-} RR'CHCOOH$$

2. 氧化

$$RCH_2OH \xrightarrow[OH^-]{KMnO_4 / H_2O} RCOOH$$

$$RCH_2OH \xrightarrow{CrO_3 / H_2SO_4} RCOOH \quad \text{Jones 试剂}$$

$$RCH=CHR' \xrightarrow{KMnO_4} RCOOH + R'COOH$$

$$ArCH_3 \xrightarrow{KMnO_4} ArCOOH$$

$$2 ArCHO \xrightarrow{OH^-} ArCOO^- + ArCH_2OH \quad \text{Cannizzro 反应}$$

$$RCOCH_3 \xrightarrow{X_2 / NaOH} RCOONa \quad \text{Lieben 卤仿反应}$$

$$RCHOHCHOHR' \xrightarrow{NaIO_4 / RuCl_3} RCOOH + R'COOH$$

3. 酰化

$$RMgX \xrightarrow[2. H_3O]{1. CO_2} RCOOH \qquad RLi \xrightarrow[2. H_3O]{1. CO_2} RCOOH$$

Koble-Schmitt 反应

Friedel-Crafts 反应

4. 缩合

$$ArCHO + (CH_3CO)_2O \xrightarrow[\text{2. } H_3O]{\text{1. } OH} ArCH=CHCOOH \quad \text{Perkin 反应}$$

$$ArCHO + CH_2(COOH)_2 \xrightarrow{Py.} ArCH=CHCOOH \quad \text{Doebner 反应}$$

$$RR'CO + (CH_2COOEt)_2 \xrightarrow[\text{t-BuOH}]{\text{t-BuK}} \underset{R'}{\overset{COOEt}{\underset{\|}{R}}}\!\!=\!\!{}^{COOEt}_{COOH} \quad \text{Stobbe 缩合}$$

5. 重排

$$RCOCl + CH_2N_2 \longrightarrow RCOCH_2N_2 \xrightarrow{Ag_2O/H_2O} RCH_2COOH \quad \text{Arndt-Eistert 反应}$$

$$ArCOCOAr \xrightarrow{KOH} (Ar)_2COHCOOH \quad \text{二苯乙醇酸重排}$$

Favorskii 重排

Henkel 反应

十二、羧酸酯

1. 酰化

$$RCOOH + R'OH \xrightarrow{H^+} RCOOR' \quad \text{Fischer 酯化反应}$$

$$RCOCl + R'OH \xrightarrow{OH^-} RCOOR' \quad \text{Schotten-Baumann 反应}$$

$$RCOOCOR + R'OH \xrightarrow{OH^-} RCOOR'$$

$$CH_2=C=O + R'OH \xrightarrow{H^+} CH_3COOR'$$

$$RCN + R'OH \xrightarrow{H^+} RCOOR'$$

$$HOOC(CH_2)_4COOH + HCOOBu \xrightarrow[91\%]{\text{强酸型离子交换树脂}} HOOC(CH_2)_4COOBu$$

2. 氧化

$$RCOR' \xrightarrow{C_6H_5COOOH} RCOOR' \quad \text{Baeyer-Villiger 反应}$$

$$2PhCHO \xrightarrow[98\%]{La(N(SiMe_3)_3} PhCOOCH_2Ph$$

$$2 RCHO \xrightarrow{Al(OEt)_3} RCOOR \quad \text{Tishchenko 反应}$$

3．烃化

$$RCOONa + R'X \xrightarrow[MW]{Cat.} RCOOR'$$

$$RCOOH + CH_2N_2 \longrightarrow RCOOCH_3$$

$$RCOOH + (CH_3)_2C{=}CH_2 \xrightarrow{H_2SO_4} RCOOC(CH_3)_3$$

$$2\,RCOOAg \xrightarrow{I_2} RCOOR + CO_2 + AgI \quad \text{Simonisni 反应}$$

4．缩合

$$2RCH_2COOC_2H_5 \underset{\longleftarrow}{\overset{C_2H_5ONa}{\longrightarrow}} RCH_2COCHRCOOC_2H_5 \quad \text{Claisen 缩合}$$

$$(CH_2)n\begin{cases}CHOOC_2H_5\\[4pt]CHOOC_2H_5\end{cases} \xrightarrow{C_2H_5ONa} (CH_2)n\begin{cases}C{=}O\\ |\\ CHCOOC_2H_5\end{cases} \quad \text{Dieckmann 缩合}$$

$$RR'C{=}O + (CH_2COOC_2H_5)_2 \underset{\longleftarrow}{\overset{t\text{-BuOK}}{\longrightarrow}} \underset{CH_2COOH}{RR'C{=}CCOOC_2H_5} \quad \text{Stobbe 缩合}$$

$$(C_2H_5O)_2PCH_2COOC_2H_5 + RR'CO \xrightarrow{OH^-} RR'C{=}CHCOOC_2H_5 \quad \text{Wittig-Horner 缩合}$$

$$RR'C{=}O + BrZnCH_2COOC_2H_5 \longrightarrow \underset{OH}{RR'CCH_2COOC_2H_5} \quad \text{Reformatsky 反应}$$

$$RCHO + \text{（}\beta\text{-酮酸酯）} + H_2N\text{—CO—}NH_2 \xrightarrow[\Delta]{DMF/HAc} \text{（二氢嘧啶酮）} \quad \text{Biginelli 缩合}$$

5．重排

$$RCOCl + CH_2N_2 \longrightarrow RCOCH_2N_2 \xrightarrow{Ag_2O/R'OH} RCH_2COOR' \quad \text{Arndt-Eistert 反应}$$

$$\text{（2-溴环己酮）} \xrightarrow[EtOH]{EtONa} \text{（环戊烷甲酸乙酯）} \quad \text{Favorskii 重排}$$

十三、酰胺

1．酰化

$$RCOOH + R'NH_2 \xrightarrow{\Delta} RCONHR'$$

$$RCOOH + R'NH_2 \xrightarrow{(EtO)_2PCN} RCONHR' \quad \text{Yamada 反应}$$

$$RCOCl + R'NH_2 \xrightarrow{Et_3N} RCONHR'$$

$$RCOOCOR + R'NH_2 \xrightarrow{OH^-} RCONHR'$$

$$RCOOR' + R''NH_2 \xrightarrow{\Delta} RCONHR''$$

$$RCON_3 + R'NH_2 \xrightarrow{\Delta} RCONHR'$$

$$CH_2{=}C{=}O + RNH_2 \xrightarrow{H^+} CH_3CONHR$$

$$RCONHR' \xrightarrow[2.\ R''X]{1.\ NaH} RCONR'R''$$

$$Ar + RR'NCOCl \xrightarrow{AlCl_3} ArCONRR' \quad \text{Friedel-Crafts 反应}$$

$$RLi + HCON(CH_3)_2 \xrightarrow{THF} RCON(CH_3)_2$$

2．加成

$$RCONH_2 + HCHO \xrightarrow{80\%} RCONHCH_2OH$$

$$RCN + H_2O \xrightarrow{H^+} RCONH_2$$

$$RMgX + R'—N=C=O \longrightarrow RCONHR'$$

$$RCH=CH_2 + R'CN + H_2O \xrightarrow{H_2SO_4} R'CONHCHCH_3R$$

$$RCN + R'OH \xrightarrow{H^+} RCONHR' \quad \text{Ritter 反应}$$

3．氧化还原

$$RCON_3 \xrightarrow{NaBH_4} RCONH_2$$

$$RCONHOH \xrightarrow{Pd\text{-}C\,/\,H_2} RCONH_2$$

$$ArCH=NR \xrightarrow{CrO_2Cl_2} ArCONHR$$

5．重排

$$ArCR=NOH \xrightarrow{H^+} RCONHAr \quad \text{Beckmann 重排}$$

$$RCOR' + HN_3 \xrightarrow{H^+} RCONHR' + N_2 \quad \text{Schmidt 重排}$$

$$RCOCl \xrightarrow{CH_2N_2} RCOCHN_2 \xrightarrow{NH_3} RCH_2CONH_2 \quad \text{Arndt-Eistert 重排}$$

十四、硝基和氰
1．取代

$$RH + HNO_3 \longrightarrow RNO_2 + H_2O$$

$$Ar + HNO_3 \longrightarrow ArNO_2 + H_2O$$

$$Ar\overset{+}{N_2}\overset{-}{Cl} + NaNO_2 \longrightarrow ArNO_2$$

$$ArSO_3H + HNO_3 \longrightarrow ArNO_2 + H_2SO_4$$

$$RX \xrightarrow{NaCN} RCN$$

$$ArX \xrightarrow{CuCN} ArCN$$

$$p\text{-}CH_3ArSO_2CH_3 \xrightarrow{NaCN} p\text{-}CH_3ArCN$$

$$Ar\overset{+}{N_2}\overset{-}{Cl} \xrightarrow{CuCN} ArCN \quad \text{Sandmeyer 反应}$$

2．氧化还原

$$RR'R''CNH_2 \xrightarrow{KMnO_4} RR'R''CNO_2$$

$$ArNH_2 \xrightarrow{F_3CCOOOH} ArNO_2$$

$$ArC{=}NOH \xrightarrow{F_3CCOOOH} ArCH_2NO_2$$

$$RCH_3 \xrightarrow[\text{Cat.}]{NH_3/O_2} RCN$$

$$RCH_2NH_2 \xrightarrow{NiO_2} RCN$$

$$RCH_2OH \xrightarrow[\text{Cu}]{NH_3/O_2} RCN$$

$$RCH_2NO_2 \xrightarrow{POCl_3/DMF} RCN$$

3．加成

$$RR'CO + R''CH_2NO_2 \xrightarrow{\overline{OH}} RR'C{=}CR''NO_2 \quad \text{Henry 反应}$$

$$RCH_2NO_2 + R'CH{=}CH\text{-}Y \xrightarrow{\overline{OH}} \underset{NO_2}{RCH}\overset{R'}{CH}CH_2\text{-}Y \quad \text{Michael 加成}$$

$$CH{\equiv}CH \xrightarrow{HCN} NCCH_2CH_2CN$$

$$RR'C{=}O + HCN \longrightarrow \underset{CN}{RR'C}\overset{OH}{}$$

$$\triangle\!\!\!O \xrightarrow{HCN} HOCH_2CH_2CN$$

4．消除

$$RCONH_2 \xrightarrow[\text{- H}_2\text{O}]{P_2O_5} RCN$$

$$RCH{=}NOH \xrightarrow[\text{- H}_2\text{O}]{P_2O_5} RCN$$

$$ArCOOH + Ar'SO_2NH_2 \xrightarrow{PCl_5} ArCN$$

$$ArCHO \xrightarrow[\text{THF, Ref.}]{NaN_3/AlCl_3} ArCN$$

十五、胺

1．取代

$$RX \xrightarrow{NH_3} RNH_2 \longrightarrow R_4\overset{+}{N}X^- \quad \text{Hofmann 烷基化}$$

$$RCHXCOOH \xrightarrow{NH_3} RCH\overset{+}{N}H_3COO^-$$

$$ArX + NH_2R \xrightarrow{Cu} ArNHR$$

$$RX \xrightarrow[\text{2. HCl}]{1.\ (CH_2)_6N_4} RNH_3X$$

$$\text{邻苯二甲酰亚胺(NH)} \xrightarrow{RX} \xrightarrow{NH_2NH_2} RNH_2 \quad \text{Gabrial}$$

$$RCH_2OSO_2Ar + R'NH_2 \longrightarrow RCH_2NHR'$$

2. 加成

$$-\overset{|}{C}=\overset{|}{C}- + RNH_2 \xrightarrow{Cat} \underset{\overset{|}{}}{\overset{}{>}}CHCNHR$$

$\xrightarrow{NH_3} NH_2CH_2CH_2OH$

$$RCOCH_3 + HCHO + RR'NH \longrightarrow RCOCH_2CH_2NRR' \quad \text{Mannich 反应}$$

$$ArCH=NR \xrightarrow{R'MgX} ArCHR'NHR$$

$+ H_2NR + R'CHO \longrightarrow$

3. 还原

$$RNO_2 \xrightarrow{Fe/HCl} RNH_2$$

$$ArNO_2 \xrightarrow{Fe/HCl} ArNH_2$$

$$RR'C=NOH \xrightarrow{NaBH_4} RR'CHNH_2$$

$$RCN \xrightarrow{NH_2NH_2/NiCl_2} RCH_2NH_2$$

$$RCONH_2 \xrightarrow{NaBH_4/CoCl_2} RCH_2NH_2$$

$$RCH_2N_3 \xrightarrow{NaBH_4/CuSO_4} RCH_2NH_2$$

$$RR'C=O \xrightarrow[\Delta]{HCOONH_4} RR'CHNH_2 \quad \text{Leuchart 反应}$$

$$R_2NH + HCHO \xrightarrow{HCOOH} R_2NCH_3 \quad \text{Eschweiler-Clarke 反应}$$

4. 重排

$$RCONH_2 + Br_2 + NaOH \longrightarrow RNH_2 \quad \text{Hofmann 降解}$$

$$RCOCl + NaN_3 \xrightarrow[2.\ H_2O]{1.\ \Delta} RNH_2 \quad \text{Curtius 重排}$$

$$RCOOH + HN_3 \xrightarrow{H_2SO_4} RNH_2 + CO_2 + N_2 \quad \text{Schmidt 反应}$$

$$RCONHOH \xrightarrow[2.\ H_2O]{1.\ \Delta} RNH_2 \quad \text{Lossen 重排}$$

Sommelet-Hauser 反应

$$RCOCH_2\overset{+}{N}(R')_3 \xrightarrow{NaNH_2} RCOCHR'N(R')_2 \quad \text{Stevens 重排}$$

5. 水解

$$RCONHR' + H_2O \xrightarrow{H^+ 或 OH^-} R'NH_2$$

$$RSO_2NHR' \xrightarrow[DMF,\ rt.]{PhSH/t-BuOK} R'NH_2$$

$$ArCH=NR + R'X \longrightarrow [ArCH=\overset{+}{N}RR']X^- \xrightarrow{H_2O} RR'NH$$

· 172 ·

十六、含硫化合物

1. 硫醇/硫酚

$$RX + \underset{NH_2}{\overset{S}{\|}}\!\!C\!\!-\!\!NH_2 \longrightarrow \underset{NH_2 \cdot HX}{\overset{NH}{\|}}\!\!RS\!\!-\!\!C \xrightarrow{OH^-} RSH$$

$$RCOSR' \xrightarrow{H_2O} R'SH \qquad RX + NaHS \longrightarrow RHS$$

$$RX + CH_3COSH \xrightarrow{KOH/EtOH} CH_3COSR \xrightarrow{OH^-} RSH$$

$$RCH\!=\!CHCOOH + CH_3COSH \longrightarrow \underset{SCOCH_3}{RCHCH_2COOH} \xrightarrow{OH^-} \underset{SH}{RCHCH_2COOH}$$

$$C_2H_5OH + CS_2 \xrightarrow{KOH} \underset{SK}{\overset{EtO}{\underset{}{}}\!\!\overset{S}{\|}\!\!C} \xrightarrow{RX} \underset{SR}{\overset{EtO}{\underset{}{}}\!\!\overset{S}{\|}\!\!C} \xrightarrow{OH^-} RSH$$

$$Na_2S + CS_2 \longrightarrow Na_2CS_3 \xrightarrow{RX} RSCSSNa \xrightarrow{OH^-} RSH$$

$$ArLi + S \longrightarrow ArSLi \xrightarrow{H_3O^+} ArSH$$

$$ArSO_2Cl \xrightarrow{Zn/H_2SO_4} ArSH \qquad RSSR \xrightarrow{Zn/HAc} RSH$$

2. 硫醚

$$RSH + R'X \xrightarrow{OH^-} RSR' \qquad RSH + R'OsT \xrightarrow{OH^-} RSR' \qquad 2RX + Na_2S \longrightarrow RSR$$

$$RCH\!=\!CH_2 + R'SH \xrightarrow{H_2SO_4} RCHSR'CH_3 \quad 马氏规则$$

$$RCH\!=\!CH_2 + R'SH \xrightarrow{过氧化物} RCH_2CH_2SR' \quad 反马氏规则$$

$$\underset{R}{\overset{O}{\triangle}} + R'SH \longrightarrow \underset{R}{\overset{OH}{\underset{}{}}}\!\!-\!\!SR' \qquad RSH + (HCHO)n \xrightarrow{HCl} RSCH_2Cl$$

$$R\overset{O}{\underset{O}{\overset{\|}{\underset{\|}{S}}}}R' \xrightarrow{NaBH_4} RSR' \qquad R\overset{O}{\underset{}{\overset{\|}{S}}}R' \xrightarrow{NaBH_4} RSR'$$

3. 二硫化物

$$2RX + Na_2S_2 \longrightarrow RSSR$$

$$RX + Na_2S_2O_3 \longrightarrow RSSO_3Na \xrightarrow{H_2O_2} RSSR$$

$$2RSH \xrightarrow[r.t.]{Br_2} RSSR \qquad ArSO_2Cl \xrightarrow{HI} ArSSAr$$

4. 砜/亚砜

$$RSR' \xrightarrow{NaIO_4} RR'S\!=\!O \qquad RSR' \xrightarrow{H_2O_2} RR'SO_2$$

$$ArSOOR + R'MgX \longrightarrow ArR'S\!=\!O$$

$$\underset{O}{\overset{O}{\underset{\|}{RS}}}\!\!-\!\!Cl + CH_2N_2 \longrightarrow \underset{O}{\overset{O}{\underset{\|}{RS}}}CH_2Cl$$

$$CH_3SOCH_3 + RX \xrightarrow{NaH} CH_3SOCH_2R \qquad CH_3SOCH_3 + RCOX \xrightarrow{NaH} CH_3SOCH_2COR$$

$$RSO_2Na + R'X \longrightarrow RSO_2R' \qquad RSO_2Cl + R'Br \xrightarrow[THF-NH_4Cl/H_2O]{Zn粉, \ r.t.} RSO_2R'$$

$$ArSO_3R + R'MgX \longrightarrow ArSO_2R' \qquad ArSO_2Cl + RMgX \longrightarrow ArSO_2R'$$

5. 磺酸

$$ArCOCH_3 + SO_3 \xrightarrow{\text{1,4-二氧六环}} ArCOCH_2SO_3H \quad 70\%$$

$$Ar + H_2SO_4 \longrightarrow ArSO_3H \qquad RSH + KMnO_4 \longrightarrow RSO_3H$$

$$RX + Na_2SO_3 \longrightarrow RSO_3Na + NaCl \quad \text{Strecker 反应}$$

$$RCH{=}CH_2 + NaHSO_3 \longrightarrow RCH_2CH_2SO_3Na$$

$$RR'CO + NaHSO_3 \longrightarrow RR'C(OH)SO_3Na \quad (R'{=}\,H, CH_3)$$

$$\text{(环氧)} + NaHSO_3 \longrightarrow HOCH_2CH_2SO_3Na$$

十七、杂环化合物

1. 吡咯

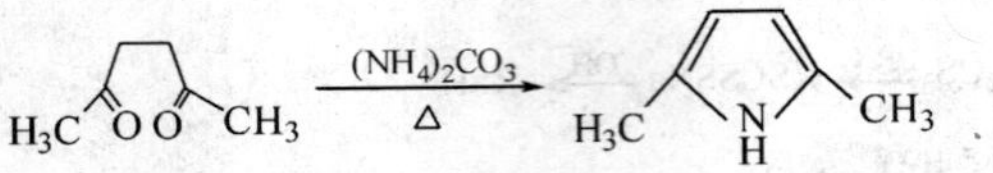

Paal-Knorr 反应

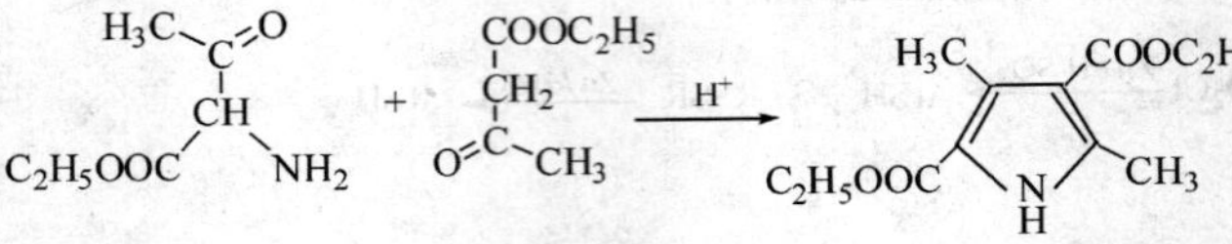

Knorr 反应

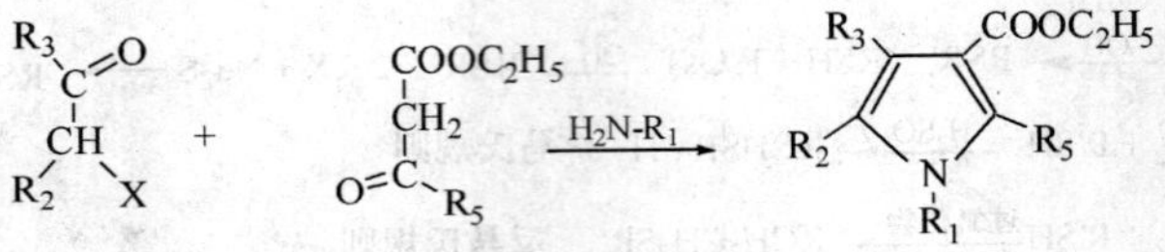

Hantzsch 反应

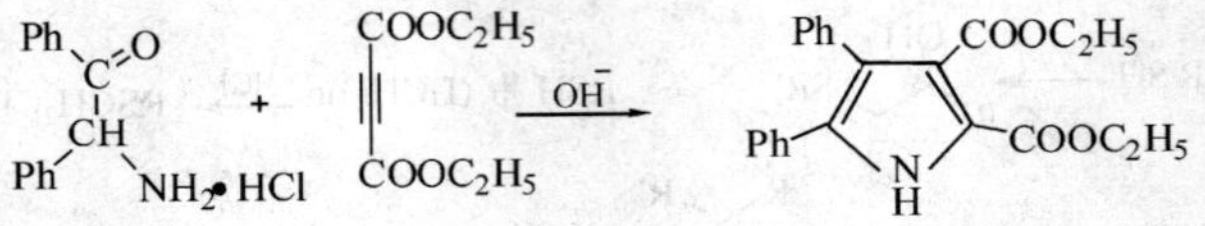

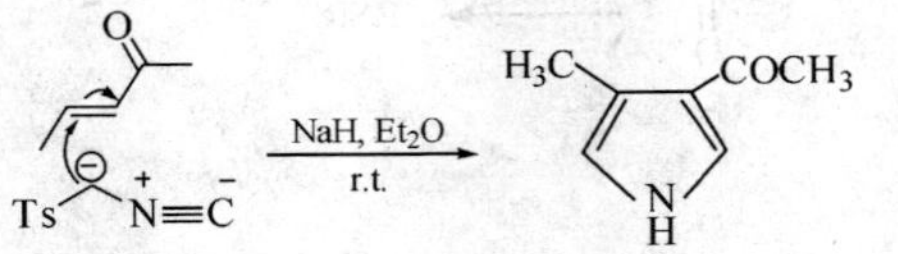

Van Leusen 反应

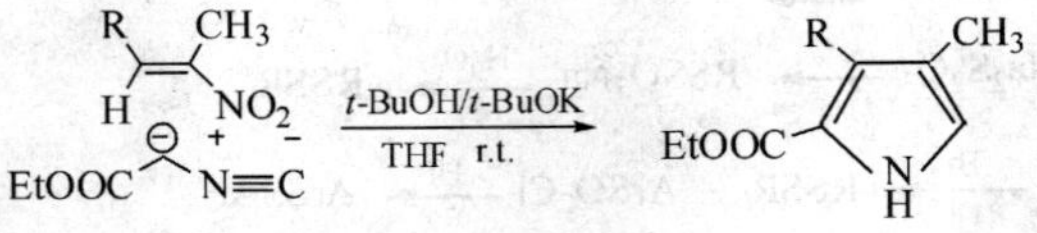

Barton-Zard 反应

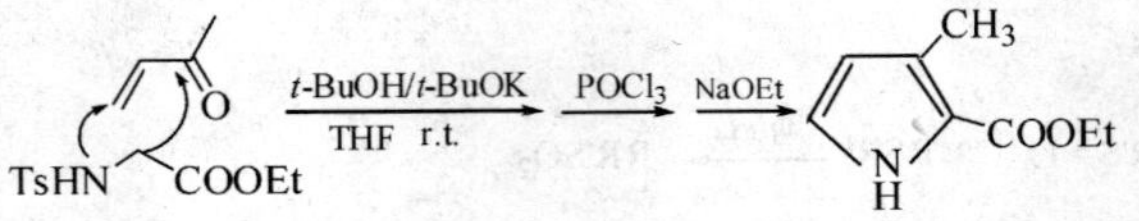

Kenner 反应

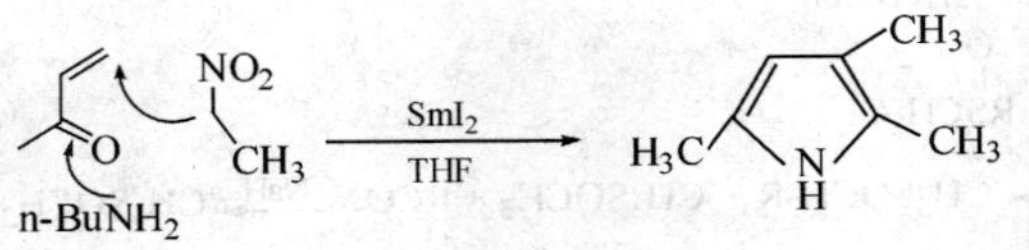

2. 呋喃

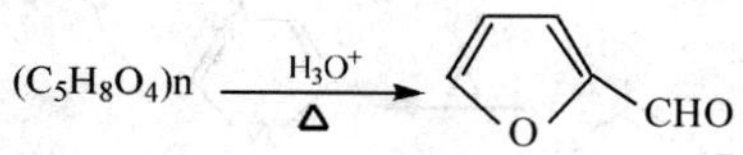

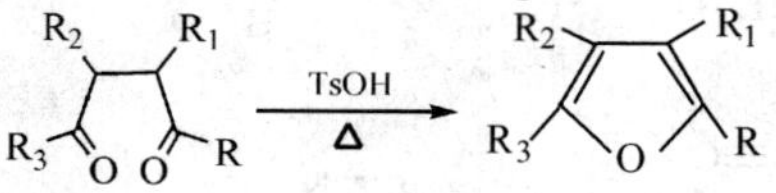

$(C_5H_8O_4)n \xrightarrow[\Delta]{H_3O^+}$ CHO

$\xrightarrow[\Delta]{TsOH}$ Paal-Knorr 反应

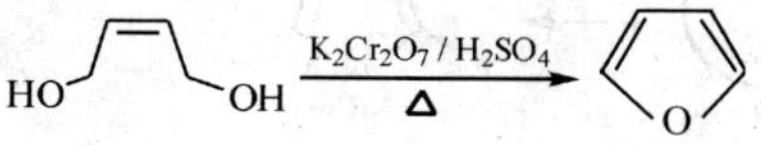

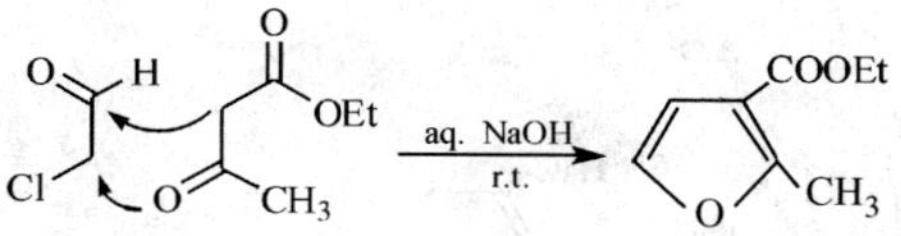

HO OH $\xrightarrow[\Delta]{K_2Cr_2O_7 / H_2SO_4}$

$\xrightarrow[\text{r.t.}]{aq.\ NaOH}$ Feist-Benary 反应

3. 噻吩

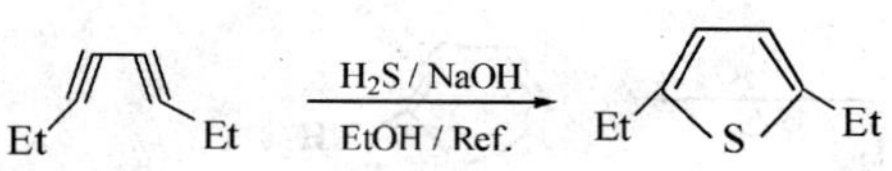

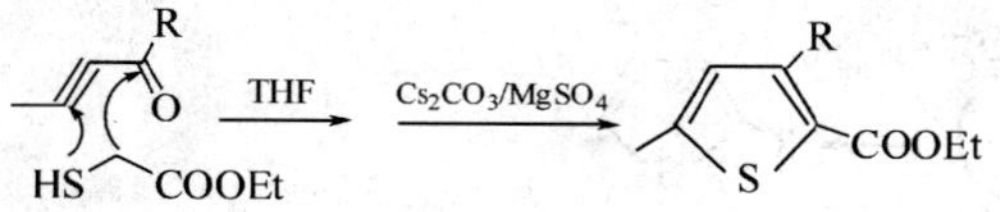

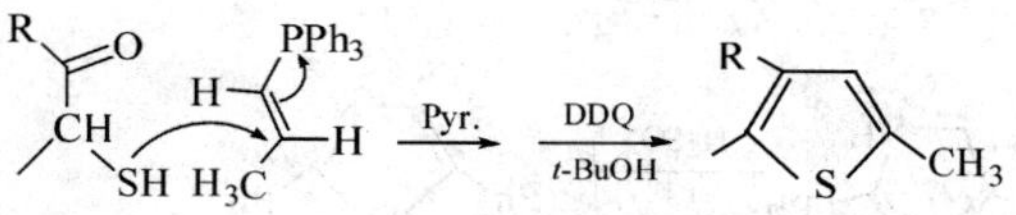

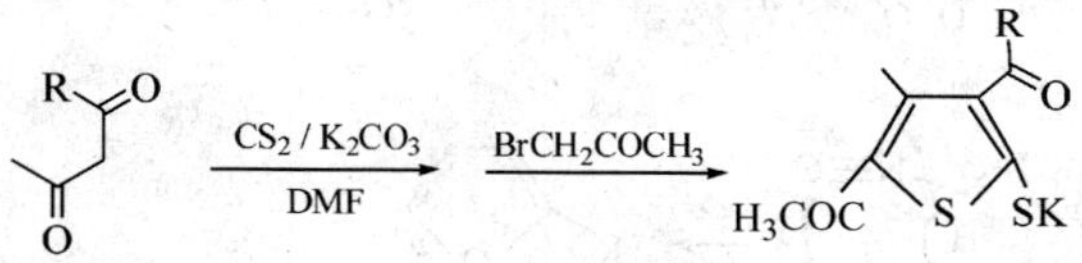

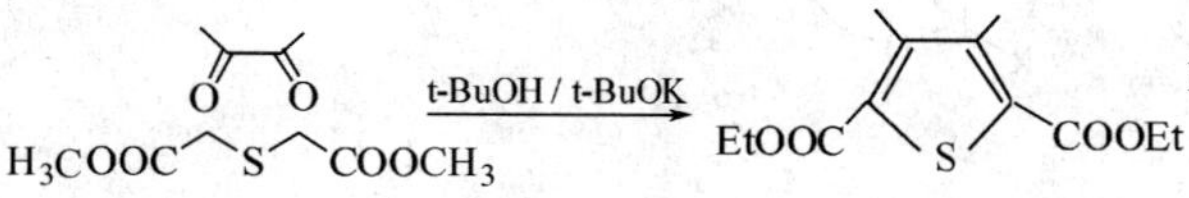

Et Et $\xrightarrow[EtOH / Ref.]{H_2S / NaOH}$ Et Et

$\xrightarrow[]{THF} \xrightarrow[]{Cs_2CO_3/MgSO_4}$ COOEt

$\xrightarrow[]{Pyr.} \xrightarrow[t\text{-BuOH}]{DDQ}$ CH₃

$\xrightarrow[DMF]{CS_2 / K_2CO_3} \xrightarrow[]{BrCH_2COCH_3}$ H₃COC SK

H₃COOC COOCH₃ $\xrightarrow[]{t\text{-BuOH} / t\text{-BuOK}}$ EtOOC COOEt Hinsberg 合成法

4. 吡唑

$\xrightarrow[]{NH_2NH_2}$

$\xrightarrow[]{PhNHNH_2}$

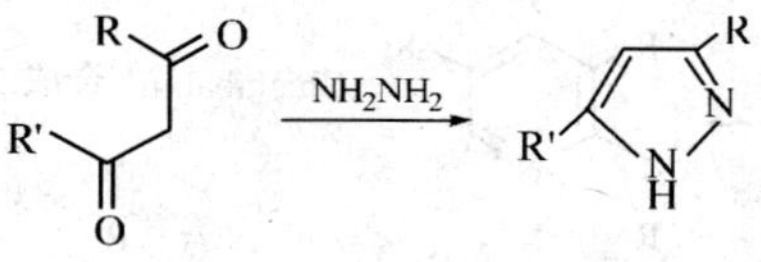

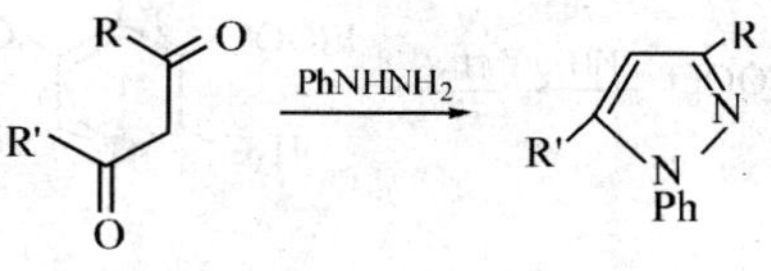

5．咪唑

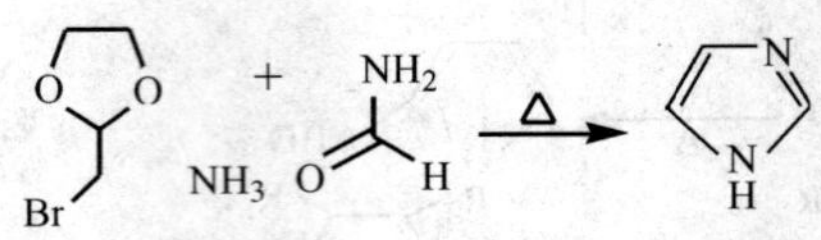

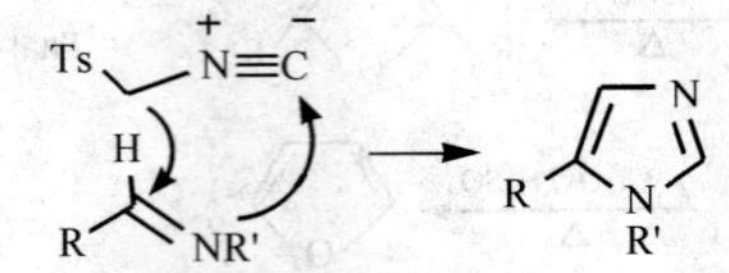

6．噻唑

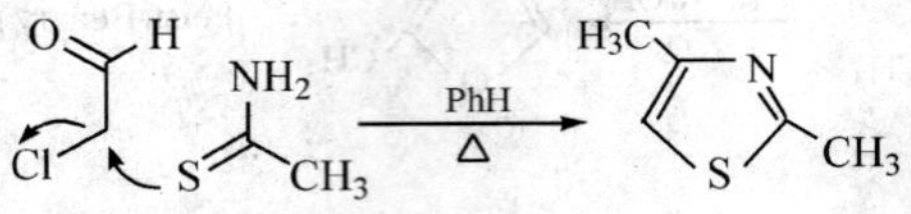

Hantzsch 合成法

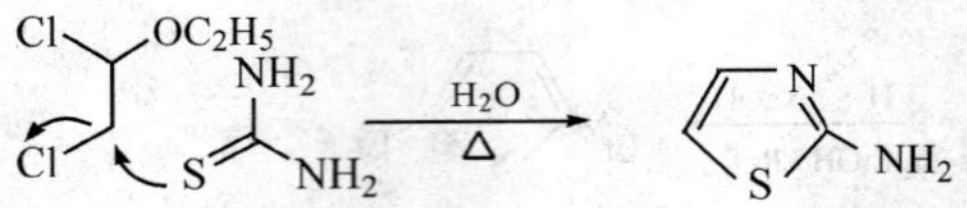

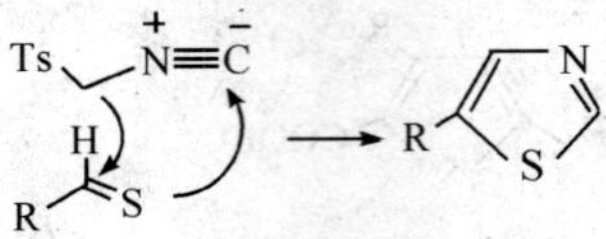

7．噁唑

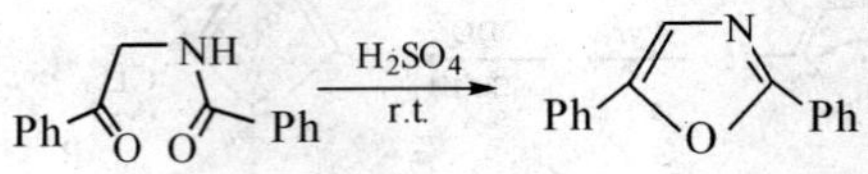

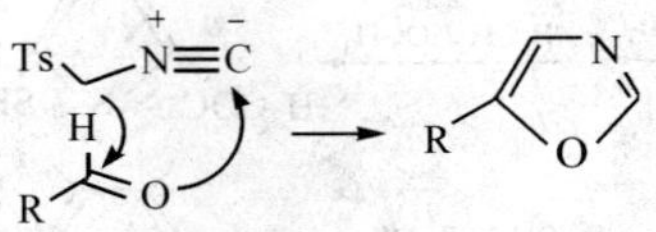

8．吡啶

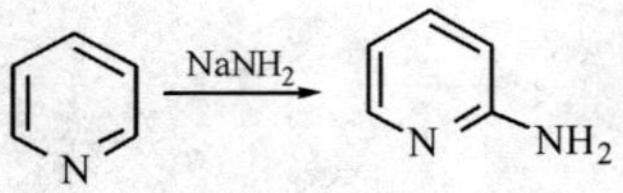

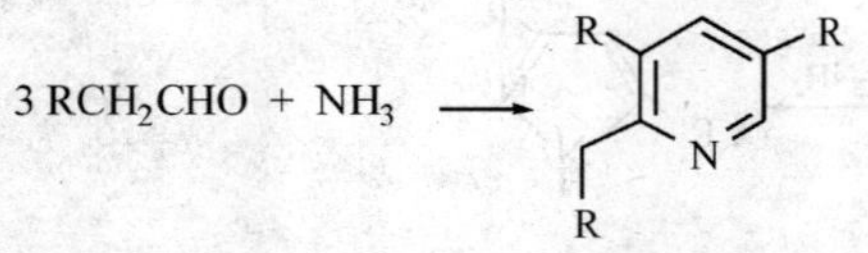

Chichibabin 合成法

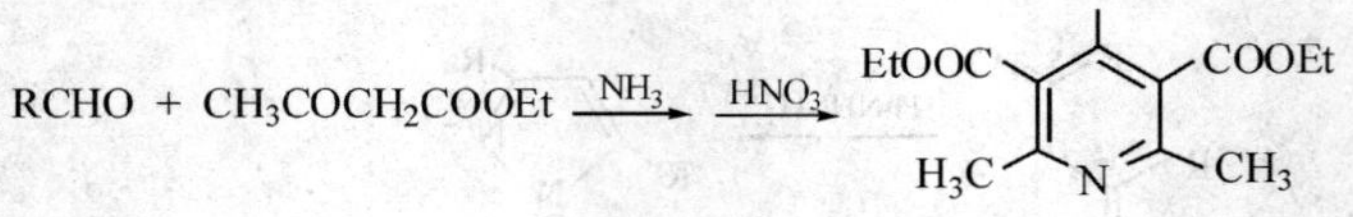

Hantzsch 合成法

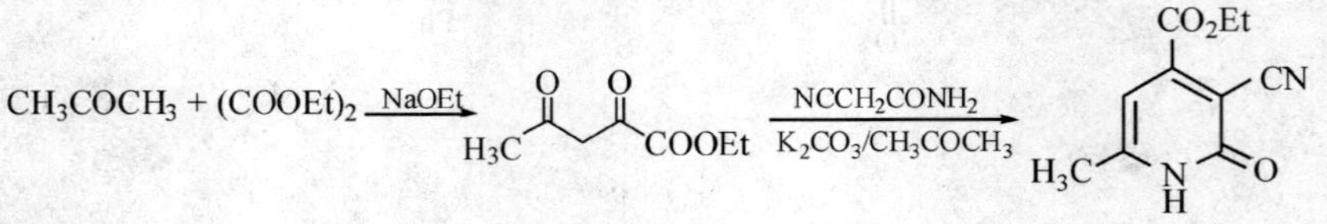

9. 嘧啶

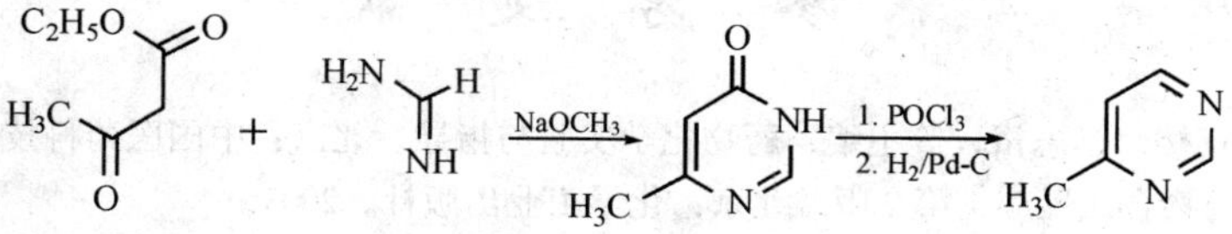

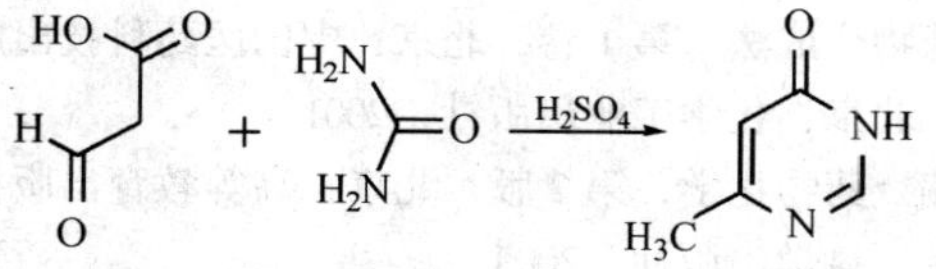

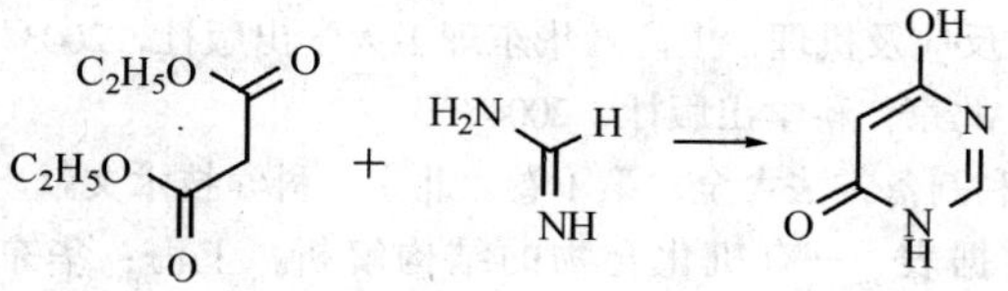

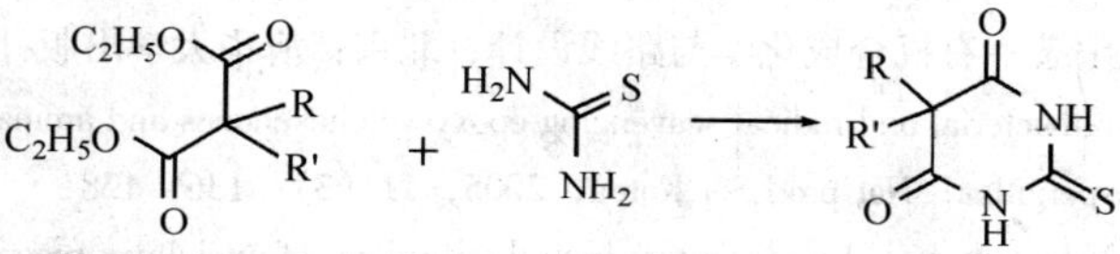

10. 喹啉

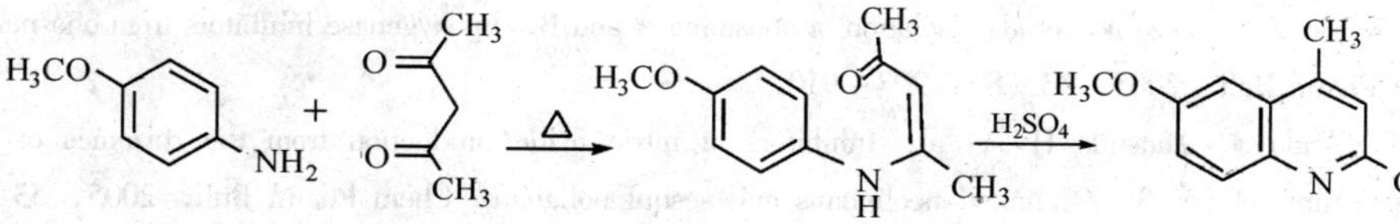

Combes 合成法

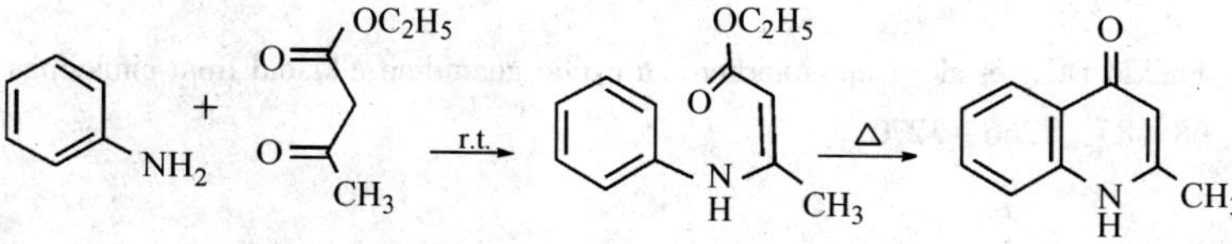

Conrad-Limpach-Knorr 合成法

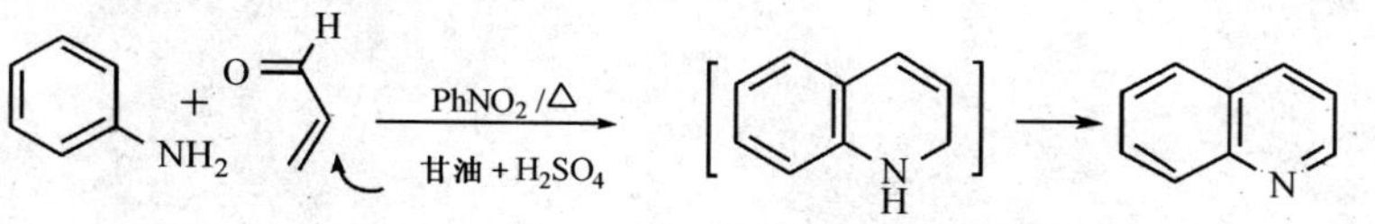

Skraup 合成法

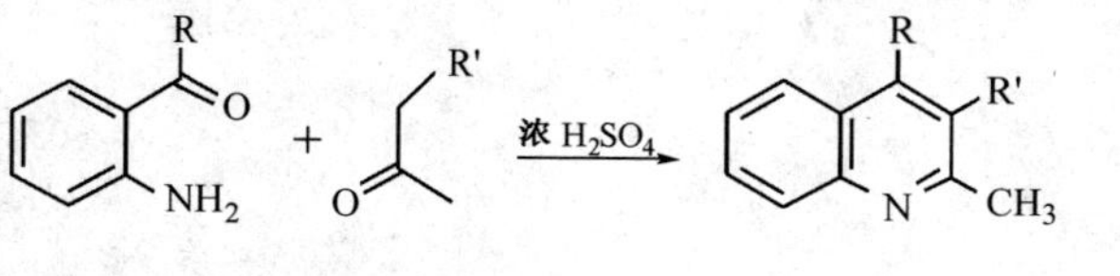

Friedlander 合成法

参 考 文 献

[1] 尤启东，王亚楼，李志裕，等主编. 药物化学实验与指导，北京：中国医药科技出版社，2000.

[2] 闻韧主编. 药物合成反应. 第2版. 北京：化学工业出版社，2003.

[3] 北京大学化学学院有机化学研究所编. 有机化学实验. 第2版. 北京：北京大学出版社，2004.

[4] 陈芬儿主编. 郭宗儒审校. 有机药物合成法. 第1卷. 北京：中国医药科技出版社，1999.

[5] 朱红军主编. 有机化学微型实验. 北京：化学工业出版社，2001.

[6] 郭宗儒，仉文升，李安良，等主编. 药物化学. 第2版. 北京：高等教育出版社，2005.

[7] 郭宗儒主编. 药物分子设计. 北京：科学出版社，2005.

[8] 荣国斌译，朱士正校. 有机人名反应及机理. 上海：华东理工大学出版社，2003.

[9] 由业诚，高大彬译. 杂环化学. 北京：科学出版社，2004.

[10] 王书勤主编. 世界有机药物专利制备方法大全. 第1卷. 北京：科学技术文献出版社，1996.

[11] 荣国斌译，朱士正校. 波谱数据表——有机化合物的结构解析. 上海：华东理工大学出版社，2002.

[12] 巨勇，赵国辉，席婵娟编著. 有机合成化学与路线设计. 北京：清华大学出版社，2002

[13] Li Y, Li X, Son BW. Antibacterial and radical scavenging epoxycyclohexenones and aromatic polyols from a marine isolate of the fungus aspergillus. Nat prod Sci Korea, 2005, 11 (3): 136 – 138.

[14] Stromeier S, Petereit F, Nahrstedt A. Phenolic esters from the rhizomes of cimicifuga racemosa do not cause proliferation effects in MCF – 7 celss, Planta Med, 2005, 71 (6): 495 – 500.

[15] Ahmad I, Nawaz S A, Afza N, et al. Isolation of onosmina A and B, lipoxygenase inhibitors from onosma hispida, Chem Pharm Bull, 2005, 53 (8): 907 – 910.

[16] Morikawa T, Ando S, Matsuda H, et al. Inhibitors of nitric oxide production from the rhizomes of alpina galange: structures of nes 8 – 9′ linked neolignans and sesquineolignan. Chem Pharm Bull, 2005, 53 (6): 625 – 630.

[17] Fabricant D S, Nikolic D, Lankin DC, et al. Cimipronidine, a cyclic guanidine alkaloid from cimicifuga racemosa. J Nat Prod, 2005, 68 (8): 1266 – 1270.